高铁锰地下水生物净化技术

李 冬 曾辉平 著
张 杰 审

中国建筑工业出版社

图书在版编目（CIP）数据

高铁锰地下水生物净化技术/李冬等著. —北京：
中国建筑工业出版社，2014.12
ISBN 978-7-112-17605-2

Ⅰ.①高…　Ⅱ.①李…　Ⅲ.①地下水-生物净化
Ⅳ.①X523

中国版本图书馆 CIP 数据核字（2014）第 292491 号

本书介绍了含铁锰地下水的成因、分布和水质类型，并用试验和工程示范阐明各类含铁锰地下水的净化方法和流程，是给水排水工程师、本科生及研究生的参考用书。

责任编辑：俞辉群　王美玲
责任设计：董建平
责任校对：陈晶晶　党　蕾

高铁锰地下水生物净化技术

李　冬　曾辉平　著

张　杰　审

*

中国建筑工业出版社出版、发行（北京西郊百万庄）
各地新华书店、建筑书店经销
北京楠竹文化发展有限公司制版
北京建筑工业印刷厂印刷

*

开本：787×1092 毫米　1/16　印张：13½　字数：332 千字
2015 年 8 月第一版　2015 年 8 月第一次印刷
定价：39.00 元
ISBN 978-7-112-17605-2
（26809）

前　言

　　水是地球的基本组成要素，是地球环境、地球地质和地球化学中最活跃的因素。地下水径流是地球水文循环系统的重要组成部分。水通过地下径流与上覆层、含水层相互接触，发生了一系列化学、物理化学和生物化学反应。因而在某些区域形成了含铁锰地下水。由于各地域不同的水文地球化学还原环境又造就了千差万别的含铁锰地下水水质。含铁锰地下水主要分布于松花江、嫩江干支流、长江中下游、珠江三角洲等流域的18个省市地区，是一些中心城市和广大农村地区的重要水资源。用水中铁锰过量会影响工业生产和居民生活，因此含铁锰地下水的净化是水质工程学长久研究的课题。

　　21世纪初我们课题组和中国市政工程东北设计研究总院的工程师们开始致力于浑河流域含铁锰地下水净化的研究，在众多工程实践的基础上突破了接触氧化除锰理论，发现了生物固锰除锰机制，由此创建了"弱曝气 + 一级过滤除铁除锰"的简捷流程，成功建设并运行了沈阳张士开发区生物除铁除锰水厂。

　　然而，浑河流域的微铁高锰地下水仅仅是含铁锰地下水类型之一。随着工程实践的扩展和研究的深入，逐渐发现浑河流域含铁锰地下水净化的成功经验往往不能复制应用于我国广大地域各种类型含铁锰地下水的净化，尤其是对于寒冷地区伴生氨氮高铁锰水质，几乎无效。鉴于此，我们课题组在哈尔滨松北区前进水厂经3年的潜心实验研究和对全国各地除铁除锰技术的调研，最终解决了特殊水质含铁锰地下水的净化，创建了针对不同水质类型的含铁锰地下水的净化流程，建设了寒冷地区伴生氨氮高铁锰地下水生物净化示范水厂。

　　本书是前述研究与实践的总结，是我们课题组2005年出版《生物固锰除锰机理和工程应用》的姊妹篇，是生物固锰除锰机理的完善和补充。全书共分10章，由李冬、曾辉平分章撰写，李冬统稿，张杰审。第1章从地球水的循环入手，讨论含铁、锰地下水的成因、分布和类型；第2章介绍铁、锰元素化学性质，迁移循环规律，铁锰与人体健康及各国各地区生活和工业用水标准；第3章回顾除铁除锰科学技术的发展历程；第4章探求接触氧化除铁机制和生物固锰除锰机理的协同作用，建立生物除铁除锰滤池的理论模型；第5章解析高铁锰水质生物净化滤层中 Mn^{2+} 的氧化还原反应动力学基础，从而探求加速生物除锰滤层成熟的滤层结构；第6章研究地下水中 Fe^{2+}、Mn^{2+}、NH_4^+ 等还原物质在生物滤池中对溶解氧的需求和利用规律，探求伴生氨氮高铁锰地下水的生物净化流程；第7章通过现场模拟试验和生产性试验确立伴生氨氮高铁锰水质生物净化水厂工程设计方案和运行参数；第8章研究伴生氨氮高铁锰地下水生物净化滤层的微生态系统和锰氧化菌生理、生态特性；第9章研究高铁锰地下水供水系统的规划、总体布局及水厂设计；第10章介绍不同含铁锰地下水生物净化流程及其工程示范。

　　愿本书能对给水排水工程师的工程设计实践，对本科生、研究生的研修有所增益。

李冬

目　录

第1章　水循环与水资源

水是地球的基本组成要素，循环于大气圈、岩石圈、生物圈与水圈之中，是地球环境、地球地质和地球化学中最活跃的因素。水的循环维系着地表层的物质迁移，热与能量的平衡，创造了欣欣向荣的生态系统。水是世界万物赖以生存、繁衍的生命之源。各种生物体内水含量占 70% ~ 99%，如果没有水，物种就要灭绝，地球就要变成死寂的星球。

水是人类社会经济发展的基础自然资源，是人们生存、生活不可替代的生命源泉。自古以来，在奔流不息的江河边，涌现了一个又一个的地球文明。从埃及的尼罗河到古巴比伦的两河流域，从印度的恒河到中国的黄河，这些地球上最早的文明起源无不是与水息息相关。与此同时，无论是苏美尔文明的衰落，还是楼兰古国的湮没，无不是灾难性的水危机所致。

水，尤其是淡水，是现代人类社会极其稀缺的自然资源。对于各个国家和地区，对于一切社会经济部门都具有生死攸关的重要意义。早在 1972 年联合国第一次环境与发展大会就指出："石油危机之后的下一个危机就是水危机。" 1977 年联合国大会进一步强调："水，不久将成为一个深刻的社会危机。" 1991 年第七届世界水大会发出警告："在干旱或半干旱地区，国际河流和其他水源地的争夺可能成为两国间战争的导火索。" 2012 年 6 月，联合国可持续发展大会上，又重申了以往的国际行动计划，总结了过去可持续发展道路存在的种种问题，通过了《我们希望的未来》，在政治上重申了可持续发展的重要性，将水问题纳入可持续发展的内容，深刻地指出水是可持续发展的核心，强调水和环境卫生对可持续发展的极端重要意义。可见，水环境恢复与水资源可持续利用在人类可持续发展战略中的地位不可替代。

1.1　地球上的水储量

从卫星上看地球，是一个蔚蓝色的大水球。地球表面洼地是一片汪洋大海，占地球总表面积的 71%。全球水总储量约为 13.86 亿 km^3。其中海水占 96.54%，剩下的 3.46% 分布于地球表层的岩石圈、大气圈和生物圈，与海水一起组成了地球表层的水圈。全球贮存的水量及分布详见表 1 - 1。从表 1 - 1 可以看出地球上的水绝大部分是咸水（除海水外还有内陆咸水湖和地下咸水）。咸水总量为全球水总储量的 97.47%，只有 2.53% 为大陆淡水。而且淡水的绝大部分封存于南极洲、格陵兰岛等高山冰川的永久性冰雪和深层地下水中。

全球水储量及分布 表 1-1

序号	水体种类	体积× (10³km³)	占总水量比例 (%)	占咸水量比例 (%)	占淡水量比例 (%)
1	海水	1338000	96.538	99.041	—
2	含盐地下水	12870	0.929	0.953	—
3	咸水湖	85	0.006	0.006	—
4	咸水合计	1350955	97.473	100	—
5	南极、格陵兰岛等高山冰川及积雪	24064.1	1.7360	—	68.697
6	地下淡水	10530	0.7597	—	30.061
7	永冻区冻结水	300	0.0216	—	0.856
8	淡水湖	91	0.0065	—	0.260
9	土壤水	16.5	0.0012	—	0.047
10	大气水汽	12.9	0.0009	—	0.037
11	沼泽水	11.5	0.0008	—	0.033
12	河川水	2.12	0.0002	—	0.006
13	生物体水	1.12	0.0001	—	0.003
14	淡水合计	35029.24	2.5270	—	100
15	总计	1385984.24	100	—	—

1.2 自然界水文循环

在太阳辐射能和地心引力的作用下，水从海洋表面蒸发形成水蒸气进入大气层中，在天空经大气环流输送到全球上空，遇冷成云，以雨雪形式降落到地球表面。降到陆地表面的水量，部分蒸发，部分汇入江河湖泊或渗入地下，形成地表、地下径流，又流向大海。这种周而复始不断的水循环运动，称为自然水文循环。陆地上各种水体包括河川、湖泊以及土壤和生物体中的水也在重复不断地进行蒸发（蒸腾）和降水过程，构成自然水文循环的重要组成部分。地球上的各种水体通过蒸发（蒸腾）、水汽输送、下渗、地表径流和地下径流等一系列过程和环节，将大气圈、岩石圈、生物圈和水圈有机地联系起来，构成了一个庞大而复杂的水文循环系统，如图 1-1 所示。

在水文循环系统中，地球上各种水体处于连续不断的更新状态，从而维系着全球水的动态平衡。在这一动态循环运动中，自然水循环产生了丰富的水资源和万千的气象变化。

地球上的水总储量约 13.86 亿 km³，与外空的水量交换可以忽略不计，因此地球上水的总储量可认为是恒定的，每年参与水文自然循环的水量仅是其中极少部分。海洋的蒸发量约为 50.5 万 km³/a，可以粗略核算为 1.4m 厚的海水层，陆地年蒸发量为 7.2 万 km³/a，全球年蒸发量为 57.7 万 km³/a；全球每年降水量与蒸发量相平衡（57.7 万 km³/a），这就

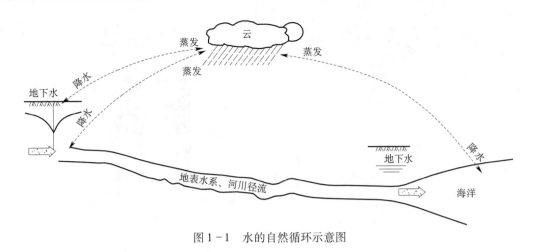

图 1-1 水的自然循环示意图

是全球水文循环的总量。全球水文循环平衡如表1-2和图1-2所示。从表1-2和图1-2可见，在全球水文循环运动中，海洋的蒸发量（50.5万 km^3/a）大于降水量（45.8万 km^3/a），而陆地的蒸发量（7.2万 km^3/a）小于降水量（11.9万 km^3/a）。正是这种差别产生了由陆地流向海洋的大陆地表和地下径流，其总量为4.7万 km^3/a，这就是海洋蒸发量与降水量之差，或是陆地降水量与蒸发量之差。

全球年水文循环量平衡表   表 1-2

分区		面积（$\times 10^6 km^2$）	水量（万 km^3）			水深（mm）		
			降水	径流	蒸发	降水	径流	蒸发
海洋		361	45.8	−4.7	50.5	1270	−130	1399
陆地		149	11.9	4.7	7.2	800	315	483
其中	外流区	119	11.0	4.7	6.3	920	395	529
	内流区	30	0.9	—	0.9	300		300
全球		510	57.7	—	57.7	1131	—	1131

由于每年气候的差异，各年的蒸发量和降水量是有变化的，图中和表中的数值是多年平均值。自然水文循环具有许多显著的特点。①水文循环是一个相对稳定的动态系统，各种水体的量与质及其分布状况是自然历史发展的产物，它既有历史继承性的一面，又有不断变化发展新生性的一面。虽然目前还难以详细地研究水文循环历史演化的全貌，但地史学、地貌学、古水文地质及古气候的研究成果已经证明了水文循环是个不断演化的过程。②水文循环还是一个错综复杂的动态系统，远非蒸发与降水的重复过程。在水循环中涉及蒸发、蒸腾、降水、下渗、径流等各个环节，这些环节错综复杂交错地进行。蒸发现象既存在于海洋、江河、湖泊和冰雪等水体表面，也存在于土壤、植物的蒸发和蒸腾过程，甚至连动物、人体也无时无地不在进行水的蒸发。虽然我们常常将蒸发看成水循环的起点，但实际上，水的整个循环过程无始无终，无休无止。在降水、径流过程中随时随地都存在着蒸发现象。正是水循环的这种复杂动态系统特性，使得地球上各种水体得以循环往复更新，滋养着地球上的万物。③在水文循环中，不但存在着水量的动态平衡关系，也存在着

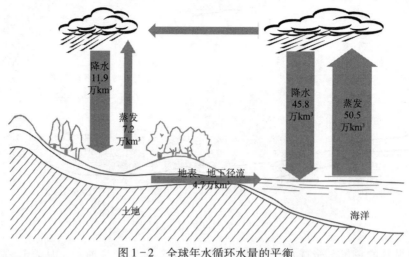

降水
11.9
万km³

蒸发
7.2
万km³

降水
45.8
万km³

蒸发
50.5
万km³

地表、地下径流
4.7万km³

土地　　　　　　　　　　　　　海洋

图 1-2　全球年水循环水量的平衡

水质的动态平衡关系。体现在蒸发中水质的纯化，在降水与径流过程中，水中携带的有机、无机杂质通过物理化学反应和生物分解使水得以净化，使得地球上各种水体维系水量与水质的动态平衡。

1.3　地球水资源分布

"水资源"一词在各学科之间，在历史上存在着两种相关的概念。一种是来源于《不列颠百科全书》中的条目定义："自然界一切形态（液态、固态和气态）的水。"另一种是来源于联合国教科文组织（UNESCO）及世界气象组织（WMO）的定义："水资源应当是可供利用或有可能被利用，并有足够数量和可用质量，可供地区长期采用的水体。"从实际意义上讲，称得上人类社会水资源的应该是通过水文循环可以不断更新的有足够数量的淡水水体。据此，水资源的定义必须是可积极参与水文循环足够大的淡水水体，在水文循环的运动中，年年得到降水和径流的可靠补给，水量、水质年年更新的水体方可作为人类社会可靠的水资源。

由于各种水体的水量、形态和储存条件的不同，更新的周期和速度也截然不同。表1-3是各类水体的更新周期。从表1-3和表1-1可以明了：河川径流是天然良好的水资源，地表浅层地下径流（潜水与承压水）可与河川有良好的水力交换，参与水文循环也是重要的水资源；湖泊水也是良好的水资源。但是，深层地下水虽占地下水总量的99%，但由于其水文循环微弱，更新年代久远，不应该视为水资源。

各类水体的更新周期　　　　　　　　　　　　　　　　表 1-3

水体类别	更新周期	水体类别	更新周期
海洋	2500 年	沼泽	5 年
深层地下水	1400 年	河流	16 天
极地冰川和雪盖	9700 年	土壤水	1 年
高山冰川	1600 年	大气水	8 天

续表

水体类别	更新周期	水体类别	更新周期
永冻层中冰	10000 年	生物水	几小时
湖泊	17 年		

降水、径流是大陆各种水体的唯一补给源。地球水文循环总量为地球水总储量的0.0416%，即 57.7 万 km^3/a，形成大陆地表、地下径流总量约为 4.7 万 km^3/a，为地球水总储量的0.0034%。这些地表、地下径流在大陆的分布并不均匀，往往由于气候和地形、地貌条件的不同而差异甚大。还有相当部分分布于不适宜人类居住之处。而且大陆径流并非是人类社会的独有资源，需要与水生态环境共享才能获得长久的水源供应。所以地球的淡水资源非常短缺，是稀缺的天然资源。

1.3.1 各大洲的水资源及分布

地球上的淡水资源稀少，全球大陆多年平均径流量约为 47000km^3，径流深为 314mm。这些径流大部分流入海洋，各大陆之间河川径流分布极不均匀。

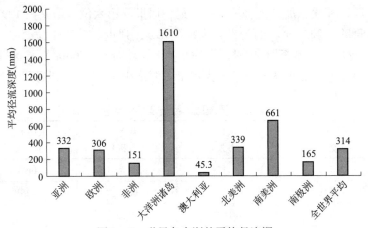

图 1-3 世界各大洲的平均径流深

地球上大洋洲中某些岛屿的径流量非常丰富，远远超过了全球径流的平均值。例如新西兰、新几内亚、塔斯马尼亚等年径流深大于 1500mm 南美洲年径流也深达 661mm，相当于全世界平均值的 2 倍。而澳大利亚全国有 2/3 的陆地面积为无水、无永久性河流的荒漠、半荒漠地区，年平均径流深只有 45mm。南极洲降雨量虽然不多，径流深为 165mm，但以冰川形式储存了全球 68.7% 的淡水量。世界各大洲的径流深度情况如图 1-3 所示。

全球主要大陆地区平均每年水平衡（降水、蒸发和径流量）的估算如图 1-4 所示。所有径流中，半数以上发生在亚洲和南美洲，很大一部分发生在同一地方——亚马孙河，它每年的径流量高达 6000km^3。

全球径流量的多少曾经引起了各国科学家的广泛关注，在过去 200 多年间许多科学家致力于世界径流量的估算。不同来源的数据稍有出入，《全球环境展望3》、《国际人口行动计划》和《简明不列颠百科全书》对全球径流量的估算分别为 4.7 万 km^3、4.1 万 km^3 和 3.7～4.1 万 km^3。

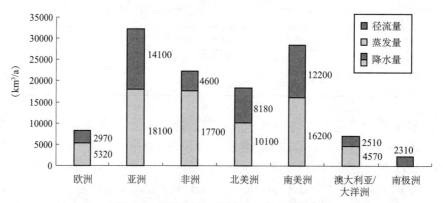

图 1-4　世界各地区的降水、蒸发和径流量

注：径流包括流入地下水、内陆盆地的水流和北极的冰流。

1.3.2　中国的水资源及分布

1. 我国水资源总量

在中国，可通过水循环更新的地表水和地下水的多年平均水资源总量约为 2.8×10^{12} m^3。仅次于巴西、苏联、加拿大、美国和印尼，居世界第六位。但是按 1997 年人口统计，我国人均水资源量仅 $2220m^3$，约为世界人均的 1/4，列世界第 121 位，是一个贫水国家。预测到 2030 年我国人口增至 16 亿时，人均水资源量将降到 $1760m^3$，基本进入用水紧张国家的行列（按国际上一般承认的标准，人均水资源量少于 $1700m^3$ 即为用水紧张国家）。

我国主要流域年径流及平均水量　　　　　　　　　表 1-4

流　域	河川年径流（亿 m^3）	人口（万人）	耕地（万亩）	人均水量（m^3/人）	亩均水量（m^3/亩）
松花江	762	5112	15662	1490	487
辽　河	148	3400	6643	435	223
海滦河	288	10987	16953	262	170
黄　河	661	9233	18244	716	362
淮　河	622	14169	18453	439	337
长　江	9513	37972	35171	2505	2705
珠　江	3338	8202	7032	4070	4747

除了人均水资源量偏低外，我国水资源的时空分布也很不均衡。由于季风气候的影响，各地降水主要发生在夏季。由于降水季节过分集中，大部分地区每年汛期连续 4 个月的降水量占全年的 60%～80%，不但容易形成春旱夏涝，而且水资源量中大约有 2/3 左右是洪水径流量，形成江河的汛期洪水和非汛期的枯水。而降水量的年际剧烈变化更造成了江河的特大洪水和严重枯水，甚至发生连续大水年和连续枯水年。

我国的年降水量在东南沿海地区最高，逐渐向西北内陆地区递减。水资源的空间分布和我国土地资源的分布不相匹配。黄河、淮河、海河三流域的土地面积占全国的 13.4%，耕地占 39%，人口占 35%，GDP 占 32%，而水资源量仅占 7.7%，人均水资源量约

$500m^3$，耕地亩均水资源少于$400m^3$，是我国水资源最为紧张的地区。我国主要流域年径流及人均、亩均占有量见表1-4所列。

2. 地下水资源

地下径流在水文循环中占据重要地位，发挥不可替代的作用。地壳表层第4纪、第3纪巨大空间是天然的地下水库，能贮藏暴雨洪水，在枯水期源源不断补给河川径流，滋养植物生长，是生态环境的良好补给水源。合理利用地下空间水源，合理开采地下水是水资源可持续利用的重要方面。

2003年国土资源部公布了新一轮全国地下水资源评价的结果，全国地下淡水天然资源多年平均为8837亿m^3，约占全国水资源总量的1/3，其中山区为6561亿m^3，平原为2276亿m^3；地下淡水可开采资源多年平均为3527亿m^3，其中山区为1966亿m^3，平原为1561亿m^3。另外，全国地下微咸水天然资源（矿化度$1\sim3g/L$）多年平均为277亿m^3，半咸水天然资源（矿化度$3\sim5g/L$）多年平均为121亿m^3，各省市地下水资源量分布见表1-5所列。

从各流域各地区的地下水资源分布来看，以珠江流域和雷琼地区最为丰富，其地下水天然资源补给模数（每年每平方公里补给量）分别达32.2万m^3和41.5万m^3；长江流域平均补给模数为14.8万m^3，其中洞庭湖流域达23.1万m^3；华北平原补给模数在5万m^3左右；西北地区最小不足5万m^3，见表1-6所列。

各省（区、市）地下水资源量表（亿m^3/a）   表1-5

省（区、市）	天然补给资源量				可开采资源量
	淡水	微咸水	半咸水	小计	淡水
北京	33.76			33.76	26.33
天津	5.44	5.45	4.86	15.75	2.84
河北	131.60	31.98	6.68	170.26	99.54
山西	87.32	4.08		91.40	53.78
内蒙古	263.52	24.95	4.04	292.51	140.17
辽宁	164.91			164.91	91.76
吉林	123.00	7.53		130.53	86.09
黑龙江	310.89	3.96		314.85	211.45
上海	8.38	4.30	0.26	12.94	1.14
江苏	117.84	15.11	51.92	184.87	80.68
浙江	113.92			113.92	46.78
安徽	216.25			216.25	135.21
福建	306.88	0.39	0.52	307.79	33.51
江西	230.48			230.48	73.37
山东	139.95	66.24	10.19	216.38	114.31
河南	158.27	4.87	1.44	164.58	155.89

续表

省（区、市）	天然补给资源量				可开采资源量
	淡水	微咸水	半咸水	小计	淡水
湖北	410.57			410.57	165.21
湖南	461.67			461.67	146.00
广东	694.78	5.72		700.50	284.94
广西	754.64			754.64	273.38
海南	158.19			158.19	60.45
重庆	143.86			143.86	40.79
四川	545.98			545.98	174.94
贵州	437.71			437.71	132.59
云南	747.31	0.99	4.14	752.44	190.35
西藏	795.83	62.56	25.76	884.15	202.04
陕西	158.16	10.99	1.51	170.66	55.86
甘肃	108.47	16.75	7.57	132.79	42.34
青海	265.82			265.82	98.29
宁夏	17.15	10.75	2.63	30.53	13.44
新疆	629.55			629.55	234.87
台湾	90.57			90.57	56.86
香港	3.75	0.10		3.85	2.55
澳门	0.06			0.06	0.03
全国	8836.48	276.72	121.51	9234.72	3527.78

我国不同地区地下淡水资源数量表 表1-6

资源区		天然补给资源量		可开采资源量	
		资源量（亿 m³/a）	模数[万 m³/(km²·a)]	资源量（亿 m³/a）	模数[万 m³/(km²·a)]
黑松流域		520.51	5.86	328.34	3.66
辽河流域		246.47	8.63	154.74	10.91
黄淮海地区		635.33	11.46	512.1	10.18
黄河流域	黄河下游	40.45	16.22	40.53	16.21
	黄土高原	130.54	5.42	93.75	6.40
	鄂尔多斯高原及银川平原	72.85	5.61	39.58	3.14
	黄河上游	141.44	6.25	43.78	2.09
	小计	385.28	6.11	217.64	4.30

续表

资源区		天然补给资源量		可开采资源量	
		资源量 （亿 m³/a）	模数 [万 m³/（km²·a）]	资源量 （亿 m³/a）	模数 [万 m³/（km²·a）]
内陆地区	内蒙古北部高原	40.08	1.64	17.21	1.67
	河西走廊及陕北地区	63.23	2.04	32.06	1.17
	柴达木盆地	60.99	2.96	30.98	1.71
	准噶尔盆地	296.17	7.24	90.45	4.87
	塔里木盆地	333.39	3.17	144.42	3.02
	藏北高原	105.20	2.70		
	小计	899.06	3.45	315.12	2.58
长江流域	长江下游	180.82	16.31	98.14	8.86
	长江中游	494.86	17.31	185.82	6.78
	四川盆地	389.19	19.64	153.69	7.76
	金沙江流域	592.44	8.61	142.1	3.01
	鄱阳湖水系	213.00	13.38	68.54	4.41
	洞庭湖水系	590.14	23.12	177.17	6.94
	乌江流域	185.96	20.96	62.86	7.08
	小计	2646.41	14.82	888.32	5.72
珠江流域	东江流域	561.81	38.20	200.86	22.28
	西江流域	985.16	29.60	316.18	10.11
	小计	1546.97	32.24	517.04	12.83
闽浙丘陵地区		385.78	18.97	67.97	5.72
台湾地区		90.56	25.16	56.86	15.79
雷琼地区		372.33	41.53	194.06	21.65
怒江、澜沧江流域		621.22	15.28	158.65	4.41
雅江流域		527.01	13.67	157.47	4.08
全国合计		8836.48	10.61	3527.78	5.70

注：黄淮海地区已包括黄河下游区。

新中国成立后，我国地下水资源开发利用量迅速增加。20 世纪 50 年代只有零星开采，70 年代增加到每年 570 亿 m³，80 年代增加到每年 750 亿 m³，目前约有 400 个城市开采利用地下水，年开采量超过 1000 亿 m³。与南方地区相比，我国北方地区地下水供需矛盾突出。调查显示，北方地下淡水天然资源量约占全国地下淡水天然资源总量的 30%，而开采量已占全国开采总量的 76%。特别是华北平原地区，浅层地下水超量开采 6%，深层地下水超量开采 39%。

由于对地下水资源的不合理开采，目前许多地区已出现地面沉降与地裂缝、地下水降落漏斗、地面塌陷、海水入侵等环境问题。

2004 年全国 187 个城市地下水水质监测资料显示，我国主要城市和地区的地下水水质受人为活动污染较大。与 2003 年相比，地下水污染加重的城市 52 个，占 28%，主要分布在华北平原、东北平原、江汉平原、河套平原、河西走廊以及东南沿海等地区。2011 年，全国 200 个城市的 4727 个地下水质监测点中，"较差和极差"水质监测点的比例为 55%，并且与一年前相比有 15.2% 的监测点水质变差。根据国土资源部的调查，197 万 km^2 的平原区，浅层地下水已不能饮用的面积达六成。

据国土资源部统计，2004 年全国地下水降落漏斗 180 多个，总面积约为 19 万 km^2，44% 的漏斗面积仍在扩大。单体漏斗大于 $500km^2$ 的 29 个，总面积 $61431km^2$。其中，单体面积最大的降落漏斗——河北衡水深层地下水降落漏斗面积达 $8815km^2$。按降落漏斗深度统计，漏斗中心水位深度大于 50m 的 36 个。其中，河北唐山赵各庄漏斗中心的最大水位深度 333.2m，是水位降落最深的漏斗。此外，长期气候干旱与大规模地下水开发，在黄淮海平原、长江三角洲、汾渭盆地、河西走廊等地区，造成逾 60 万 km^2 的地下水位整体下降，形成跨省区的特大型地下水降落漏斗群，诱发了严重的地面沉降、地裂缝、岩溶塌陷、海水入侵等地质灾害与环境地质问题。根据中国地质调查局 2008 年发表的《华北平原地面沉降调查与监测综合研究》，华北平原地面沉降所造成的直接经济损失达 404.42 亿元，间接经济损失 2923.86 亿元，累计损失达 3328.28 亿元。

1.4　我国含铁锰地下水的分布及水质类型

1.4.1　含铁锰地下水的成因

地下水径流是地球水文循环体系的重要组成部分。水在地下径流过程中与上覆层和含水层的岩土相互接触，不仅发生化学、物理化学反应，由于上覆层土壤中往往含有有机质和微生物，因此也发生生物化学反应。实际上地下水径流系统也是水—岩土—微生物的复合生态系统。应从水文地球化学和生物地球化学的综合视点来研究地下水径流中的元素迁移、聚集过程。

地下水中的化学成分来源于含水层岩性介质和上覆岩土中所含的各元素。迁移聚集于地下径流中的化学元素取决于该元素的物理化学性质和水文地球化学环境。

钾、钠、钙、镁、硅是造岩元素，是地壳岩土的主要成分。因此，所有地区的地下水中都存在着这些元素的离子和化合物。钾、钠、SiO_2 主要是岩石中硅酸盐矿物经风化和溶滤作用释放出来而溶于地下水中；钙、镁则来自于方解石和白云石，其迁移过程是降水中的 CO_2 和岩土中所含有机物分解产生的 CO_2 溶解于地下水中，水中 CO_2 与方解石和白云石发生化学反应，生成重碳酸盐 $Ca(HCO_3)_2$ 和 $Mg(HCO_3)_2$，重碳酸盐水解使 Ca^{2+}、Mg^{2+} 离子溶于水中。

铁、锰都是岩土中含量最高的金属元素之一，不但广泛存在于地壳岩土之中，而且还集聚了各种铁锰矿物，如：磁铁矿、赤铁矿、菱铁矿、黄铁矿、褐铁矿、针铁矿以及软锰矿、水锰矿、黑锰矿、菱锰矿等。

铁、锰都是变价的典型金属元素，在一定条件下以低价离子呈溶解态存在于水中，在另一条件下则以高价化合物从水中析出呈固体存在。所以常常在水与岩间进行迁移、转化和聚集。

各地域地下水中 Fe^{2+}、Mn^{2+} 离子是否存在和含量多少，不仅取决于该地域岩土中铁、锰化合物的丰度，还取决于水文地球化学环境。地形、地貌、径流补给与排泄以及岩土中有机物存在与否等综合因素都会造就不同的水文地球化学环境。在还原环境中，铁、锰化合物将被还原溶出以 Fe^{2+}、Mn^{2+} 离子形式存在于水中；在氧化环境中 Fe^{2+}、Mn^{2+} 离子通过化学和生物化学的途径被氧化为高价化合物，呈固体状态从水中析出。含铁、锰地下水的形成是一个复杂物理、化学和生物化学的过程，简单地归纳为如下几个方面因素：

1. 地下水径流条件

山地、丘陵地带为地下水补给区，径流强度高，是强氧化环境，不但径流接触的岩土和上覆地层中的铁、锰氧化物不能被还原为 Fe^{2+}、Mn^{2+} 离子形式释放于水中，相反，地下径流中的低价 Fe^{2+}、Mn^{2+} 离子还会被化学氧化或生物氧化成高价铁、锰氧化物，从径流中析出沉淀于径流基底。而在平原、盆地、河谷地势低洼地区，是地下水的径流区和排泄区，都为弱还原或还原环境。铁、锰的氧化物则易于被还原，形成低价离子而溶于水中。

含水层介质的岩性也会造成还原或氧化环境。在砂质粉土、粉质黏土的含水层中，地下水流动缓慢，径流条件差，多为还原环境，Fe^{2+}、Mn^{2+} 易于富集于水中。相反在粗砂、砾石、岩溶、裂隙的含水层中，地下水径流条件好，Fe^{2+}、Mn^{2+} 离子含量很低，或者趋于痕量。

2. 含水层的上覆盖层岩土性质

含水层上覆盖层岩土中，铁、锰元素的丰度直接与地下径流 Fe^{2+}、Mn^{2+} 离子浓度有关。尤其是上覆盖层中含有机物，有机物被微生物分解产生 CO_2，在水中形成碳酸氢根离子（HCO_3^-），易于溶滤岩土中 Fe^{2+}、Mn^{2+} 离子生成大量 $Fe(HCO_3)_2$ 和 $Mn(HCO_3)_2$ 迁移到水中。同时有机物分解消耗溶解氧形成还原环境。

3. 地下水的 pH 和酸碱度

由铁、锰元素的水文地球化学特征可知，pH 是控制铁、锰化合物在水中溶解度的根本因素之一，所以 pH 对铁、锰元素的迁移、富集起着重要作用。

地下水中的 Fe^{2+}、Mn^{2+} 离子含量随着 pH 的降低（酸度增加）而增加，在常温常压下，pH 每减少 1，Mn^{2+} 离子在水中的溶解度将增大 100 倍。所以随着 pH 的增加，水中 Fe^{2+}、Mn^{2+} 离子含量显著减少。当 pH > 7 时，Fe^{2+} 含量就明显下降；pH > 8.5 时，Mn^{2+} 含量明显下降。

4. 微生物对有机质的代谢

土壤中的有机质源于动植物残体的腐败分解。土壤中的有机物在好氧微生物代谢的作用下，不断分解，同时消耗水中溶解氧，形成还原环境。在厌氧环境中，厌氧菌继续代谢腐殖质，他们以 Fe^{3+}、Mn^{4+} 的氧化物为电子受体，腐殖质为电子供体。在氧化分解有机质的同时，将高价铁、锰化合物还原成可溶于水的低价氧化物。反应式如下：

$$HC + Fe(OH)_3 + H^+ \longrightarrow Fe^{2+} + CO_2 + H_2O \tag{1-1}$$

$$HC + MnO_2 + H^+ \longrightarrow Mn^{2+} + CO_2 + H_2O \tag{1-2}$$

式中 HC 为含氢、碳元素的有机物。同时有机物分解产生的 CO_2、H_2O、H_2S、HCO_3^- 也会与铁、锰矿物发生氧化还原反应，生成 Fe^{2+}、Mn^{2+} 离子溶于水。反应式如下：

$$Fe_2O_3 + H_2S \xLongequal{} 2FeS + 3H_2O + S \qquad (1-3)$$

$$FeS + 2CO_2 + 2H_2O \xLongequal{} Fe(HCO_3)_2 + H_2S \qquad (1-4)$$

$$Fe(HCO_3)_2 \xLongequal{} Fe^{2+} + 2HCO_3^- \qquad (1-5)$$

有机质还与 Fe^{2+}、Mn^{2+} 离子结合成络合物，使低价铁、锰趋于稳定，即使在弱碱性条件下，也不至于从水中析出。

综上，含水层介质和上覆盖层岩土中的铁、锰化合物是地下水中 Fe^{2+}、Mn^{2+} 离子的丰富源泉。水文地球化学的还原环境是 Fe^{2+}、Mn^{2+} 离子迁移和富集于地下水中的必要条件。而造就还原环境的因素众多，其中径流滞缓，上覆盖层中有机物的氧化分解，微生物的生命活动是重要因素。由此推断，在平原河流的高、低漫滩，河口盆地、沼泽等低洼地区的地下水中多含有较高的 Fe^{2+}、Mn^{2+} 离子。

1.4.2　我国含铁锰地下水的分布及水质类型

地下水清凉可口，不易受污染，自古以来就是人类首选的饮用水源。由于我国地下水分布广，调蓄能力强，供水保证率高，广泛地被各地区开发利用。尤其是北方干旱、半干旱地区的许多城市以其为主要甚或唯一水源。我国可更新的地下水淡水资源总量为 8800 亿 m^3，约占我国水资源总量的 31%。

1. 我国含铁锰地下水的分布

在广泛分布的地下水资源中，有相当部分地区地处盆地、平原、漫滩，由于径流滞缓造成还原环境，导致岩土中 Fe^{2+}、Mn^{2+} 离子的溶出，形成含铁、锰地下水，其储量可观，是可更新地下水资源的重要组成部分。

含铁、锰地下水比较集中于松花江流域和长江中下游地区。

（1）松花江干、支流高低漫滩及三江平原地区

主要城市有哈尔滨、齐齐哈尔、大庆、鸡西、鹤岗、七台河、双鸭山、吉林、长春、佳木斯、德都。

（2）长江中下游的江汉平原、巢湖、洞庭湖、鄱阳湖周边的平原地区

主要城市有武汉、襄樊、沙市、岳阳、南京、九江、上饶。

（3）珠江三角洲地区

主要城市有佛山、湛江、柳州、南宁。

（4）浑河、太子河流域的平原地区

主要城市有沈阳、鞍山、锦州等。

2. 我国含铁锰地下水的水质类型

对全国含铁锰地下水水质的调研结果表明，各流域各地区含铁锰地下水的水质千差万别，铁、锰浓度相差悬殊，除此之外，其他还原物和重金属的含量也各有特点。这和当地的地质构造、水文地球化学环境有着密切联系。从水质工程学角度归纳起来我国的含铁锰地下水主要有以下几种类型：

（1）超高浓度铁锰地下水

若地下水中 TFe > 20 mg/L，Mn^{2+} > 5 mg/L 或其中任何一种超出前述者，就可以称之为超高浓度铁锰地下水。这样的地下水常见于我国东北地区东部和松花江下游三江平原。笔者调查过的这些地区的部分城市的地下水水质见表 1-7。

部分地区超高浓度铁锰地下水水质　　　　　　　　表1-7

项目 地点	Mn^{2+}（mg/L）	TFe（mg/L）	HCO_3^-（mg/L）	SiO_2（mg/L）
九台	9.33	14	424	33
长春	5.00	27	45	26
伊通	6.5	12	156	12
海龙	11.0	7.0	160	18
德都	11.0	28.0	1016	62.5
牡丹江	1.5	23.0	142	—

（2）伴生氨氮高铁锰地下水

若地下水中 TFe > 10 mg/L，Mn^{2+} > 1 mg/L，同时 NH_4^+ – N > 0.5 mg/L，就可以称之为伴生氨氮高铁锰地下水。

在强还原环境下常有伴生氨氮高铁锰地下水的出现，水中 NH_4^+ – N 亦非全是来自地面水的污染，很多情况下是来自地层中的含氮化合物的还原，和铁、锰一样是地下水的自然原生物质，是在地下径流过程中无机生成的。其反应式如下：

$$8H_2S + N_2O_5 \longrightarrow 2NH_3 + 8S + 5H_2O \qquad (1-6)$$

$$6H_2S + N_2O_3 \longrightarrow 2NH_3 + 6S + 3H_2O \qquad (1-7)$$

式中 H_2S 多是地下水中的碳酸与硫铁矿（FeS）发生化学反应而生成的，并非都是动植物残体腐败而生。

$$FeS + 2CO_2 + 2H_2O \longrightarrow Fe(HCO_3)_2 + H_2S \qquad (1-8)$$

所以含铁锰地下水伴生有 NH_4^+ – N 或者 H_2S 等还原物质是正常的地球化学现象。哈尔滨松北区地下水就是这样的水质：TFe15.4 mg/L，Mn^{2+}1.7 mg/L，NH_4^+ – N1.2 mg/L。

（3）高铁锰地下水

若地下水中 TFe > 10mg/L，Mn^{2+} > 1.0mg/L，可以称之为高浓度铁、锰地下水。多蕴藏于松花江干流下游的平原地区。以佳木斯市、绥化市兰西县为代表，其水质见表1-8。

松花江干流地区高铁锰地下水水质（单位：mg/L）　　　　表1-8

项目 地点	Mn^{2+}	TFe	pH	HCO_3^-	CO_2	SiO_2	H_2S	耗氧量	总硬度
兰西	1.0	14.0	6.6	350	—	—	—	1.36	21.0
佳木斯	1.4	15.0	6.5	131.0	42	18	—	2.05	4.5

（4）普通含铁锰地下水

大部分地区含铁锰地下水中的 TFe < 10mg/L，Mn^{2+} < 1mg/L，称为普通含铁锰地下水。表1-9是几个典型城市的普通含铁锰地下水的水质状况。

普通含铁锰地下水水质　　　　　　　　表1-9

项目\地点	Mn^{2+} (mg/L)	TFe (mg/L)	pH	HCO_3^- (mg/L)	CO_2 (mg/L)	SiO_2 (mg/L)	H_2S (mg/L)	耗氧量 (mg/L)	总硬度 (mg/L)
新民	1~1.5	9	6.6	345	96	16	2.0	1.93	23.62
依兰	2.0	2.46	6.4	294	11	6	—	3.17	30.52
齐齐哈尔	0.1~1.0	3~4	6.6	230	40~60	20	0.1~1.5	0.5~1.8	5.7
湛江	0.7	2.7	6.8	110	33	38	0.17		1.82
汉寿	1.2	8.4	6.0	98	18	—			3.89
万县	1.0	4.0	7.0	165	40	24	1.09	—	36.49
成都	0.36	0.39	7.4	9	4	20	0.51		9.9
丹棱	0.4	14.0	6.7	268	63	80	1.53		8.54
上饶	0.36	3.0	6.5	79	40	24	—		—

（5）低铁高锰地下水

有些地区地下水中铁含量较少，0.5mg/L < TFe < 2.0mg/L，而 Mn^{2+} 含量较高，Mn^{2+} > 1.0~1.5 mg/L，称之为低铁高锰地下水，其水质见表1-10。

低铁高锰地下水水质　　　　　　　　表1-10

项目\地点	Mn^{2+} (mg/L)	TFe (mg/L)	pH	HCO_3^- (mg/L)	CO_2 (mg/L)	SiO_2 (mg/L)	H_2S (mg/L)	耗氧量 (mg/L)	总硬度 (mg/L)
沈阳市中心区	3.6	0.9	6.7	66.6	—	24	—	0.36	9.52
襄樊市	2.4	2.0	7.0	524	52	8.0	—	—	—
阿城区	1.4	0.5	6.6	323	48	32	0.43		13.9

（6）微铁高锰地下水

有些地区地下水中铁含量很少，TFe < 0.5mg/L，甚或更低，而 Mn^{2+} 含量较高，Mn^{2+} > 1.0~1.5mg/L，称之为微铁高锰地下水。以辽宁省浑河、太子河流域的平原地区的地下水为代表，其水质见表1-11。

浑太流域微铁高锰地下水水质　　　　　　　　表1-11

项目\地点	Mn^{2+} (mg/L)	TFe (mg/L)	pH	HCO_3^- (mg/L)	CO_2 (mg/L)	SiO_2 (mg/L)	H_2S (mg/L)	耗氧量 (mg/L)	总硬度 (mg/L)
石佛寺区	2.8	0.1	7.1	327	—	—	—	1.14	19.65
张士开发区	2.0	0.3	6.5	—	—	—	—	—	—
浑南开发区	1.5	0.3	6.7	—	—	—	—	—	—

第2章 生活与生产用水中
铁锰的危害及允许浓度

2.1 天然水中的铁和锰

铁、锰是地壳的主要构成成分，铁占地壳总量的 4.70%，锰占 0.09%，分别列第 4 位和第 12 位，它们都是代表性的金属元素、氧化还原元素和典型迁移元素。据氧化还原环境条件的不同，随时改变着它们的形态。有时完全溶于水，有时呈固体析出。他们在水中的离子种类和固体颗粒变化都很宽泛。就其粒子尺度而言，从离子态、胶体领域（1～100nm）到肉眼可见的颗粒广泛存在。水中物质变化都发生在相间界面上，所以水中铁锰的活性度就特别大。他们与水中其他成分如溶解氧、碳酸、硅酸、磷酸和有机物都有紧密的物理化学与生物化学联系。因此，铁锰在水中的形态变化以及他们在自然界中的循环是许多学科，如给水排水工程学、水文地质学、海洋学、地球化学的研究对象。铁、锰在元素周期表中位置相邻，原子序数分别为 26 和 25；分子量相近，分别为 55.807 和 54.938。核最外层电子数都是 2，所以化学性质极为相近。元素的地球化学迁移运动往往伴同进行，由此在自然水体中也往往同时存在。但在各种水体中其含量和形态又多有不同。

河川地表水由于水体流动充分，溶解氧充足，Fe^{2+} 完全氧化为 Fe^{3+}，生成羟基氢氧化铁沉淀于河底。其结果河水中几乎不存在溶解态的 Fe^{2+}，只有少量的 Fe^{3+} 胶体或微细粒子漂浮于水中，其浓度世界平均值为 1.93mg/L。锰与铁不同，其氧化还原电位比铁高，在 pH 中性域几乎不能被溶解氧所氧化而生成沉淀析出，如果河流中有 Mn^{2+} 的补给源，一直到下游都有 Mn^{2+} 的存在，其浓度各条河川各不相同。

湖泊、水库等缓流水体中，由于化学和生物化学的氧化作用，铁、锰大部分都被氧化而沉淀于水底，水中含量极少。但底层水由于缺乏氧气，底泥中铁、锰被还原为 Fe^{2+}、Mn^{2+} 而溶解于水中，所以若在湖泊、水库的底层取水时，Fe^{2+}、Mn^{2+} 多超出容许浓度。因此，应在接近水体的表层处取水。然而，许多水库是兼灌溉、防洪等多功能水库，不是单纯的城市供水水源，其取水条件受到限制，常从底层取水，此时的水质净化就要同时考虑除铁除锰的问题。

地下水常年低温，水质变化小，几乎不受细菌污染，在卫生防疫学上非常安全。所以，自古以来就是天然的优良生活用水和高质量的饮用水水源。合理有效地利用地下水源是供水事业的重要课题。

由于地质原因，地下水（含河床潜流水）中或多或少都会含有铁和锰，铁的含量 0.1～20mg/L 不等，锰的含量大致为铁含量的 1/10，即 0.01～2mg/L。多以 Fe^{2+} 和 Mn^{2+} 离子形态存在于水中。也有一些情况下地下水中的 Fe^{2+}、Mn^{2+} 与有机色度物质相结合，形成溶解性的有机铁、有机锰。

如果地下水中含有过量的铁、锰，就会破坏地下水的优良品质，危害供水系统安全，降低工业产品质量。所以生活与生产用水中铁、锰的去除是水质工学界长期以来的热点。

2.2　生活饮用水与生产用水中铁锰的危害

生活饮用水中铁、锰的危害，主要不是毒理卫生学上的，而是美学和感官性状上的。自来水"黄水之害"就是水中 Fe^{2+} 造成的。当含铁地下水直接作为生活饮用水时，水中溶解态的 Fe^{2+} 被溶解氧氧化为三价铁氧化物，水中微细的 Fe^{3+} 颗粒使水呈现黄色，有铁腥味，污染衣物，常沉淀沉积于用水器具，产生锈斑，使人厌恶。不但如此，管壁上长期沉积的铁垢被激烈变化的水流冲洗下来也能形成"黄水"，有时还有锰的参与形成巧克力色，使人更难以忍受。

应当指出由于一直被铁的危害所掩蔽着，人们对水中锰的危害认识很晚。直到 20 世纪 60 年代初，才发现除铁后的水在供水系统中仍出现着色和沉积物，于是开始注意水中锰的危害。在供水系统中，地下水除铁水厂将铁去除之后，为了杀灭细菌向水中注入氯，然后再送到配水管网。在投氯点之后的输水管中或配水池内，余氯将缓慢地将 Mn^{2+} 氧化为水合二氧化锰（$MnO_2 \cdot mH_2O$）。微细的二氧化锰粒子在水中是橙红色。水合二氧化锰黑色沉淀物沉积于管壁和水池内壁上，渐渐增多增厚，当水流速度发生激烈变化时，沉积物脱落下来，产生浑浊的黑水，从用户水龙头中流出，就是自来水的"黑水"之害。

对于各种工业生产，水中铁、锰都有严重的影响，是百害而无一益的。以水为原料的造酒、酿造、清凉饮料业，如果水中含有铁锰会直接导致浑浊而口味下降；在水参与的生产过程或与产品直接接触的造纸、纺织生产中，铁锰会固定在纤维上使产品变色；在漂白过程中，对漂白剂有分解催化作用，使漂白作业发生困难；在染色工艺过程中，铁锰能与染料结合使色调暗淡等等。

水中铁锰经氧化后的沉积物和生物黏泥对城市管网及工业企业水循环系统的危害更为严峻。在城市供水系统或工业企业冷却水系统、循环水系统中能够产生 3 种沉淀物质。第一种是含水氧化铁，也称羟基氢氧化铁（$Fe_2O_3 \cdot nH_2O$，$FeOOH$）。如水中有溶解氧存在，Fe^{2+} 就会在供水系统的输配管内被溶解氧氧化为 $FeOOH$ 沉积在管壁上，并以新生的 $FeOOH$ 为自触媒，将持续不断地进行 Fe^{2+} 的自催化氧化，于是管壁不断地沉积 $FeOOH$；第二种是水中的 Mn^{2+} 被余氯慢慢氧化为水合二氧化锰（$MnO_2 \cdot mH_2O$）沉积于管壁，水合二氧化锰的形成也将引起以氯为氧化剂的 Mn^{2+} 自催化氧化反应，触媒就是水合二氧化锰；第三种就是生物黏泥，是在化学沉淀物中掺和了微生物及其分泌物而构成的黏稠状沉积物。运行久远的供水系统的输配水管壁和蓄水池内壁上都可以滋生锰氧化菌和其他微生物。尤其是缓流区域或者余氯微弱的区域，微生物的滋生会更快。锰氧化菌的胞外酶能促使水中溶解氧将 Mn^{2+} 迅速氧化为 MnO_2 沉积于管壁，形成微生物和其分泌物共存的生物黏泥。

在供水系统中，各种沉积沉淀物发生的空间与时间，是由水流的物理化学和生物化学的不同氧化还原环境和流体力学状态而共同决定的。在供水系统启动之初管网前部多为 $FeOOH$ 化学沉积物，其后多为水合二氧化锰黑色沉淀。而长期运行的管网中常常会有生物黏泥产生。无论是化学沉积物羟基氢氧化铁（$FeOOH$）、水合二氧化锰（$MnO_2 \cdot mH_2O$）

还是生物黏泥都不是单纯的物理堆积，而是有一定的化学结合的坚固的沉积物。有时尽管水中只有少量的 Fe^{2+} 和 Mn^{2+}，也会形成沉积结垢，并不断增厚，长此以往将会缩小输水断面以至于堵塞管道，严重影响了管道的过水能力。

2.3 铁锰与人类健康

铁、锰是很重要的生理微量元素。安德伍德（Underwood）在《微量元素》一书中明确指出，微量元素是指占人体重量小于 0.01% 的元素。人体的生理微量元素在人体中的比例虽然很小却具有独特的生理意义。失去该种元素就会产生构造或生理上的异常，补充该种元素就能防止该异常的发生或恢复正常状态。由于缺乏生理元素而异常病变伴随着特定的生理化学变化，防止或补充生理元素的缺乏该生理化学变化就被防止或消除了。已知的有 10 种生理微量元素（Fe、I、Cu、Zn、Mn、Co、Mo、Se、Cr、Sn）是高等动物不可缺少的。生理元素的主要生理功能是：协助输送宏量元素；是人体多种酶的组分或激活剂；在激素和维生素中起独特的生理作用；影响核酸代谢，在细胞的酶素中起催化作用。其中金属元素与蛋白质牢固结合成的金属酶尤为重要，活性度大的有含铁、含锰、含锌、含铜的金属酶，可见铁、锰对人体生理的重要作用。

铁是人类发现最早的生理微量元素，已有两千多年的历史。我国在公元 3 世纪战国的《五十二病方》中就有煮铁饮之的记载，其后，铁便出现在各种医学书籍中。1578 年明朝的《本草纲目》集其大成，对铁作了详细全面的记载。在欧洲药用铁制剂始于 1664 年，西德纳姆（Sydenham）用含铁的酒剂治疗妇女的萎黄病，1831 年布洛德（Blaud）用二价铁治疗单纯性贫血。可见古人早已从经验中体会到铁与人类的健康有着十分密切的关系。

2.3.1 铁的生理功能

1. 铁在人体内的分布

铁是人类研究最多和了解比较深的矿物质元素之一，它是一切生物体不可缺少的，在人体中最丰富的生理元素，约占人体总重的 0.006%。成人（体重70kg）体内的含铁量约为 4~5g。铁在人体的分布极为普遍，几乎所有的组织中都有，其中以肝、脾中含量最高，其次是肺。铁在人体内的存在形式可分为两大类：血红素类和非血红素类。血红素类主要有血红蛋白、肌红蛋白、细胞色素及酶类；非血红素类主要有某些黄素蛋白及一种非常重要的电子传递体等。

2. 铁的生理学功能

（1）运输氧的功能

体内大部分的铁分布在细胞里，铁是生命必需的元素，没有它生物就无法生存。血液中能融入通常溶解度（3 万 mol/L）60 倍的氧量，其原因就是氧与血液中的血红蛋白结合。1mL 血中有 500 万个红细胞，一个红细胞包含 2.8 亿分子的血红蛋白，血红蛋白是由 96% 的球蛋白和 4% 的称之为血红素的色素所组成。4 条血红素连接起来再与 4 个球蛋白相连就形成了血红蛋白。血红素分子中央有 1 个铁原子，氧气分子吸附在铁原子上，每个血红蛋白分子能与 4 个氧分子相结合，所以血液中的氧始终维持很高的浓度。血红蛋白起着氧的载体的作用。血红蛋白中的 Fe^{2+} 表现出特定活性，易与氧配位结合形成配合物，而不会被氧化，因而使得血红素具有极易携带氧和卸载氧的独特化学性质。红细胞在肺部循环的很短时间内就能完全充氧，而后在流经组织内毛细血管时又最大限度地释放氧。可以说，血红素中的铁出色地参与了氧的运输、交换和组织的呼吸过程。

（2）储存氧的功能

肌红蛋白是肌肉中的血红素化合物，其结构和血红蛋白类似，只不过它是一个血红素和一个球蛋白相连，能从血红蛋白中接受氧，并把氧储存起来，以便在氧供应不足时释放出来，供给机体各种氧化过程所利用。很明显，肌红蛋白的主要生理学功能在于储存氧。潜水的哺乳动物肌肉中的肌红蛋白的含量很高，这可能是为了适应长时间潜游的需要。

（3）电子传递功能

细胞色素和细胞色素 c 氧化酶都是含有铁—卟啉辅基的血红蛋白。其基本的生理功能是通过分子中血红素中铁的价态变化在生物体内起电子及氢的传递作用，是一类以传递电子作为其主要生理功能的蛋白质，是生物体内极为重要的电子传递体，在细胞线粒体内膜上起传递电子的作用。科学家已在哺乳动物细胞线粒体的内膜上分离出 5 种细胞色素：细胞色素 b、c、c_1、a 和 a_3，它们都是电子传递体，是组成哺乳动物呼吸链的重要成员，并在呼吸链的某一特定位置上起着传递电子的作用。电子传递的同时，通过氧化磷酸产生三磷酸腺苷（ATP）。

铁硫蛋白是一类以 Fe_nS_n 为辅基的非血红素蛋白，根据 Fe_nS_n 中 n 的不同，铁硫蛋白又有多种类型。不同类型的铁硫蛋白在氧化还原反应中所能传递的电子数虽然不尽相同，但都是靠辅基中的铁离子可逆改变其氧化态（$Fe^{3+} + e = Fe^{2+}$）来实现电子传递的。铁硫蛋白的主要生理学功能是参与电子的传递过程。

3. 人体中铁的代谢

（1）铁的吸收

人体从食物中摄取铁元素，铁在人类的膳食中绝大部分都以 Fe^{3+} 的形式存在，当进入胃肠道后，即被还原为 Fe^{2+}，并被肠（主要是十二指肠）黏膜细胞吸收。进入肠黏膜的 Fe^{2+} 有一部分直接进入血浆，并在血浆中与血浆铜蓝蛋白作用转化为 Fe^{3+}，在 CO_2 存在的条件下就和脱铁传递蛋白结合形成铁传递蛋白。以铁传递蛋白作为铁的载体，随血液循环输送到骨髓中用来合成血红蛋白，输送到机体细胞中用作合成各种酶，剩余的被输送到肝、脾和骨髓中储存起来。另一部分未进入血浆的 Fe^{2+} 在肠黏膜细胞内被氧化，并与脱铁蛋白结合形成铁蛋白，以铁蛋白的形式被储存起来。当机体需要动用这部分储存铁时，铁蛋白便在还原剂（如 Vc）的作用下，将 Fe^{2+} 释放出来。Fe^{2+} 进入血浆后，如上所述，形成了铁传递蛋白，并随血液循环将铁输送到所需的地方。

（2）铁的排泄

铁在体内可被反复利用，排出的数量很少。在正常情况下，铁的吸收和排泄保持动态平衡。铁主要以胆汁、脱落的黏膜细胞和少量的血通过粪便排出，其他少部分通过汗液、皮肤脱落细胞、尿液排出。某些病理情况可导致铁排泄的改变。如在许多热带地区，由于易感染上钩虫病而引起胃肠道失血是导致铁缺乏的主要原因；而在一些发达国家，由于长期服用阿司匹林等使消化道失血的药物或出血性溃疡等也会导致体内铁的缺乏。

4. 铁缺乏与过量产生的疾病

人体内的各种元素都遵循伯特兰（Bertrand）最适营养定律，即在体内有最佳的营养浓度，浓度过低或过高均会导致机体功能的紊乱。

（1）铁缺乏产生的疾病

铁的缺乏症是生活中最常见的营养缺乏症之一。铁缺乏多发生于婴幼儿、青少年、孕妇乳母和育龄妇女。铁参与血红蛋白的合成，是血红蛋白的重要组成部分，缺铁使血红蛋白合成困难，使血液输送氧的能力降低，组织细胞得不到充足的氧供应，致使能量供应不足。缺铁或铁的利用不良时，除导致氧的运输和储存能力降低外，还会引起二氧化碳的运输和释放、电子传递、氧化还原等很多代谢紊乱，并损害机体的免疫机制，从而产生许多生理和病理变化，引发多种疾病，影响人体健康，甚至有生命危险。

缺铁的直接结果是导致贫血。贫血对患者的工作能力有明显的影响，一般来说贫血的病人不能长期从事剧烈的体力劳动。对人体的影响主要表现为疲劳、困倦、口腔糜烂、工作效率低、学习能力下降、冷漠呆板等。缺铁儿童有易烦躁，抵抗力下降，精力不集中等症状。缺铁性贫血的另一个特点是在寒冷环境中保持体温的能力受损，这种异常产生的原因可能是与促甲状腺激素分泌减少有关。

近年来，大量证据还表明铁是"益智元素"之一，铁缺乏可引起心理活动和智力发育的障碍及行为的改变。另外铁参与糖酵解，与眼晶体的代谢有关，铁可维持眼组织细胞的正常形态、结构和功能。当铁代谢异常时，眼晶体的糖酵解受到影响，可能导致白内障的形成。

治疗缺铁性疾病，主要通过补铁来完成。目前有很多含铁营养品和铁制剂。日常生活中，也要注意饮食的搭配，多食一些富含铁的食物，例如：动物的肝脏、肾、心以及蛋黄、干燥的豆科植物、可可、糖蜜、西芹等。此外，使用中国传统的铁制炊具也是补铁的绝妙之法。

（2）铁过量产生的疾病

成年男子体内含铁量约为4.5g，机体内积存的铁过多也会致病，所谓过犹不及就是这个道理。当体内含铁总量达50~100g，即为正常人体铁总量的10~20倍时就会产生慢性铁中毒，其症状是肝脾有大量的铁沉积，并出现肝硬化、骨质疏松、软骨钙化、皮肤棕黑色或灰色、腺体纤维化、胰岛素分泌减少等，因而导致碳水化合物代谢紊乱和糖尿病。

人类从婴儿到老人都可发生不同程度体内铁过多而致病的现象。铁过多对婴儿的危害更是触目惊心。美国的调查表明，过量服用含铁营养品或铁制剂是造成6岁以下幼儿中毒死亡的首要原因。自20世纪80年代中期以来，美国已发生11万余名幼儿铁中毒病例。新近的一次研究表明，若给不缺铁的婴幼儿补充铁剂，即使是一般的剂量，也会影响婴幼儿的成长。铁过量更多发生于中年男子，据统计有13%的老年人和18%的成年男子体内聚集的铁过量。据芬兰萨洛宁（Salonen）等在1992年的一项前瞻性研究报道，高水平的血清铁蛋白（机体铁储存的一项指标）与男子心肌梗塞危险的增加呈正相关。此项前瞻性研究的结果引起人们对10多年前沙利文（Sullivan）所提出的假说的注意。该假说认为机体铁储存与冠心病的危险呈正相关。在生长发育期的青少年和育龄期的妇女对铁的生理需要量更高，少有体内铁的过剩积蓄。

成年人每天吸取15mg铁足矣，过量摄取铁是造成体内铁过多的直接原因。如南非班图人慢性铁中毒的发生率较高，主要是由于该地居民长期食用和饮用含铁丰富的食物和饮料，而其中的铁又很容易被吸收。又据WHO《卫生基准及补充资料》报道："当人每日摄入铁 1000mg 时可导致铁中毒（血色素沉着症）。"人体代谢功能的缺失是铁过多根本的原因。一般铁在体内集聚过多是由于遗传性运输机制失灵所致，如血色病就是遗传性铁平衡失调，以致患者在一生中缓慢地积累铁，结果损害胰腺（导致糖尿病）、肝脏（肝硬化）、皮肤（皮肤青铜症）。

2.3.2　锰的生理功能

与铁一样，锰也是动物和人体所必需的微量元素之一。正常人体内一般含锰 12 ~ 20mg，主要集中在脑、肾、胰腺和肝脏中。生命活动中心——脑垂体中锰的含量特别高。锰主要通过胆汁、肠道、尿及汗腺排泄。它对结缔组织、骨骼的形成、碳水化合物和脂肪的代谢、内耳和胚胎的发育以及生殖功能都具有重要作用。

在正常剂量下，锰有诸多生理功能：促进骨骼的正常发育；加速细胞内脂肪的氧化，减少肝脏内脂肪的堆积，改善动脉粥样硬化病人的脂肪代谢，从而有利于保护心脑血管；锰是正常抗体和胸上腺产生的必要条件，对维持机体免疫功能起重要作用；锰可增加干扰素产生能力，有拮抗脂蛋白（LPS）降低巨噬细胞生存能力的作用，从而活化巨噬细胞，促其具有吞噬、杀灭、抑制细菌和溶瘤的作用。

锰是"益寿元素"，是超氧化物歧化酶（SOD）的主要成分之一，而 SOD 的功能是催化自由基的歧化反应，消除自由基，对人的机体起保护作用，从而增强生理活力，减缓衰老的发生，使人长寿。人体中的微量元素锰缺乏和过量都会产生疾病。

1. 锰缺乏产生的疾病

人体缺锰时会造成机体内环核苷酸调控系统失调，从而出现细胞无限制地分化、增殖而发生癌症。锰是人体代谢的激活剂，锰缺乏会造成骨髓障碍。由于它参与许多酶触反应，一般动物和鸟类缺锰将影响骨骼的生长（如畸形生长）、生殖（如死胎、孕妇的早产和不孕症等）和脑（引起惊厥）疾病等。

2. 锰过量产生的疾病

锰的过量和锰的不足一样，能引起人和动物的造骨机能的破坏，引起锰佝偻病。对于职业性长期接触高锰含量物质的人群，有可能产生中枢神经系统、呼吸系统方面的疾病，如记忆力减退、乏力、手指震颤、慢性支气管炎等。

3. 锰中毒

锰的生理毒性比铁更严重。过量摄取锰及其无机盐类危害甚大，在我国《职业性接触毒物危害程度分级》中被列为极度危害物质（Ⅰ级）。

对锰矿区长期观察的资料表明，当工作区空气中锰含量为 $0.2 \sim 20mg/m^3$ 时，长期吸入含锰烟尘的工人，就可以引起锰的慢性中毒，早期以神经衰弱症候群和自主神经功能障碍为主。患者表现为四肢或颈部出现震颤、步履艰难、步态异常等运动性机能障碍和说话含糊不清，不连贯，记忆力减退，反应迟钝等语言障碍。长期工作生活在这样的环境，5 ~ 10 年，最长 14 年可患精神分裂症。

吸入高浓度氧化锰烟雾就会引起急性锰中毒。若在通风不良的条件下进行电焊，可发生咽痛、咳嗽、气急，并伴随寒战和高热（金属烟热）等症状的出现。

有的学者认为某些地方病与常年饮用含锰水有关。长期饮用被锰污染的井水会造成人患脑炎而死亡。口服高锰酸钾可引起口腔黏膜糜烂、恶心、呕吐、胃痛，重者胃肠黏膜坏死，剧烈腹痛、呕吐、血便，当食入 5～10g 锰就可致死。

4. 人体中锰含量与摄入量

如前所述人体中正常的锰含量为 12～20mg。在此范围内人体各部分的锰含量可自动调控，表现出人体本能的自组织现象。一旦某器官由于缺锰而失常时，可通过调用储存于骨骼或皮肤中的锰来加以补充，使其恢复正常功能。此时，通过增大摄入量，减少人体排出量来达到动态平衡。任何元素都具有"双重品格"，究竟是有害或是有益，不仅取决于其含量，还取决于其在人体内的状态。对于一个体重 70kg 的成人，安全合适的铁的摄入量为 13mg/d，锰的摄入量为 2～5mg/d。为了确保人体健康，要维持人体中正常的锰含量，国际卫生组织推荐成人每天需摄入的铁量为 12～15mg，摄入的锰量为 2.5～7mg。我国暂定成人锰摄入量为 5～10mg/d，最低不少于 3mg/d。人体每天所需的微量锰从食物中自然摄取就可以满足了，所以不必额外摄入。通常情况下，可从膳食中摄取 3～9mg。食物中锰主要由肠、十二指肠吸收，经消化道通过胆汁分泌，大部分随粪便排出。植物性食物是体内锰的主要来源，如绿叶蔬菜、种子、谷类等含有较多的锰。动物性食物中含锰较少。茶叶和硬壳果类也含有不少的锰。嗜好饮茶的人每天可从茶中摄入人体每天所需锰量的 1/3。表 2-1 是各种食物中锰的含量。

彭宁顿（Pennington）等根据美国食品药物管理局（FDA）推荐的 30～35 岁男性饮食方案统计，谷物可提供 37% 的锰，饮料（特别是茶）可提供 20% 的锰，蔬菜可提供 18% 的锰。

自从 1837 年库珀（Couper）发现锰的毒性以来，国内外许多学者就锰神经毒效应的机制和早期检测进行了大量研究，但进展缓慢。近年来，随着神经生物学及神经生理学、遗传学、毒理学的发展，在有些方面有了突破。

食物中锰的含量（单位 mg/kg） 表 2-1

食品	含量	食品	含量	食品	含量
全大麦	2.2	麦胚	13.3	香蕉	1.9
大麦粉	1.9	麦芽	39.0	椰菜	1.5
豆	2.4	黑芝麻	26.4	甜菜	2.2
玉米	1.1	海参	7.3	胡萝卜	1.7
小米	2.4	芥菜	5.1	莴苣	13.3
燕麦	6.6	核桃	3.5	洋葱	0.7～1.44
粗大米	1.8	菠菜	8.5	青豆	1.1～2.7
精大米	1.4	酵母	0.95	小麦	2.4
大豆（粉）	5.9	海带	13	土豆（去皮）	0.4～2.8
燕麦（全）	3.1	黑木耳	7.2	萝卜	0.4
芹菜	5.3	栗子	3.1	咖喱粉	42.89
姜	265.00	桂皮	166.67	胡椒（黑色）	56.25
辣椒粉	21.65	花生	19.34	咖啡	17.12
榛果	61.75	杏仁	25.35	胡桃（干的）	65.60

食品	含量	食品	含量	食品	含量
菜花	1.560	甘蓝	1.590	豌豆（青色，生的）	4.100
荸荠（生的）	3.310	豆蔻（已磨）	280.00	丁香（已磨）	300.33
可可（粉末）	38.37	小扁豆（生的）	49.16	橡树果（生的）	13.37
蒜末	5.450	肉豆蔻（已磨）	29.00	鱼和其他海产品	0.500~14.00
银杏果（生的）	1.130	鹰嘴豆（生的）	22.04	鸽子豆（生的）	17.91
山毛榉坚果（干的）	13.41	美洲山胡桃	45.00	欧蒔萝籽	33.33
葫芦巴籽	12.28	芥末籽（黄色）	17.67	豇豆（生的）	3.080
阿月浑子果实	12.00	核桃	34.14	芫荽籽	19.00

综上所述，锰在人体中含量虽微乎其微，但与人类的健康长寿却息息相关，不可轻视。

2.4 生活饮用水与工业用水中铁锰浓度标准

微量的铁和锰是人体必需的生理元素，人们每天从食物中很容易自然摄取，铁锰过量危及健康，因此希望饮用水中铁、锰含量越少越好。但对生活饮用水中铁锰含量的严格限制并非是人体生理上的原因，因为饮用水中铁、锰含量之和在 0.5mg/L 以上就有强烈的臭味，这个含量远未达到危害健康的程度，人们就难以忍受了，所以只要没有不快的臭味就远达不到产生慢性中毒的程度。因此可以说，色和味就像一个报警器，可以有效地避免人们通过饮水而摄入过量的铁和锰。大多数专家认为，将饮水中的铁、锰控制在不出现不愉快的颜色和味道的程度，对人体就不会产生毒理学作用，因而也就是安全的。

在生活饮用水中，有微量的铁锰存在就会产生臭味、着色、沉积等危害。鉴于此，世界各国对于饮用水中的铁、锰含量都进行了严格的限制。多数国家规定饮用水中铁锰浓度之和为 0.3mg/L，锰的允许浓度一般为 0.05mg/L，最好在 0.03mg/L 之下。我国的《生活饮用水卫生标准》（GB 5749—2006）中规定锰的含量最高不超过 0.1mg/L，总铁为 0.3mg/L。世界卫生组织（WHO）对生活饮用水锰含量的理想标准值为 0.05mg/L，最高浓度不得超过 0.5mg/L。欧共体制定的锰含量参考标准（GL）为 20μg/L，最大容许浓度（Max）为 50μg/L。铁的标准大多数国家为 0.3mg/L。世界各地饮用水中铁、锰浓度的标准不尽相同，但大多都比较严格，表 2-2 为一些代表性地区饮用水中锰含量的标准。

生产用水中铁、锰的存在是百害而无一益的，所以任何工业企业都希望其用水中的铁、锰含量越低越好。世界各国对工业用水的铁、锰含量都制定了严格的浓度标准，有些产业甚至要求其为痕量或 0。表 2-3 为各种工业用水铁、锰浓度的参考标准。

一些国家饮用水中锰含量的标准　　　　　　　　表 2-2

国名	法国	美国	荷兰	中国	西德	瑞典	印尼	阿根廷	日本	南斯拉夫
标准值（mg/L）	<0.05	<0.05	<0.05	<0.10	<0.10	<0.10	<0.10	<0.20	<0.30	<0.30

各种工业用水铁、锰含量的参考标准（单位：mg/L）　表 2-3

工业性质	Fe	Mn	Fe + Mn	工业性质		Fe	Mn	Fe + Mn
面包	0.2	0.2	0.2	纺织	一般	0.25	0.25	0.25
啤酒	0.1	0.1	0.1		染色	0.25	0.25	0.25
罐头	0.2	0.2	0.2		洗毛	1.0	1.0	1.0
清凉饮料	0.2	0.2	0.2		织布	0.2	0.2	0.2
糖果	0.2	0.2	0.2	纤维制品漂白		0.05 ~ 0.1	0.05	0.1
食品工业	0.2	0.2	0.2 ~ 0.3	冷却用水		0.3	0.3	0.3
食品加工	—	—	0.2	空调用水		0.3	0.3	0.3
制糖	0.1	—	—	胶片处理用水		0.05	0.03	0.05
制冰	0.2 ~ 0.3	0.2	0.2	感光材料制造业		0.05	0.03	0.05
洗衣业	0.2	0.2	0.2	人造丝生产用水		0.00	0.00	0.00
树脂合成	0.02	0.03	0.05	透明塑料工业用水		0.02	0.02	0.02
纸浆	0.05	0.03	0.05	一般锅炉用水		0.3	0.3	0.3
造纸	0.0	0.0	0.0	汽车工业用水		0.2	0.2	0.2
制革	0.2	0.2	0.2	电镀工业用水		痕量	痕量	痕量
油田油层注水	0.5	0.5	0.5					

第3章 饮水除铁除锰科学技术的发展历程

3.1 早期饮用水除铁技术

3.1.1 曝气直接氧化除铁

自古以来人们就发现某些清澈的地下水抽升上来一接触空气就变成黄褐色的浑水。经静止沉淀后其上清液甘甜可口,沉淀物为褐色的铁氧化物(俗称"铁泥")。根据此现象,后来发展成为曝气直接氧化除铁技术。其工艺流程如图3-1所示。

图3-1 曝气直接氧化除铁工艺

含Fe^{2+}地下水经曝气充氧后,在反应池中溶解氧将Fe^{2+}氧化为Fe^{3+}固体颗粒,后经混凝沉淀和过滤等工艺去除,从而获得了优质水。1898年欧洲哈雷(Halle)建设了一座大型除铁装置,1920年日本明石市仿效欧洲也建设了除铁水厂,1936年佳木斯建成了我国首座大型除铁水厂。这些早期的除铁水厂都是采用曝气直接氧化工艺,该工艺也一直习惯性地沿用到20世纪50年代。但是经过调查,采用曝气直接氧化工艺的除铁水厂,只有少数可以达到预期的除铁效果,大多数水厂基本不能充分发挥除铁效果。这是由于各地地下水水质的千差万别,有些地区的地下水不适宜采用曝气直接氧化除铁工艺。因此A地除铁水厂的成功经验应用到B地未必会成功。

1. 天然地下水曝气直接氧化的特性

经各地域天然含铁地下水曝气氧化试验,获得的氧化过程曲线(氧化时间和Fe^{2+}浓度关系曲线)如图3-2所示。从图中可以看出,这条曲线在氧化初期Fe^{2+}浓度没有变化,这一时期称之为诱导期或者初始氧化时间(T_i),在反应后期曲线有一个较平缓的尾部,残余的Fe^{2+}在缓慢氧化,直至浓度为0。反应曲线中部为快速反应段,其斜率即为Fe^{2+}的氧化速度G。从反应开始到反应结束($Fe^{2+}=0$)的全部时间为完全氧化时间T_0(包括诱导期、快速反应期和残余Fe^{2+}缓慢氧化期)。T_i、G、和T_0一起表征了某地域含铁地下水的曝气直接氧化状态。绝大多数天然含铁地下水的$T_i=3\sim5min$,$T_0=5\sim45min$。试验表明:氧化速度G与地下水中Fe^{2+}的初始浓度$[Fe_0^{2+}]$基本上成正相关,G随着$[Fe_0^{2+}]$的增大而增

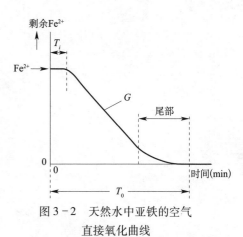

图3-2 天然水中亚铁的空气
直接氧化曲线

大。关系式为 $G=0.1\left[Fe_0^{2+}\right]$ mg/ (L·min)。因此 T_0 与 $\left[Fe_0^{2+}\right]$，T_0 与 G 几乎没有关系。T_i 与 T_0 是由地下水其他已知和未知因素所决定的。

2. 不适合曝气直接氧化的天然含铁地下水

适合与不适合曝气直接氧化的天然含铁地下水的水质区别在于水中溶解性硅酸的浓度（以 SiO_2 计）。浓度大于 50mg/L 不能采用曝气直接氧化除铁，浓度小于 40mg/L 采用曝气直接氧化除铁效果良好。水中溶解硅酸含量越大，直接氧化生成的 $Fe(OH)_3$ 微细粒子越多，当完全生成微细胶体粒子（直径 1~1000nm）时，溶液呈现乳白色。此时，无论投加何种絮凝剂，放置多久都不会絮凝，因此无法进行固液分离。而只含有少量可溶性硅酸的天然含铁地下水，曝气后则生成赤褐色或黄褐色的浑浊液，易于固液分离。硅酸并不影响 Fe^{2+} 的氧化，只妨碍氧化生成物 $Fe(OH)_3$ 粒子的直径和粒子间的絮凝。这是由于硅酸可与刚生成的微细 $Fe(OH)_3$ 粒子表面发生某种形式的化学结合，覆盖了粒子表面，使其难以再互相凝聚，于是形成了乳白色的胶体溶液。

3. 曝气氧化除铁的需氧量

二价铁在水中氧化的化学反应式如下：

$$2Fe(HCO_3)_2 + 1/2O_2 + H_2O \Longrightarrow Fe_2O_3 \cdot 3H_2O + 4CO_2 \qquad (3-1)$$

Fe 与 O_2 的反应当量为：

$$4Fe\colon O_2 \Longrightarrow 4 \times 55.8\colon 32 = 1\colon 0.143$$

曝气后水的溶解氧浓度（DO）应大于：

$$DO\ (mg/L) \Longrightarrow 0.143\left[Fe_0^{2+}\right]$$

3.1.2 氯氧化除铁

由于曝气直接氧化除铁工艺对于可溶性硅酸含量在 40~50mg/L 以上的含铁地下水的净化无效，于是 20 世纪 50 年代末出现了氯氧化除铁工艺，对这些高硅酸含铁地下水的净化非常有效。以氯的水溶液氧化二价铁为高价铁氧化物的除铁方法，称之为氯氧化除铁。

1. 氯氧化除铁原理

在较宽的 pH 范围内，Cl_2 与 Fe^{2+} 的氧化还原电位差都在 1V 左右，在此强大的反应驱动力之下，Cl_2 与 Fe^{2+} 的氧化还原反应可瞬时完成，反应生成物可以在高硅酸含量的环境中絮凝，适用于高硅酸和初始氧化时间短的各种水质的含铁地下水。Cl_2 与 Fe^{2+} 的氧化还原反应式如下：

$$2Fe(HCO_3)_2 + Cl_2 + 2H_2O \Longrightarrow Fe_2O_3 \cdot 3H_2O + 4CO_2 + 2HCl \qquad (3-2)$$

从反应式可知，$1molFe^{2+}$ 完全氧化需要 $0.64molCl_2$，即理论反应当量为 $Fe^{2+}\colon Cl_2 = 1\colon 0.64$。试验证明在 pH 中性域，原水含铁量在 20mg/L 之内，为了瞬时完全氧化，需要的投氯量应为 $Fe^{2+}\colon Cl_2 = 1\colon 1$。

2. 氯氧化除铁的工艺流程

氯氧化除铁具有普适性的优势，但其弱点是生成的氯化铁的绒粒结构脆弱，易破碎，所以在固液分离的过程中应充分留意。在长期工程实践中选择了几种有效的固液分离流程（图 3-3）。由于 Cl_2 与 Fe^{2+} 的反应是瞬时的，所以在各种流程中，Cl_2 只需投加在原水进水管中，不需设置专门的反应池。

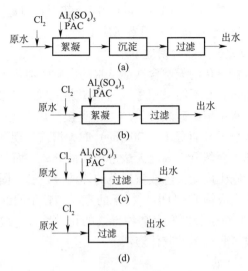

图 3-3 氯氧化除铁工艺流程

氯氧化工艺形成的三价铁氧化物的绒粒易破碎，破碎后在过滤过程中将会渗入到滤层中下部，导致滤层的阻力增加缓慢，滤后水总铁浓度随过滤时间的延长不断增加，所以过滤周期的终点不取决于滤层阻力而取决于滤后水水质。

显然，图 3-3 中流程（a）和（b）若能在絮凝与沉淀过程中保护絮体不破碎，就可以减轻滤池的负荷，延长其过滤周期，保证滤后水水质安全。（c）与（d）流程是经实践证明的有效的微絮凝过滤，流程中是否需要投加絮凝剂应由模拟试验来确定。

3. 氯氧化除铁工艺中的脱碳酸与曝气问题

曝气可向水中充氧和排除游离 CO_2，是曝气直接氧化除铁和接触过滤除铁的重要环节，但在氯氧化除铁工艺中，曝气单元要特别慎重。

（1）原水中游离 CO_2 浓度高于 40mg/L，需要设置脱碳酸装置

曝气直接氧化法和接触过滤法除铁，即使在原水中 CO_2 含量 168～188mg/L 时，其除铁效果仍不受影响，但试验表明，氯氧化法对 CO_2 敏感，在 CO_2 40mg/L 以下时，不受影响，在 77mg/L 时有严重影响，那么允许浓度应在 40～77mg/L 之间，所以对于游离 CO_2 浓度大于 40mg/L 的原水应增加脱碳酸单元。

（2）原水投氯之前严禁曝气

在氯与二价铁进行氧化还原反应之前，如果对原水曝气充氧就会导致 Fe^{2+} 被溶解氧直接氧化，形成难以去除的三价铁微细胶体颗粒，尤其是对于硅酸含量高的地下水。

3.2 早期饮用水除锰技术

水中溶解的 Mn^{2+} 无色无味，化学稳定性强，不易被溶解氧氧化为 MnO_2 黑色沉淀，因此，在供水系统中其危害是潜在的，尤其是在 Fe^{2+} 的掩蔽下更难以被发现。因此，直到 20 世纪 60 年代才发现供水系统中锰的存在及其危害，于是开发了强氧化剂除锰工艺，虽然行之有效，而且可实现 Fe^{2+} 的同时去除，但流程长，操作复杂，由于需要投药而导致制水成本高，限制了其推广应用。

3.2.1 锰沸石法

将沸石浸泡于 $KMnO_4$ 溶液中，其表面披覆高价锰氧化物后称之为锰沸石，含 Mn^{2+} 地下水通过锰沸石滤层，锰沸石表面披覆的高价锰将水中的二价锰氧化为四价锰 Mn（Ⅳ）的同时本身也被还原为 Mn（Ⅳ），此后锰沸石就丧失了氧化剂的能力，所以运行一定时间后，需停产并用 $KMnO_4$ 再生锰沸石滤床层。因此，该工艺需间歇操作并且锰沸石再生费用高昂。

此外，由于地下水中 Fe^{2+} 与 Mn^{2+} 常常共存，其伴生的 Fe^{2+} 也会消耗 $KMnO_4$，生成的氢氧化铁会包裹在沸石表面阻碍水中 Mn^{2+} 与沸石表面高价锰氧化物的接触，从而阻碍了锰的去除，这也阻碍了该工艺在工程上的推广和应用。

3.2.2 高锰酸钾氧化法

向含 Mn^{2+} 水中投加 $KMnO_4$，可以直接将 Mn^{2+} 氧化为 $MnO_2 \cdot mH_2O$，而 $KMnO_4$ 本身也被还原为四价锰的氧化物，而后经絮凝沉淀就可以被去除。反应式如下：

$$3Mn（HCO_3）_2 + 2KMnO_4 \rightleftharpoons 5MnO_2 + K_2CO_3 + 3H_2O + 5CO_2 \qquad (3-3)$$

根据反应方程式的计算，1mg/L 的 Mn^{2+} 需要 1.92mg/L 的 $KMnO_4$。

当存在着 Fe^{2+} 的时候，铁的氧化还要消耗 $KMnO_4$，反应式为：

$$5Fe（HCO_3）_2 + KMnO_4 + 4H_2O \rightleftharpoons 5Fe（OH）_3 + Mn（HCO_3）_2 + KOH + 8CO_2$$
$$(3-4)$$

式（3-4）中，由于 $KMnO_4$ 对 Fe^{2+} 的氧化而生成的 Mn^{2+} 还要消耗新的 $KMnO_4$，其反应式为：

$$Mn（HCO_3）_2 + 2/3KMnO_4 \rightleftharpoons 5/3MnO_2 + 1/3K_2CO_3 + H_2O + 5/3CO_2 \qquad (3-5)$$

总反应式为：

$$3Fe（HCO_3）_2 + KMnO_4 + 9/5H_2O \rightleftharpoons 3Fe（OH）_3 + MnO_2 + 3/5KOH + 1/5K_2CO_3 + 29/5CO_2$$
$$(3-6)$$

按式（3-6）计算，1mg/L 的 Fe^{2+} 需要消耗 0.943mg/L 的 $KMnO_4$。由此 $KMnO_4$ 的理论投加量为 $W = 1.92 [Mn^{2+}] + 0.943 [Fe^{2+}]$（mg/L）。但生产实际所需的 $KMnO_4$ 投加量小于理论计算值，有人认为是因为反应生成物 MnO_2 是一种吸附剂，能直接吸附水中的 Mn^{2+}，从而降低了 $KMnO_4$ 的用量。生产实践表明：$KMnO_4$ 投加量并不是越多越好，而是要有一定的限度。若 $KMnO_4$ 投加量超过实际需要量，不仅造成药剂的大量浪费，而且处理后的水会呈现粉红色，这是要严格避免的，因此必须精确控制其投量。高锰酸钾的投加量允许在一定的安全范围内变动，在安全范围内，处理水的水质可以保持良好，此安全幅度的大小随地下水 pH 的改变而改变，pH 越高，范围越宽，且所需的 $KMnO_4$ 投加量也相应减少，从实际生产中可知，处理水不显色的最大高锰酸钾投加量约为理论投加量的 0.9～1.1 倍。高锰酸钾氧化水中二价锰离子的反应很快，一般在数分钟内就完成了。氧化生成的二氧化锰沉淀物颗粒微细，需要一定的絮凝时间才能絮凝沉淀，若投加混凝剂或提高水的 pH 常常有利于二氧化锰胶体颗粒的絮凝，流程如图 3-4 所示。含锰地下水大多同时含有 Fe^{2+}，若全部用 $KMnO_4$ 氧化，运行费用相当高，因此，可以利用 Fe^{2+} 极易被空气氧化的性质，先进行曝气，使大部分 Fe^{2+} 氧化后，再投加 $KMnO_4$，流程如图 3-5 所示。对于几乎不含 Fe^{2+} 而只含 Mn^{2+} 的江河水，采用图 3-4 所示工艺最为适宜。在现有的以混凝沉淀过滤工艺为主流的净水厂中，无需增设其他处理单元，只需增设投药设备就可以实现除锰功能。

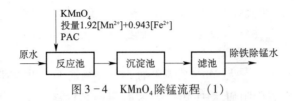

图 3-4　$KMnO_4$ 除锰流程（1）

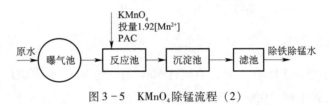

图 3-5　$KMnO_4$ 除锰流程（2）

3.2.3　氯接触氧化除锰法

1967 年日本学者中西弘在《水道协会杂志》上介绍了以水合二氧化锰为触媒，氯为氧化剂来催化氧化 Mn^{2+} 的工艺。

1. 氯接触氧化除锰原理

如果将注入氯的含锰水通入表面披覆了水合二氧化锰滤砂的滤柱，Cl_2 就以 $MnO_2 \cdot mH_2O$ 为触媒迅速地将 Mn^{2+} 氧化成 $MnO_2 \cdot mH_2O$，并与滤砂表面原来的 $MnO_2 \cdot mH_2O$ 进行化学结合，新生的 $MnO_2 \cdot mH_2O$ 也具有触媒能力。由此认为该反应是自触媒的催化反应，其化学反应式如下：

锰吸附反应：
$$Mn（HCO_3）_2 + MnO（OH）_2 \longrightarrow MnO_2 \cdot MnO + 2H_2O + 2CO_2 \qquad (3-7)$$

氯氧化再生反应：
$$MnO_2 \cdot MnO + 3H_2O + Cl_2 \longrightarrow 2MnO（OH）_2 + 2HCl \qquad (3-8)$$

总反应：
$$Mn（HCO_3）_2 + MnO（OH）_2 + H_2O + Cl_2 \longrightarrow 2MnO（OH）_2 + 2HCl + 2CO_2 \qquad (3-9)$$

氯理论投量为 $Mn^{2+}:Cl_2 = 1:1.3$，生产实践证明：氯的实际消耗量与理论计算值非常接近。从这个机制很容易推想到含水二氧化锰对 Mn^{2+} 的自触媒催化氧化反应与 FeOOH 对 Fe^{2+} 的自触媒催化氧化反应正好遥相对应，见表 3-1 和图 3-6。

除铁除锰自触媒催化氧化反应　　　　　　　　表 3-1

工艺	氧化剂	自触媒	去除反应
除铁	O_2	FeOOH	$Fe^{2+} \longrightarrow FeOOH$
除锰	Cl_2	$MnO_2 \cdot mH_2O$	$Mn^{2+} \longrightarrow MnO_2 \cdot mH_2O$

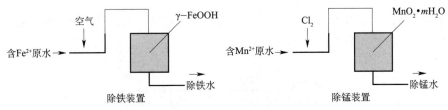

图3-6　接触过滤除铁和接触过滤除锰工艺对比

2. 原水中共存的其他还原离子对氯接触氧化除锰的影响

氯为强氧化剂，在 pH = 7 的氯氧化还原体系（$HClO \leftrightarrow Cl^-$）中，其氧化还原电位为 1.22V，其与 Mn^{2+} 共存于水中的 Fe^{2+}、NH_4^+ 等离子都会发生氧化还原反应，从而影响对 Mn^{2+} 的氧化。

（1）Fe^{2+} 的影响

地下水中 Fe^{2+} 与 Mn^{2+} 常常共存。Fe^{2+} 系 $[Fe^{2+} \leftrightarrow Fe(\text{III})]$ 的氧化还原电位为 0.2V，当遇到 Cl_2 可以瞬间氧化，进入滤层的不是 Fe^{2+} 而是含水氧化铁，他们或沉积于滤砂颗粒之间，或包裹于滤砂表面，由此缩小了滤料表面锰氧化触媒（$MnO_2 \cdot mH_2O$）的有效表面积，劣化其功能，甚或可以堵塞滤层，即使反冲洗操作也难以恢复其接触氧化除锰能力。对此，只能在接触过滤除锰之前先进行除铁，除此之外没有更好的办法。但当原水中含 Fe^{2+} 很少时，就不必两级过滤分别除铁除锰，可以同池去除。

（2）氨氮的影响

地下水中的氨氮并非都是有机污染而生成的，在大多数情况下，尤其是深层地下水中都是无机生成的。在强还原环境下氮化合物可被还原为氨氮，反应式如下：

$$8H_2S + N_2O_5 \longrightarrow 2NH_3 + 8S + 5H_2O \tag{3-10}$$

$$6H_2S + N_2O_3 \longrightarrow 2NH_3 + 6S + 3H_2O \tag{3-11}$$

上式中 H_2S 是硫铁矿在地下水中 CO_2 的作用下而生成的，并非动植物腐败而生。

$$FeS + 2CO_2 + H_2O \longrightarrow Fe(HCO_3)_2 + H_2S \tag{3-12}$$

当以 Cl_2 为氧化剂接触氧化除锰时，地下水中的 NH_3 就与 Cl_2 反应生成氯氨。氯氨的氧化能力微弱，远不足以对 Mn^{2+} 进行接触氧化，只有超过折点投氯，才有游离 Cl_2 生成，用于接触氧化除锰。氨与氯的反应和折点投氯的机制并不完全清楚。试验表明折点投氯除氨和除锰的投氯量大致为地下水中含氨量的 8 倍。

（3）伴生氨氮含铁锰地下水氯接触氧化除锰实例

某一位于高寒地区的城镇，取用地下水为集中供水水源，其水质见表3-2。

原水水质　　　　　　　　　　　　　　　　表3-2

项目	计量单位	国家标准	检测结果	项目	计量单位	国家标准	检测结果
pH		6.5 ~ 8.5	7.2	总铁	mg/L	0.3	3.4
温度	℃		3.8	亚铁	mg/L		0.07
浊度	NTU	1	0.18	锰	mg/L	0.1	0.46
COD_{Mn}	mg/L	3	3.8	氨氮	mg/L	0.5	1.22

针对原水中铁锰氨共存且水温常年 $3 \sim 4℃$ 的水质特征，原设计采用了氯为氧化剂来除铁锰和氨氮，其设计流程如图 3-7 所示。

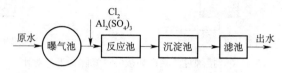

图 3-7　某厂除铁除锰流程

投产后运行一年，出厂水始终未达饮水标准。于是笔者对其工艺进行诊断和改造，经分析认为：原设计中将氧化剂溶解氧和 Cl_2 并用，设计了直接氧化长流程，但仍然没有达到预期目的。其本质错误是没有理解铁锰氨氮的各种去除工艺的机制，形式上罗列了各种反应单元，浪费了基建投资，却没有达到满意的出水水质。

1）Fe^{2+} 易为溶解氧所氧化，原水首先经曝气单元，原水中 Fe^{2+} 先有部分被 DO 氧化为 $Fe(OH)_3$ 的微细颗粒，剩余的 Fe^{2+} 随后被 Cl_2 瞬时全部氧化为 Fe^{3+} 颗粒，在凝聚与沉淀过程中有部分沉降下来，部分被滤池截留。由于氯接触氧化形成的高价铁化合物絮体，力学特性脆弱，在漫长的流动中易破碎，所以始终会有部分 $Fe(OH)_3$ 微细胶体粒子穿透滤层，致使出厂水 TFe 超标。

2）原水投 Cl_2 后，在太阳光线和灯光照射下，Mn^{2+} 被光催化氧化为 $MnO_2 \cdot mH_2O$，由于 $MnO_2 \cdot mH_2O$ 也是微小颗粒，有相当部分会穿透滤层，导致出厂水 Mn^{2+} 超标，那些未被 Cl_2 氧化的 Mn^{2+} 方能在滤池中被接触氧化为 $MnO_2 \cdot mH_2O$，并与滤砂表面原有的 $MnO_2 \cdot mH_2O$ 相结合，而从水中去除。

3）当投 Cl_2 量超过折点，$NH_4^+ - N$ 可以去除，如上所述，但 Fe^{2+}、Mn^{2+} 仍然超标，当 Cl_2 量不足，没有达到折点之上，NH_3、Fe^{2+}、Mn^{2+} 都要超标。所以在近一年的时间里，无论如何改变投药量，都无济于事，出厂水一直达不到饮水标准。

该水厂所采用的流程实际是氯接触氧化除锰，氯光催化氧化除锰，氯氧化除铁和曝气直接氧化除铁技术的集成。笔者在征求原设计者和运营管理单位的意见后，在不改变流程及构筑物的前提下，只将投 Cl_2 点改在滤池的进水管上，原水投 Cl_2 后马上进入滤层。以避免 Cl_2 与 Mn^{2+} 的直接光催化氧化，实现氯接触氧化除锰。同时也避免了 Fe^{2+} 氧化生成物 $Fe_2O_3 \cdot 3H_2O$ 絮体的破碎，改造后的流程中取消了 $Al_2(SO_4)_3$ 的投加。改变投氯点后的流程如图 3-8 所示。

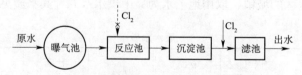

图 3-8　某厂改造后的除铁除锰流程

投氯量为 $10mg/L$（约为原水 $NH_4^+ - N$ 浓度 $1.2mg/L$ 的 8 倍）。投氯点改变后的出水水质见表 3-3。

项目	计量单位	国家标准	检测结果	项目	计量单位	国家标准	检测结果
pH		6.5~8.5	7.86	总铁	mg/L	0.3	0.135
温度	℃		4.2	锰	mg/L	0.1	<0.02
浊度	NTU	1	0.67	氨氮	mg/L	0.5	0.12
COD$_{Mn}$	mg/L	3	2.64				

工艺改造后水厂出水水质　　　　　　　　表 3-3

上述实例表面是投氯点的改变改善了出水水质，达到了饮水标准，但实际是除铁除锰机制的根本变革，才实现了除铁除锰的目的。改变投药点后的流程虽然出厂水达标，但认真分析一下，还有深入研究的必要：①投 Cl_2 点前面的一段流程是曝气直接氧化除铁流程，是氯接触氧化除锰的预处理，溶解氧对 Fe^{2+} 的氧化程度和沉淀效果直接影响投氯量和滤池的负荷。试验表明除铁效果并不明显，滤池进水尚有 Fe^{2+} 2mg/L，Fe^{3+} 1mg/L，TFe 几乎相当于原水含铁量。如果改造为曝气接触氧化除铁，在除锰前就会将铁完全去除，可降低 2mg/L 的投氯量。②投氯点后过折点除氨和氯接触氧化除锰，耗氯量很大，不但增加了运行成本，同时净化间的工作条件也因氯气从滤池水面上逸散而恶化。

如果突破原设计思路，该厂流程改造可有更完善的方案。

方案 1：接触氧化除铁+接触氧化除锰两级流程。

以溶解氧为氧化剂，FeOOH 为触媒的接触氧化除铁和以 Cl_2 为氧化剂，$MnO_2 \cdot mH_2O$ 为触媒的接触氧化除锰的两级流程如图 3-9 所示。

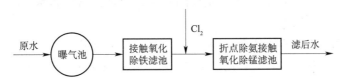

图 3-9　两级接触氧化除铁除锰流程

方案 2：接触氧化除铁+生物除锰除氨氮两级流程。

在方案 1（图 3-9）的二级滤池前不投氯，在滤池内接种锰氧化菌，经扩增培养数个月后，即成为生物除锰滤池，同时滤池内伴有硝化菌存在，也会将 NH_4^+-N 转化为硝酸盐，流程如图 3-10 所示。

图 3-10　接触氧化+生物氧化两级处理流程

方案 3：生物除铁除锰除氨一级流程。

原设计流程中（图 3-7）进水经曝气池后，超越反应池和沉淀池，直接引至滤池进水管，经接种和精心培养数月，则成为一级生物除铁除锰除氨流程，如图 3-11 所示。

该方案实现的唯一悬念是该厂地下水原水水温常年为 3~4℃。在水温 5℃ 之下完成生

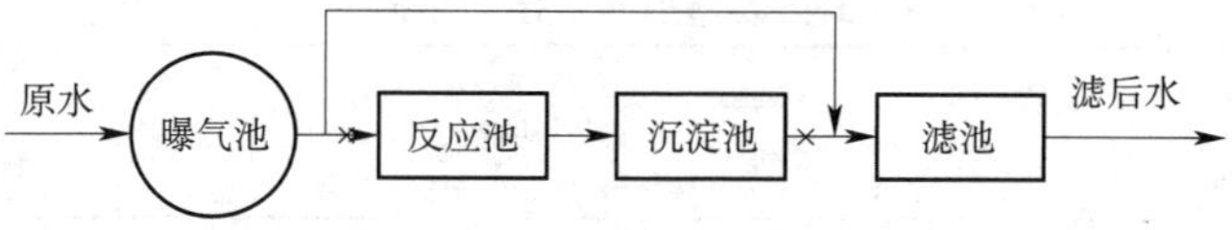

图3－11 一级生物除铁除锰除氨流程

物滤池内锰氧化菌的培养扩增还史无前例，因此超低温含铁锰地下水的生物净化还是一个挑战。

3.2.4 碱化除锰

Mn^{2+}在pH中性域的水中不能被溶解氧所氧化，但将含Mn^{2+}水的pH提高到一定的范围之上，Mn^{2+}就会迅速地被溶解氧氧化成Mn^{4+}化合物沉淀而析出，从而达到除锰的目的。许多学者对此进行了研究，但其准确的pH范围目前仍未确定。施塔姆（Stamm）和摩根（Morgan）认为是8.5，BoLikunger认为是9.0，鲁滨孙（Robinson）和Diron等认为是9.5。尽管试验结果不尽相同，但pH在8.5之上是人们所公认的。由于处理后水的pH太高，所以需要进行酸化处理，导致运行费用又有所增加，所以，生产中该工艺也没有被推广。

3.3 曝气接触过滤除铁除锰技术的发展

20世纪60年代，人们对曝气接触氧化除铁除锰技术进行了探索。除铁取得了显著成就，而除锰却收效甚微。这是由铁锰元素的氧化还原特性所决定的。O_2、Mn、Fe在pH为7的条件下其氧化还原电位分别为0.82V、0.6V和0.2V，Mn、Fe与溶解氧的氧化还原电位差分别为0.22V和0.62V。在pH中性域，锰无论有无化学触媒的存在均不能被溶解氧氧化，而铁则很容易被溶解氧氧化。所以，曝气接触氧化除铁能顺利成功而除锰效果却不尽如人意。

3.3.1 曝气接触过滤除铁技术研究历程

1. 二氧化锰（MnO_2）的接触催化氧化理论

20世纪60年代哈尔滨建筑工程学院给排水教研室陈锦章、虞维元、金锥和李圭白等前辈共同进行了“天然锰砂除铁试验”。含铁地下水曝气后直接进入以天然锰砂为滤料的滤层，滤后水除铁效果优异，而且流程简短，无需投药，工程应用价值显著，是除铁科学技术的重大进步。其试验结果由李圭白先生发表在1965年的《高等学校自然科学学报》上。文章指出：“在锰砂除铁过程中，以锰砂作为快滤池的滤料有两方面作用：一方面起着催化剂的作用，一方面也起着过滤作用，锰的氧化物中能起催化作用的是二氧化锰（MnO_2）；良好的冲洗效果是保证锰砂滤池经济有效工作的必要条件，若反冲洗效果不好，铁泥逐渐积累并包裹锰砂，就会影响滤层除铁效果。”

2. FeOOH催化氧化理论

1967年日本学者高井雄在《水道协会杂志》上连续发表了《接触氧化除铁新方法》。文章指出：“接触氧化除铁是以羟基氧化铁FeOOH为触媒，以溶解氧为氧化剂，含有Fe^{2+}

的天然地下水经过披覆着 FeOOH 的滤砂层而得到净化的接触过滤除铁工艺。"原水经充氧后，在 Fe^{2+} 尚未被氧化之时就迅速进入表面披覆着 FeOOH 滤砂的滤层。Fe^{2+} 与 O_2 在很短的时间里反应生成 FeOOH，并与原有的 FeOOH 结合，从而完成除铁。反应生成物 FeOOH 就是触媒，由于不断有新鲜的触媒生成，使得触媒表面自动更新，从而保证了反应的永续进行。由此，接触氧化除铁是自触媒的自催化氧化。

1973 年高井雄又在《水道协会杂志》上连续发表了接触氧化除铁的机制研究。高井雄用试验证实了锰的氧化物、氢氧化物都不是 Fe^{2+} 氧化的触媒，三价铁的氢氧化物〔Fe(OH)$_3$〕只在生成时才具有对 Fe^{2+} 氧化的触媒性能，但不具有持续性；而 Fe_2O_3 根本就没有除铁活性。经热分析证明除铁效果良好的滤层，其滤砂表面在除铁过程形成的具有强烈 Fe^{2+} 氧化触媒能力的披覆物是含水氧化铁（$Fe_2O_3 \cdot nH_2O$），又称羟基氧化铁，以化学式 FeOOH 来表示，它是一群 Fe（Ⅲ）的氢氧化物。经 X 射线和红外光谱分析，天然含铁地下水在除铁滤层滤砂表面形成的是微细结晶的 $\gamma - FeOOH$。

3. "活性滤膜"、"锈砂"、"铁质活性滤膜"接触氧化除铁理论

李圭白先生在 1974～1983 年连续发表了关于除铁机理的研究成果，先后提出了如下理论：

（1）"活性滤膜理论"（1974 年）

该理论认为天然锰砂除铁机理除了典型理论所阐述的二氧化锰的催化作用之外，还必须引入关于锰砂表面的"活性滤膜"催化除铁概念。活性滤膜是在除铁过程中形成的物质。据研究这种物质为 $\gamma - FeOOH$。

（2）"锈砂"理论（1978 年）

在接触氧化除铁过程中，滤砂表面包裹着一层铁的氧化物，形成锈砂。锈砂对 Fe^{2+} 的氧化有催化作用，其机制也是 $\gamma - FeOOH$ 的接触催化过程。

（3）"铁质活性滤膜"理论（1983 年）

铁质活性滤膜的除铁过程，是先吸附水中 Fe^{2+}，再在滤膜催化作用下被溶解氧氧化成三价铁化合物并作为新的滤膜参与催化反应，所以铁质活性滤膜是一个自催化过程。铁质活性滤膜的化学组成为 Fe（OH）$_3 \cdot H_2O$（或写成 $Fe_2O_3 \cdot 5H_2O$），新鲜的滤膜具有最强的催化活性，随着运行时间的延长，滤膜脱水老化，催化活性也就逐渐降低。滤膜老化后最终生成 FeOOH（或写成 $Fe_2O_3 \cdot H_2O$）便丧失了催化活性，所以 FeOOH 不是催化剂。

4. 曝气接触过滤除铁的应用

曝气接触过滤除铁工艺流程短，不投药，操作简单，被广泛应用于国内各地的除铁水厂。出厂水总铁完全可以满足饮水标准要求。但是除铁后的水经加氯消毒后发现在清水池和输水管壁上产生黑色沉积，用户水龙头也时有"黑水"现象。经分析，这是锰的缘故。由此，引发了除锰技术的研究。

3.3.2 空气氧化接触过滤除锰工艺的探求

1. γ-FeOOH 触媒除锰理论

1968 年高井雄提出了在一定条件下的接触氧化除铁过程中也可以去除一定量的 Mn^{2+}，除锰量约为 0.2～0.3mg/L。FeOOH 接触氧化除锰理论认为：在接触氧化除铁滤池运行过程中，滤砂表面披覆的氧化生成物 FeOOH 不但对 Fe^{2+} 的氧化有强烈的催化作用，而且对

Mn^{2+} 的氧化也有一定催化作用，由于 Fe^{2+} 比 Mn^{2+} 易于氧化，原水中 Fe^{2+} 就在滤池上层被氧化为 $FeOOH$，又披覆于滤砂表面，滤层下层滤砂披覆的 $FeOOH$ 也催化 Mn^{2+} 的氧化，由于生成物 $MnO_2 \cdot mH_2O$ 逐渐覆盖了滤砂表面的 $FeOOH$，滤层随之就丧失了催化 Mn^{2+} 氧化的作用，所以除锰活性是有限的。但由于反冲洗使上下层滤砂混合，混入上层的下层滤砂又重新披覆了 $FeOOH$，而混入下层的披覆着 $FeOOH$ 的上层滤砂又起到了催化 Mn^{2+} 氧化的作用，所以接触氧化除铁滤池在一定条件下就具有了除锰的效果。由于触媒不是除锰反应生成的高价锰化合物，所以不是自触媒反应。

2. 锰质活性滤膜理论

1979 年和 1980 年李圭白先生提出了 $MnO_2 \cdot mH_2O$ 催化除锰理论。在锰砂的除锰过程中，水中二价锰在锰砂的催化作用下，被溶解氧氧化成高价锰的化合物，这种新生成的锰化合物又能对水中 Mn^{2+} 的氧化起催化作用，这样就使锰砂的接触催化除锰作用持续不断地进行下去，所以锰砂除锰过程是一个自动催化过程。李圭白先生还发现自然形成的锰砂的除锰效果一开始都很好，但有时不能持久，由此提出了"除锰有效期"的概念。并指出接触氧化除锰系统一般由曝气、反应、锰砂过滤三个单元组成，为使除锰有效期趋近于无穷，pH 一般为 $7.5 \sim 8.5$，反应时间为 $0.5 \sim 1.0h$，并且水温对氧化速度影响很大。

1982 年李圭白先生又提出了"锰质活性滤膜"理论：含锰地下水曝气后经滤层过滤，能使高价锰的氢氧化物逐渐附着在滤料表面上，形成锰质活性滤膜，具有接触催化作用。作为催化剂的锰质活性滤膜的化学成分，经分析除主要含有锰之外，尚含有铁、硅、钙、镁等元素。传统理论认为催化剂为二氧化锰，近来有人认为催化剂不是二氧化锰，而是浅褐色的 α 型 Mn_3O_4（可写成 MnO_x，$x = 1.33$）。

3.4　生物固锰除锰机理与工程技术

虽然学者们所提出的 $\gamma - FeOOH$、$MnO_2 \cdot mH_2O$、Mn_3O_4 触媒除锰理论，都有一定的试验基础，但生产实践表明：采用以 Mn^{2+} 氧化生成物 $MnO_2 \cdot mH_2O$、Mn_3O_4 或 Fe^{2+} 氧化生成物 $FeOOH$ 为催化剂的曝气接触氧化除锰工艺的水厂除个别水厂出厂水锰达标并长期稳定外，绝大多数除锰效果甚微甚至几乎没有除锰效果。那么 MnO_2、Mn_3O_4 和 $FeOOH$ 究竟是否具有 Mn^{2+} 氧化的催化活性？那些少数具有除锰效果的水厂的除锰滤层的活性来自哪里？这些问题成了饮用水除锰工程技术的悬疑。

3.4.1　生物固锰除锰机理的发现与确立

自 1996 年始的多年间，张杰、杨宏、李冬等人在《给水排水》、《中国给水排水》、《自然科学进展》等学术期刊上陆续发表了生物固锰除锰机理的研究成果。用长期的试验研究揭示了饮用水中 Mn^{2+} 的氧化去除机制：在天然地下水 pH 中性范围内，Mn^{2+} 的氧化不是化学接触氧化，不是锰氧化生成物的自催化氧化，而是 Mn^{2+} 氧化菌的生物氧化作用。Mn^{2+} 首先吸附于细菌表面，然后在细菌胞外酶的催化下氧化成高价锰氧化物，从而从水中除掉。除锰滤池的活性来自于锰氧化菌胞外酶。除锰滤池在投入运行之后，随着微生物的接种、培养、驯化，微生物量从 $n \times 10$ 个/g 湿砂逐渐上升到 $n \times 10^5$ 个/g 湿砂以上。而滤层中微生物数量的对数增长期恰好与锰去除率的对数增长期遥相对应。滤层滤砂是微生物的载体，所谓除锰滤层的成熟，就是滤层中以锰氧化菌为主的微生物群落繁殖代谢并达到平衡的过程。除锰效果好的滤池，都具有锰氧化菌繁殖代谢条件，滤层中的生物量都在 $n \times 10^4 \sim n \times 10^6$ 个/g 湿砂以上。

3.4.2 生物除铁除锰水厂的工艺技术变革

如果按着 $MnO_2 \cdot mH_2O$ 和 Mn_3O_4 为自触媒的曝气接触过滤除锰理论，该工艺的运行条件将受到许多限制。若使除锰滤池能够连续不断地保持除锰能力，也就是使除锰滤料的除锰活性有效期 T 达到无穷大。必须满足以下条件：①进水 pH 在 $7.5 \sim 8.5$，而一般天然地下水 pH 为 $6.5 \sim 7.0$ 之间，因此要求强曝气充分散失 CO_2，提高 pH；②含锰水曝气后要有一个最小限值的反应时间，一般为 $0.5 \sim 1.0h$；③Fe^{2+} 氧化的生成物 FeOOH 会包裹 Mn^{2+} 氧化的自触媒物质 MnO_2 或 Mn_3O_4，影响其催化活性的发挥，所以 Fe^{2+} 的存在会影响 Mn^{2+} 的去除效果。

以 FeOOH 为自触媒的接触氧化除铁工艺，曝气工序不要求提高 pH，不需大量散失 CO_2，所以不需要强曝气，而是希望曝气后的含 Fe^{2+} 水以最短时间进入除铁滤层，以避免在过滤前形成更多的三价铁胶体小颗粒穿透滤层，影响出水水质。

基于上述理论形成了传统的地下水除铁除锰工艺流程，即一级弱曝气过滤除铁串联二级强曝气过滤除锰，如图 3-12 所示。该流程在我国得到广泛应用，工程实践表明，出厂水总铁可以达到饮用水标准，但锰的去除效果甚微。

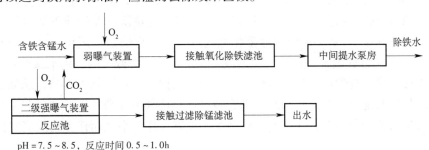

pH = $7.5 \sim 8.5$，反应时间 $0.5 \sim 1.0h$

图 3-12 传统地下水除铁除锰工艺流程

2001 年李冬、张杰等在《中国给水排水》上连续发表了生物除铁除锰工艺研究成果。用滤柱模拟试验和生产试验证明了：①TFe = $7 \sim 8mg/L$，Mn^{2+} = $0.8 \sim 1.4mg/L$ 的地下水经过成熟的生物滤层可以同时得到深度净化，其滤后水 TFe $\leq 0.1mg/L$，Mn^{2+} $\leq 0.05mg/L$。Fe^{2+} 在滤层的表层就开始被快速氧化去除，滤池表面下 20cm 的去除率达 70%，到 40cm 时去除率达 90%，之后去除率曲线平缓。而 Mn^{2+} 大部分在 $20 \sim 80cm$ 内去除的；②不但 Fe^{2+}、Mn^{2+} 可以在同一滤层中被去除。而且可以断定 Fe^{2+} 参与了生物滤层中微生物群系的代谢。滤层中生态系统的稳定需要 Fe^{2+} 的参与来维系；③试验还表明：生物滤层有捕捉曝气过程中快速氧化成 Fe^{3+} 胶体化合物小颗粒的能力，而在无生物群系的滤层中，高价铁化合物的微小粒子会穿透滤层的曲折空隙随水流出滤层，影响出水水质；④在天然地下水 pH = $6.0 \sim 7.0$ 的中性和偏酸性条件下，生物滤层可以很好地去除 Mn^{2+}，不受 pH 的影响，因此不需要强曝气散失 CO_2 提高 pH，生物滤层对溶解氧的实际消耗量略高于 Fe^{2+}、Mn^{2+} 氧化反应当量公式 [DO] = 0.143 [Fe^{2+}] + 0.29 [Mn^{2+}] 的理论计算值。对于大多数天然含铁含锰地下水而言（Fe≤10mg/L，Mn^{2+}≤2.0mg/L），只要求曝气后 DO 达 3.0mg/L 之上即可，因此可以采用简单的曝气装置。

生物除铁除锰水厂与传统的除铁除锰水厂相比，其工艺技术的变革如下：

1）在绝大多数天然地下水水质条件下，可将二级流程改为一级流程；

2）可用简单的曝气装置，如：跌水曝气等代替庞大的高能耗的曝气装置；

3）可取消曝气后的反应空间，使曝气后的水尽快进入滤池；

4）注重土著锰氧化菌的接种、驯化和培养；

5）维护以锰氧化菌为优势菌群的滤层微生物群系的代谢平衡条件。

据此，创建了以生物固锰除锰理论为指导的生物除铁除锰水厂的典型流程，如图 3-13 所示：

图 3-13 生物除铁除锰水厂典型流程

近 20 年来，笔者的科研团队参与了中国市政工程东北设计研究院承担的 10 余座生物除铁除锰水厂的设计和调试运行，多年来，这些水厂均在生物固锰除锰理论指导下高效稳定运行，其中的代表性水厂将在后续章节中详细介绍。

Fe^{2+}、Mn^{2+}离子同时存在于地下水中，欲获得优良的饮水，其净化工艺必须将 Fe^{2+} 和 Mn^{2+} 的去除机制融合到一个工艺流程之中。生物固锰除锰机理指导下的生物除铁除锰工艺技术，充分利用了 FeOOH 的接触催化氧化除铁和生物酶催化氧化除锰的协同作用将 Fe^{2+}、Mn^{2+} 的净化过程耦合一体，从而形成了一个高效经济低碳的饮用水除铁除锰工艺。

饮用水除铁除锰科学技术的发展经历了百余年的探索，从无知到有知，从知之甚少到知之较多，从自然走向必然，并渐渐趋近客观真理。这其中凝结了无数科研和工程设计人员辛勤而诚实的劳动和心血，仅以此章致敬这些默默工作的平凡而伟大的前辈们！

第4章 生物除铁除锰滤池理论模型

由于铁、锰的化学性质相近，天然地下水中 Fe^{2+}、Mn^{2+} 几乎是同时存在的，所以铁锰的去除问题也是并存的。纵观除铁除锰技术的发展史，曝气接触氧化过滤工艺虽然可以有效除铁但对 Mn^{2+} 的去除却收效甚微。生物固锰除锰滤池不但可有效地除锰而且实现了同池除铁，其特定的滤层结构必然有其特定的除铁与除锰机制。研究表明，生物除铁除锰滤池内铁的去除是化学和生物氧化的综合结果，其中化学氧化（接触氧化除铁）是主导，而锰的去除则完全是生物氧化（生物固锰除锰）的结果。

4.1 接触氧化除铁机制

饮用水中铁的危害，在 100 多年前就被人们所发现并关注。在经历了漫长的研究和实践后，于 20 世纪 60 年代初研究人员提出了接触氧化除铁技术。与早期的空气直接氧化除铁技术相比，其净化水水质优良，而且流程短，运行操作简单，成本低，不失为一种经济适用的除铁工艺，于是得到了推广和应用。

4.1.1 接触氧化除铁工艺的基本流程与特点

1. 基本流程

接触氧化除铁工艺原理是以溶解氧为氧化剂，羟基氢氧化铁（FeOOH）为自触媒的催化氧化反应。含 Fe^{2+} 天然地下水经过披覆着 FeOOH 的滤砂层而实现净化，其基本流程如图 4-1 所示。

$$\underline{原水} \longrightarrow 曝气 \longrightarrow \begin{array}{c} FeOOH \\ 滤层 \end{array} \longrightarrow 净化水$$

图 4-1 接触过滤除铁法基本流程

含 Fe^{2+} 地下水大多数不含溶解氧，而含有较多的游离碳酸，pH 小于 6.5 偏酸性。根据 Fe^{2+} 的化学性质，经过曝气利用空气中的氧气氧化 Fe^{2+} 是最简单经济的除铁方法。Fe^{2+} 与 O_2 的氧化还原反应质量比为 1:0.143。即使含铁量高达 20mg/L，其氧化的理论需氧量也仅为 2.8mg/L，远低于水中溶解氧的饱和度。同时接触氧化除铁反应可以适应较宽的 pH 范围，不苛求通过大量散失 CO_2 来提高 pH，因此简单的曝气装置就可以满足其需氧量。地下水经充氧后，在 Fe^{2+} 尚未被氧化之时就迅速地进入披覆着 FeOOH 滤砂的接触除铁滤池。这里应当注意的是要尽量缩短曝气充氧到进入 FeOOH 滤层的时间，以避免 Fe^{2+} 被氧化后形成的微细胶体颗粒穿透滤层影响出水水质。理想状态下流达时间为零最好，但实际上是不可能的，大部分地下水曝气后需要数分钟才能进入滤层。幸好大多数深井地下水中 Fe^{2+} 氧化的诱导期（初始反应时间）都在 3~5min 之间，当然也存在初始反应时间极短的含铁地下水。在 FeOOH 滤料层中，在滤砂表面的 FeOOH 的催化下，水中的 Fe^{2+} 迅

速与 O_2 反应生成新的 FeOOH，从而完成了除铁任务，新生成的 FeOOH 与滤砂表面原有的 FeOOH 相结合并继续催化 Fe^{2+} 的氧化。从处理构筑物上看，接触氧化除铁只是以滤池为主并附有简单曝气装置的工艺。

2. 接触氧化除铁工艺的特点

接触氧化除铁与以空气（溶解氧）和氯为氧化剂的直接氧化除铁相比，其过滤除铁性质有很大差别，具有优越的特性。

直接氧化除铁是地下水中 Fe^{2+} 在没有触媒的条件下进行的完全氧化，生成的氢氧化铁经过机械沉淀和过滤过程而去除。其过滤特性是反冲洗后，随着过滤时间的延长滤后水中总铁含量随之增加，而滤层水头损失却增长缓慢，如图 4-2（a）所示。当滤后水中总铁浓度达到规定值时就是过滤周期的结束，应进行反冲洗，之后再进入第二个过滤周期。所以滤池的可资利用过滤水头难以充分利用。这主要是由于氢氧化铁胶体颗粒的机械强度较差，极易破碎为细小的胶体粒子而穿透滤层。

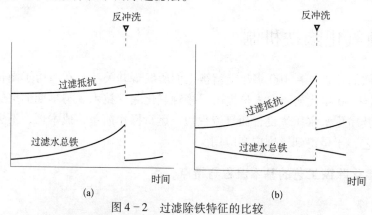

图 4-2　过滤除铁特征的比较

（a）直接氧化法的除铁滤层特征；（b）接触氧化过滤法的除铁滤层特征

接触氧化除铁工艺的过滤水头增加很快，而滤后水总铁含量随过滤时间的延续却在减少。所以不必担心滤后水中的总铁浓度超过允许值，如图 4-2（b）所示。接触氧化除铁工艺根本不存在出水水质超标的悬念，而是根据滤层水头损失的增加程度来决定反冲洗时刻，即当滤层损失达到最大过滤水头时就要进行反冲洗，否则滤池产水量将减少。所以从水质上看，该工艺运行安全可靠，管理容易。由于接触氧化除铁不投加任何药剂，不需要凝聚池、沉淀池和大规模的曝气池，因此建设投资小，运行管理容易，又由于其反应过程不是机械过滤而是化学结合，所以滤速大，过滤周期长。其反冲洗水带走的滤砂空隙间的含水氧化铁沉淀物只是滤层除铁量的一部分而已，并且含水氧化铁的脱水性能很好，给含铁泥渣的处理带来方便。综上，接触氧化除铁法与直接氧化除铁相比有许多明显的特征。图 4-3 分别从工艺机理特征、工程应用特征和水厂方面的最终利益进行了比较。

如图 4-3 所示，水厂最关注的是设备费和维护费用，此外运行管理最容易，可以用最简单的操作取得优良的除铁效果。接触氧化工艺的最大优点是不需要投加任何药剂，不但大大降低了处理费用，同时还保障了地下水的天然原生水质特点，是生产上非常适用的工艺技术。

除了图 4-3 所列举的优点外，接触氧化除铁工艺不受处理水中可溶性硅酸含量的影响。而可溶性硅酸会妨碍直接氧化除铁工艺（也包括氯氧化除铁）生成的氢氧化铁绒粒的尺度。特别

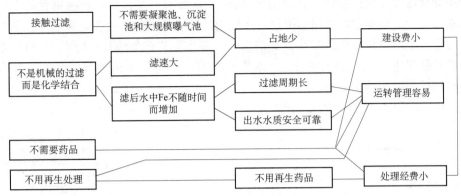

图4-3 接触过滤除铁法的特征和优点

是对于氧化速度较慢的地下水。试验证实了氧化速度越慢，影响越大。因此，空气直接氧化除铁工艺完全不适用于可溶性硅酸含量高的（40mg/L，以SiO_2计）的地下水的净化。

值得一提的是接触氧化除铁工艺反冲洗排水的水质。反冲洗排水是除铁滤池生产中必须产生的废水，是不容许直接排放到环境中的。反冲洗排水是含有氢氧化铁污泥的悬浊液，其浊度、色度、SS等水质参数均不符合排放标准，因此必须进行浓缩、脱水等固液分离处理之后才能排放或作为原水再利用。空气直接氧化法、氯氧化法的反冲洗废水的脱水性特别差，尤其是氯氧化法，一直是水厂急需解决的难题。

接触氧化工艺是基于自触媒的催化氧化，Fe^{2+}在滤料表面的含水氧化铁的催化下，又被氧化为含水氧化铁并与已有的含水氧化铁相结合，因此，理论上在反冲洗废水中不存在铁的氧化物。但实际上，滤料表面上由于积累的铁量过多，滤料颗粒间的少量含水氧化铁沉淀物会因反冲洗的剪切力而随水流出。由此，接触氧化工艺反冲洗废水中的氢氧化铁量很少，同时脱水性能也很好。

4.1.2 接触氧化除铁滤池的活性定位

运行良好的接触氧化除铁滤池，从滤层上层开始滤砂颗粒逐渐增长，外观规则成球状。每个球形颗粒物的中心都有一个初始的砂粒，在砂粒周围规则地包裹着黄褐色或者黑褐色的粉末物质，如同一颗小泥球，大者有黄豆粒大小。这些小泥球在滤池的全部过水断面上均匀分布，在滤池垂直方向越向下层颗粒越小。该滤池不用投加任何药剂，却具有很强的除铁能力，滤后水水质优良。那么这种滤池的除铁能力来自何方？追根溯源，将某生产滤池的滤砂层原貌取出，原样装入试验柱，用同一个深井水进行试验，试验结果完全重现了生产滤池的除铁能力。在试验过程中，试验柱内充填的生产滤砂层从3cm厚开始梯次增加到60cm，发现除铁能力随着滤层厚度的增加也随之增强。滤层厚25cm的一个周期试验结果如图4-4所示。显然，滤层的除铁活性就来自于滤层本身。为探明滤层中具有除铁能力的物质，取少量滤层样品装入小试验柱内，以上向流通入深井地下水，流速渐渐增大，使其分层，如图4-5所示。最上层是氢氧化铁颗粒的沉积物，中间层是黏稠的蛋白色的铁细菌菌泥，大小有数毫米，用手触摸就有有机质的感觉。下层是外表包裹着褐色粉末而粒径增大了的滤砂，外形似直径1.0～1.5nm的小泥球。上层氢氧化铁的沉积物和中间的菌泥在反冲洗过程中都逐渐被反冲洗水带出滤池，褐色的滤砂才是滤层的主体。将冲洗过的泥球状滤砂装入试验柱，试验结果如图 4－6 所示。试验结果表明褐色的泥球具有强大的除铁能力。随着运行时间的推移，滤柱内滤砂表面披覆的物质越来越厚，颗粒越来越大。滤层自上向下粒径逐渐变小，滤层滤砂颗粒上下排列如图 4－7 所示。可以推定滤砂表面披覆物促进了 Fe^{2+} 的迅速氧化。水中 Fe^{2+} 在"泥球"表面被溶解氧氧化为 Fe^{3+} 氧化物并与滤砂表面相结合。

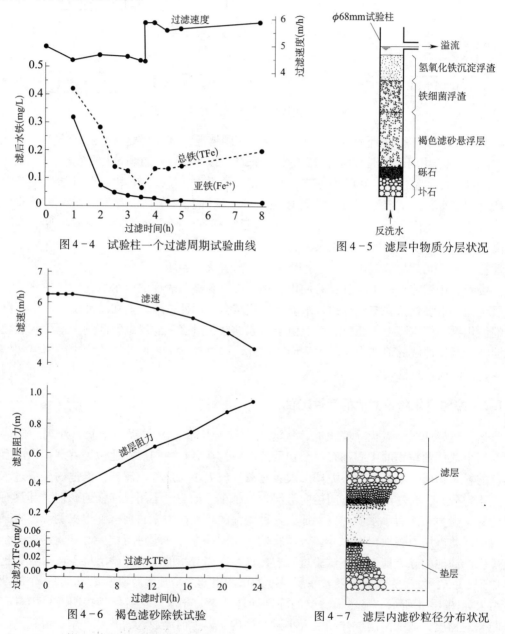

图 4－4　试验柱一个过滤周期试验曲线

图 4－5　滤层中物质分层状况

图 4－6　褐色滤砂除铁试验

图 4－7　滤层内滤砂粒径分布状况

4.1.3　滤砂表面披覆物中的触媒物质

滤砂表面披覆物有强大的除铁活性。经 $HgCl_2$ 浸泡后滤砂的除铁活性并没有减退，说明活性不是来自于铁细菌等微生物的生物氧化活性。滤砂表面披覆物的化学组成见表

4-1。含量最多的物质是 Fe_2O_3 ，其次是 MnO_2 。由于不能确定触媒是铁的氧化物还是锰的氧化物，于是调研了不同地区除铁水厂滤砂表面披覆物的组成，结果见表4-2。从表中可以看出，尽管两水厂锰与铁氧化物的含量比例相差悬殊，但滤砂都有强大的除铁能力，而天然锰砂却没有除铁能力，那么就可以排除锰氧化物是 Fe^{2+} 氧化触媒的假设了。

可见，滤砂表面披覆物中铁氧化物才是滤池除铁能力的来源，即披覆物中含量最大的 Fe^{3+} 氧化物是 Fe^{2+} 氧化的自触媒。在除铁滤池中 Fe^{2+} 的氧化是在水中完成的，由此推测生成的是含结晶水的氧化铁（$Fe_2O_3 \cdot nH_2O$）。热分析结果也证实了除铁滤砂披覆物除含吸附水外确实还含有结晶水，确认是含结晶水的氧化铁。进一步将黄褐色的具有除铁能力的滤砂经200℃烘烧而脱水，冷却后变成了赤褐色表面有裂纹的泥球。将赤褐色脱水泥球状滤砂装入试验柱内，通入含铁地下水进行除铁试验，结果除铁触媒能力完全丧失，由此再次确认除铁滤砂表面披覆物中有除铁能力的物质是含水氧化铁。

某市除铁滤池滤砂表面披覆物的物质组成 表4-1

样品 项目	黄褐色披覆物	黑褐色披覆物
采样地点	第一水厂	第二水厂
外观	黄褐色粉末	黑褐色粉末
Fe_2O_3	53.6%	38.6%
MnO_2	7.8%	19.3%
SiO_2	3.7%	3.2%
酸不溶残渣	5.0%	3.4%

滤砂表面披覆物中 Mn/Fe 比与氧化能力 表4-2

样品序号	颜色	Mn/Fe	除铁能力	备 注
1	黑色	98.00	无	天然矿石
2	黄褐色	0.161	有	除铁滤池滤砂披覆物
3	黑褐色	0.553	有	除铁滤池滤砂披覆物
4	赤褐色	0.400	有	除铁滤池滤砂披覆物
5	黑褐色	0.850	有	除铁滤池滤砂披覆物
6	赤褐色	0.013	有	除铁滤池滤砂披覆物

4.1.4 除铁触媒的矿物学特征

褐色球状滤砂表面披覆的含水氧化铁从外观看近似粉末状的固体，与空气直接氧化工艺生成的氢氧化铁沉淀的外观有所不同。为确定其物质结构，采用电子射线和 X 光反射进行分析，结果表明该物质是非结晶的无定形物质，很可能是非晶体羟基氧化铁（FeOOH）。而 FeOOH 是褐铁矿（Limonite）的主要成分。如果球状滤砂表面披覆物是结晶度低的羟基氧化铁（FeOOH），那么褐铁矿也就应该具有除铁触媒的能力。为证明这一推理将褐铁矿粉碎制成滤料来进行除铁试验。同时将成分为 Fe_2O_3 的赤铁矿（Hemintite）也粉碎成滤料填装滤柱进行平行试验。采用同一深井水（$Fe^{2+}=10\sim11.5mg/l$）经曝气后分别进入 2 个试验滤柱，试验结果如图 4-8 所示。从图 4-8 可以明显看到，天然褐铁矿具有很强的接触氧化除铁触媒能力，而赤铁矿与褐铁矿显然不同，它只具有普通滤料截留铁氧化物的物理截滤作用，因此随着过滤时间的延长，滤层出水水质恶化。

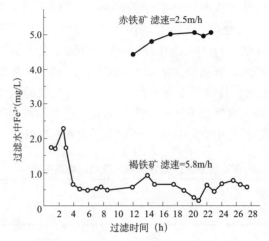

图 4-8　褐铁矿与赤铁矿的除铁能力试验

褐铁矿中有一种特殊形态，称为豆状褐铁矿（Pisoliticlimonite），其在自然界中也很常见。在湖底有球状、鱼卵状的褐铁矿，在第三纪地层中有内部中空并有砂粒的豆状褐铁矿，敲击表面有特殊的声音，被称为鸣石。这些豆状褐铁矿的外观形态，与除铁滤池中的豆状滤砂极其相似。地质学家认为在有空气和天然含铁水的环境中，由于水流或风力使岩石的小碎片和富含溶解氧的天然含铁水接触，就会慢慢形成豆状褐铁矿，并渐渐长大。其实除铁滤池的环境与豆状褐铁矿形成的天然环境相似。曝气后的含铁水不断与滤砂接触，滤砂就会逐渐变成表面披覆着含水氧化铁的豆状滤砂。在反冲洗的碰撞和水流的剪切力作用下，滤砂更为浑圆，于是在人工条件下也形成了豆状褐铁矿。

4.1.5　除铁滤沙表面披覆物的结构

由于 X 射线无法分辨微细结晶物质，因此除铁滤沙表面披覆物的 X 射线光谱分析结果是无定形物质。但红外线 IR 光谱分析结果是微细结晶的 FeOOH。FeOOH 的结晶形态有 α、β、γ 和 δ，$\delta-FeOOH$ 在天然矿物中极少出现，而 $\beta-FeOOH$ 的主要特征是在结晶构造中含有 Cl 原子，一个结晶单位含有一个 Cl 原子，Cl/Fe 的比例是 12%。所以陆地天然地下水在除铁滤池中形成 δ 或者 β 形态的 FeOOH 的可能性很小。

人工制造的纯 $\alpha-FeOOH$ 和 $\gamma-FeOOH$ 的红外吸收光谱（IR）如图 4-10 和图 4-9 所示。通过对比除铁滤砂表面披覆物的 IR 光谱，即可辨认除铁触媒 FeOOH 的形态，然而天然含铁地下水形成的 FeOOH 滤砂表面披覆物，在 IR 光谱中也无法辨认。因为在波段 $1000cm$ 处形成了一个谷幅宽阔、圆滑的吸收峰，覆盖了整个指纹区，无法判断是 $\alpha-FeOOH$ 还是 $\gamma-FeOOH$，如图 4-11 所示。而用纯水配制的含铁水形成的 FeOOH 的 IR 光谱如图 4-12 所示，与 $\gamma-FeOOH$ 相符。

天然含铁地下水中的溶质，除 Fe^{2+} 之外尚有 Mn^{2+}、Ca^{2+}、Zn^{2+}、Si^{4+} 等多种离子，

在 FeOOH 结晶成长中，这些离子都闯入了结晶体，妨碍了 γ - FeOOH 的成长，因而 X 射线显示为无定形。

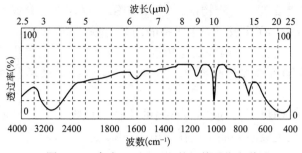

图 4 - 9　合成 γ - FeOOH 的红外吸收光谱

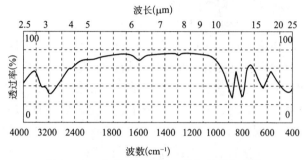

图 4 - 10　合成 α - FeOOH 的红外吸收光谱

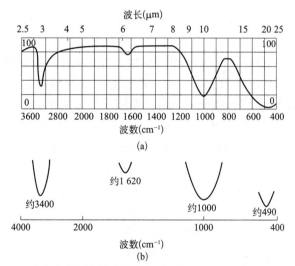

图 4 - 11　天然水形成的接触除铁滤料披覆物的 IR - 光谱 （BROAD 波谱）

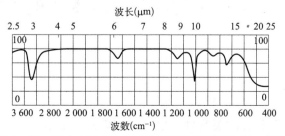

图 4 - 12　纯水中形成的接触除铁滤料披覆物的 IR - 光谱

4.1.6　接触氧化除铁机制与接触氧化反应

触媒理论中最古老的是中间产物说："触媒与第一反应物结合成中间化合物，中间化合物被第二反应物分解，在生成反应生成物的同时，触媒得以再生。"此后触媒理论又发展为吸附解吸说："触媒表面对第一反应物进行化学吸附，也就是化学结合，形成触媒表面的中间产物，吸附动力来源于原子力。然后第二反应物对触媒表面的中间产物进行再生……"

羟基氧化铁（FeOOH）与一般固态金属的水合氧化物一样，其表面有二重的吸附性能。在等电点的 pH 之上吸附阳离子，在等电点 pH 之下吸附阴离子。在天然地下水的中性域内，pH 远高于 FeOOH 的等电点。所以经曝气的含铁水进入表面披覆着 FeOOH 滤砂的滤层，在滤砂表面迅速发生了如下反应：

$$FeOOH + Fe^{2+} \longrightarrow FeOOH \cdot Fe^{2+} \tag{4-1}$$

$$FeOOH \cdot Fe^{2+} + O_2 + OH^- \longrightarrow FeOOH \cdot FeOOH \tag{4-2}$$

式 4-1 为触媒 FeOOH 表面吸附活性反应，捕捉吸附了水中 Fe^{2+} 离子；式 4-2 为溶解氧和水中碱度（OH^-）与触媒表面的中间产物（二价铁与三价铁的结合物质 $FeOOH \cdot Fe^{2+}$）进行水解氧化反应，生成 2 个 FeOOH 分子，于是触媒 FeOOH 得以再生和成长。

式中以 OH^- 表示的碱度来自于地下水中的碳酸氢离子（HCO_3^-）。地下水中一般 M - 碱度（HCO_3^-）比较多，在接触氧化除铁过程中不必投碱，可以自给自足：

$$HCO_3^- + H_2O \longrightarrow OH^- + H_2CO_3 \tag{4-3}$$

式 4-3 生成的 H_2CO_3 在除铁反应进行过程中，分解成 CO_2 而排出池外。

$$H_2CO_3 \longrightarrow H_2O + CO_2 \tag{4-4}$$

天然含铁水曝气后在 Fe^{2+} 没有来得及被溶解氧直接氧化为三价铁〔$Fe(OH)_3$〕之前，即时进入滤层。在滤层中 Fe^{2+} 的去除机制，不是溶解氧直接氧化 Fe^{2+} 为 Fe^{3+} 微小颗粒，然后再截滤去除的机制。而是自催化接触氧化反应。虽然在滤层中依然是 Fe^{2+} 被溶解氧氧化为 Fe^{3+} 的氧化还原反应，但已不是直接氧化而是自触媒羟基氧化铁（FeOOH）介入了氧化还原过程的媒触反应，从而促进了 Fe^{2+} 氧化的快速进行。FeOOH 在反应过程中不发生任何变化，不参与化学平衡，仅起中间触媒作用。由于反应生成物也是 FeOOH，所以是自触媒的接触氧化反应。反应生成物 FeOOH 与原来滤砂表面的触媒物质 FeOOH 不是简单的物理堆积，而是某种化学结合，所以随着运行时间的延长，滤砂颗粒表面的触媒物质越来越多，滤砂粒径随之增大，滤砂表面的 FeOOH 不断更新不断成长。因此，在反冲洗过程中，随反冲洗水排出池外的仅仅是少部分的 Fe^{3+} 氧化物。

4.2　生物除锰滤池中生物量与除锰率的相关性研究

4.2.1　模拟滤柱试验

1. 试验材料和方法

（1）试验用水

1992 年在"八五"科技攻关项目"生物固锰除锰技术研究"中，以解决抚顺开发区水厂出水锰超标问题的改造工程为依托，展开了地下水除锰机制的现场模拟滤柱试验和生产性试验。试验地点设在该水厂净水间。水源地为距该水厂1.2km的深井群，其地下水水质见表4-3。

抚顺开发区水厂地下水原水水质   表4-3

检测项目	检测结果	检测项目	检测结果
水温（℃）	9.00	NH_4^+-N（mg/L）	0.2
pH	6.9	NO_2^--N（mg/L）	未检出
色度	10.00	NO_3^--N（mg/L）	未检出
浑浊度（NTU）	40.00	CO_2（mg/L）	28.34
钙（mg/L）	42.69	SiO_2（mg/L）	20.00
镁（mg/L）	7.82	耗氧量（mg/L）	0.56
铁（mg/L）	8.00	总硬度（mg/L）	77.70
锰（mg/L）	1.4	总碱度（mg/L）	6.41
HCO_3^-（mg/L）	139.61	总酸度（mg/L）	0.64
溶解氧（mg/L）	0.9		

（2）试验装置与试验方法

试验模拟滤柱的选择应依据相似准则来确定。试验滤柱内径大小主要受边壁效应的影响。根据 J. S. Lang 等人的研究结论——滤柱直径大于滤料粒径的 50 倍以上时，滤层水头损失的增长、滤池出水水质等不再受到滤柱直径的影响，此时滤柱边壁效应可以忽略不计。由于试验采用的滤料粒径最大为 1.2mm，因此滤柱的直径应该大于 60mm。但根据以往的试验情况可知，在满足上述条件时，滤层最终出水以前，沿不同深度取样仍然会受到一些壁流影响。因此，在滤柱内壁上每隔 10cm 设有宽度 2mm，厚度 1mm 的聚乙烯圆环来减小边壁效应的影响。

试验采用有机玻璃模拟滤柱 2 根，内径均为 98mm，滤柱高 2950mm，沿滤柱自下向上每 100mm 设取样口，对不同滤层深度的滤后水水质和滤砂进行样品分析。在 2 根透明有机玻璃柱内分别装入石英砂和锰砂滤料，粒径均为 0.8～1.2mm。为了能模拟实际滤池的水力条件，滤层厚采用 800mm，以粒径 2～10mm，厚 300mm 卵石作承托层。试验装置如图 4-13 所示。

将地下水经曝气后引入滤柱进行长期的过滤试验。运行的最初一个月内，滤速由 2.5m/h 渐增至 15m/h，滤柱每 24 小时冲洗一次，反冲洗强度由 8L/（s·m²）渐增至 15L/（s·m²），反冲洗历时 8min。在滤柱运转的最初几天内，每天向滤柱中接种由该水厂铁泥中提取并经扩增培养的锰氧化菌群。每天测定记录运行参数和进出水水质，分析项目和检测方法见表 4-4。

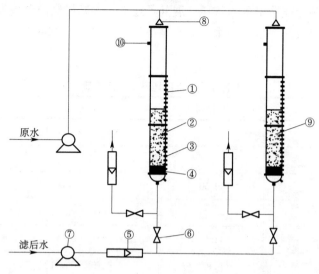

①—滤柱；②—滤料；③—取样口；④—垫层；⑤—流量计；⑥—阀门；⑦—水泵；⑧—喷淋头；⑨—滤料；⑩—溢流口

图 4-13　试验装置图

分析项目和检测方法　　　　　　　　　　　　　　　　　　　表 4-4

分析项目	检测方法	分析项目	检测方法
Fe^{2+}	邻菲啰啉分光光度法	浊度	浊度仪
总铁	邻菲啰啉分光光度法	水温	温度计
Mn^{2+}	甲醛肟分光光度法	氨氮	纳氏试剂光度法
溶解氧	溶解氧测定仪	CO_2	酚酞指示剂滴定法
pH	pH 计	总碱度	酸碱指示剂滴定法
Ca^{2+}	EDTA 滴定法	HCO_3^-	酸碱指示剂滴定法
Mg^{2+}	EDTA 络合滴定法	总硬度	EDTA 滴定法
SiO_2	硅钼黄光度法		

（3）细菌计数方法

1）铁细菌的记数采用 Max Potable Number（MPN）法。

培养基——柠檬酸铁铵 2.0g，K_2HPO_4，0.5g，$MgSO_4 \cdot 7H_2O$ 0.5g，$(NH_4)_2SO_4$ 0.5g，$NaNO_3$ 0.5g，$CaCl_2$ 0.2g，H_2O 1000mL。将配制好的培养基等量地倒入 $\phi 1.7 \times 17cm$ 的试管中，用封口膜封口，在 121℃高压灭菌 15min 后冷却。

2）亚硝化细菌的记数采用 MPN 法。

培养基——$(NH_4)_2SO_4$ 2.0g，NaH_2PO_4 0.25g，$MnSO_4 \cdot 4H_2O$ 0.01g，K_2HPO_4 0.75g，$MnSO_4 \cdot 7H_2O$ 5.0g，H_2O 1000mL。将配制好的液体培养基等量地倒入 $\phi 1.7 \times 17cm$ 的试管中，用封口膜封口，在 121℃高压灭菌 15min 后冷却。

3）硝化细菌的记数采用 MPN 法。

培养基——$NaNO_3$ 1.0g，K_2HPO_4 0.75g，NaH_2PO_4：0.25g，Na_2CO_3 1.0g，$MgSO_4 \cdot 7H_2O$ 0.03g，$MnSO_4 \cdot 4H_2O$ 0.01g，H_2O 1000mL。将配制好的培养基等量地倒入 $\phi 1.7 \times 17cm$ 的试管中，用封口膜封口，在 121℃高压灭菌 15min 后冷却。

4）砂样处理。

从滤柱中取砂样 5mL，装入已灭菌的 50mL 量筒中，加入 5mL 无菌水（蒸馏水经高压灭菌）充分振荡 5min，用 1mL 移液管取样（锈水）1mL，用该样作系列的梯度稀释，然后接种，每一稀释度作 3 个平行样，在 27℃ 恒温培养 14d，观察阳性反应，经统计得出每毫升砂样中所含的细菌数量。

2. 试验结果

两滤柱分别接种培养后，连续运行 70 余日，进出水中锰浓度和滤层中细菌数量的变化如图 4-14 和图 4-15 所示。图 4-14 为石英砂柱的试验曲线。在试验的两个多月内，进水中 Mn^{2+} 浓度始终在 $0.6 \sim 1.1mg/L$ 之间波动。滤柱运行的最初几日内，Mn^{2+} 的去除已有相当的效果，去除率达 50% 左右，这是滤料物理吸附作用的结果。但随运行时间的延续，出水中 Mn^{2+} 浓度日渐升高，去除率不断下降。从运行的第 8d 开始到第 12d，出水中 Mn^{2+} 浓度几乎与进水中 Mn^{2+} 浓度相当。然而出乎意料的是此后出水中 Mn^{2+} 浓度又迅速下降，至第 20d 出水中 Mn^{2+} 浓度降为 $0.1mg/L$，从第 40d 之后直到试验结束的时间里，尽管滤速不断提高（由 $4.5m/h$ 到 $15m/h$），然而进水中的 Mn^{2+} 一直能得到深度去除，出水中 Mn^{2+} 浓度始终小于 $0.05mg/L$ 甚或痕量。通过对滤层内细菌的计数，我们发现反冲洗排水中锰氧化菌的对数生长曲线与出水中 Mn^{2+} 浓度曲线似乎存在相关性。在运行之初的 10d 内锰氧化菌的数量几乎没有增长，保持在 $n \times 10$ 个/mL 滤砂的水平，而后就以惊人的速度迅速增加，并表现出典型的对数增长趋势。到第 20d 数量达到 $n \times 10^3$ 个/mL 滤砂，此后增殖速度渐缓，到第 40d 达到 $n \times 10^4$ 个/mL 滤砂并呈平稳状态，此时锰氧化菌的数量达到动态平衡。将锰氧化菌的增殖曲线与出水 Mn^{2+} 浓度逐日变化曲线对应来看，在第 10d 至第 20d 运行的时段里，细菌的对数增殖期与出水 Mn^{2+} 浓度直线下降，滤层除锰活性的迅速增长遥相呼应，仔细分析就会发现这种现象绝非巧合，而是有其必然的内在联系。

图 4-15 为锰砂滤柱的运行曲线。滤柱进出水水质、运行工况变化趋势，反冲洗排水中锰氧化菌的分析结果都与石英砂滤柱的相似。唯一的区别就是锰砂滤柱从运行开始其出水中 Mn^{2+} 浓度就达到 $0.1mg/L$ 以下的水平，此后的 70 余日一直稳定在 $0.05mg/L$ 以下。

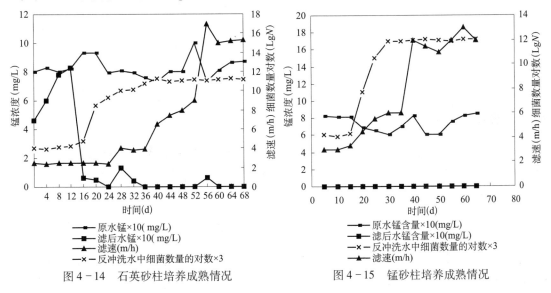

图 4-14　石英砂柱培养成熟情况　　　　图 4-15　锰砂柱培养成熟情况

4.2.2　生产性试验

对地下水进行滤柱过滤试验的同时，利用抚顺开发区水厂 2 号生产滤池进行了生产性试验以探求实际生产滤池的除锰效果。试验用原水水质同表 4 - 7，试验结果如图 4 - 16 ~ 图 4 - 18 所示。图 4 - 16 为生产性锰砂滤池经锰氧化菌接种、培养过程中滤池进出水中 Mn^{2+} 浓度、滤速与滤砂上锰氧化菌数量的逐日变化情况。图中明显可见，出水 Mn^{2+} 浓度随着滤层中细菌数量的增长而直线下降，但也可以觉察到滤砂上锰氧化菌的数量增长滞后于滤池除锰活性的增长。图 4 - 17 和图 4 - 18 分别为该滤池除锰率与滤砂上锰氧化菌数量的对数曲线。从图中可见，滤池的除锰效果与滤层中细菌的增殖相对应。

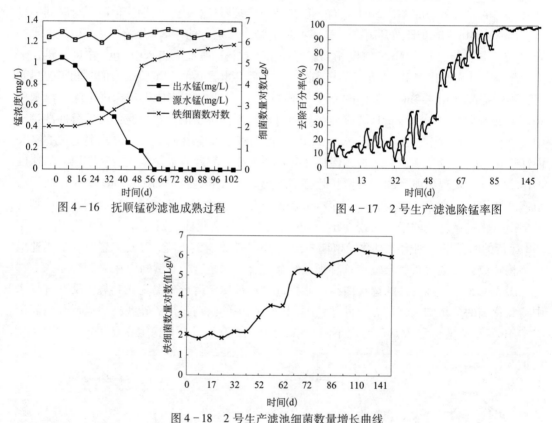

图 4 - 16　抚顺锰砂滤池成熟过程　　　　图 4 - 17　2 号生产滤池除锰率图

图 4 - 18　2 号生产滤池细菌数量增长曲线

4.2.3　试验室试验

取生产滤池中具有除锰活性的成熟滤砂颗粒，剥离其表面的披覆物，对锰氧化菌进行分离、培养和活性鉴定。

1. 试验材料和方法

（1）材料

1）成熟滤砂颗粒。

2）JFMII 培养基——柠檬酸三钠 8.0g，柠檬酸 2.0g，柠檬酸铁铵 13.0mg，$MnSO_4$ 4.0mg，$NaNO_3$ 0.5g，$CaCl_2$ 0.2g，H_2O 1000mL。

（2）试验方法

利用 JFMII 培养基分离除锰活性菌株，在 JFMII 培养基平板上生长 24~48h 形成菌落后，经摇瓶培养再回接到固体培养基上，进行扩增培养。同时观测培养基上细菌的数量、pH 的变化和 Mn^{2+} 的去除率。

2. 试验结果与分析

试验结果如图 4-19 所示。图中表明了微生物的增殖与除锰效果的变化。随着细菌数量的增加，培养基中锰的去除率也显著提高。在 0~36h 之间，细菌数量与除锰率变化缓慢。从 36~48h 细菌数量发生飞跃，从 $n \times 10^4$ 个/mL 滤砂增至 $n \times 10^8$ 个/mL 滤砂。与之相对应，锰的去除率也急剧从 18% 上升到 75%。48h 以后，细菌数量与除锰率渐渐趋于稳定。

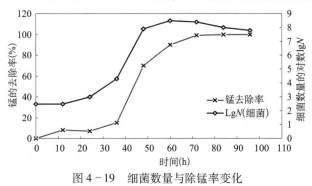

图 4-19　细菌数量与除锰率变化

4.2.4　分析与讨论

1. 滤层中锰氧化菌的存在形式

通过试验发现，在滤层中存在大量以锰氧化菌为核心的微生物群系，在滤料表面和滤砂孔隙间的铁泥中也黏附和包埋着数量可观的微生物。采用 MPN 法跟踪整个培养过程，测得其数量从 $n \times 10$ 个/mL 滤砂到 $n \times 10^6$ 个/mL 滤砂。除锰生物滤层的成熟过程就是滤层中以锰氧化菌为主的生物群系的繁殖与代谢达到平衡的过程。由图 4-14、图 4-15 和图 4-18可知，除锰生物滤层的成熟过程也就是滤层中生物群系的代谢过程。在试验水质条件下，这个过程可以分为 4 个时期，即：滞后期（0~15d），此时石英砂滤层无明显除锰效果；第一活性增长期即对数生长期（15~30d），在适宜微生物代谢繁殖的条件下，滤层内菌群快速增长，除锰率不断提高；第二活性增长期即稳定期（30~50d），微生物群体数量趋于平衡，出水锰达标并趋于稳定；静止期（50d 以后），滤层完全成熟而且运行稳定，并有一定的抗冲击能力。由图 4-16 中曲线可知，滤砂上细菌的对数增长期落后于滤层成熟的第一活性增长期，而与第二活性增长期相一致。这是由于滤层培养初期，增殖的细菌并不是固定在滤砂上，而是吸附或包埋在由滤砂所截留的铁泥（铁的氧化物、氢氧化物等形成的铁锈色黏泥）中的。所以滤柱最初的活性增长不是来源于滤砂表面的细菌增长，而是铁泥中的细菌增长，表现为反冲洗水中细菌数量的不断增加。此时，虽然滤柱已经具有一定的除锰能力，但此时尚不能认为滤柱已经成熟，滤柱还需要一段时间使细菌固定在滤砂上，否则该滤柱就不具有稳定的除锰能力。

2. 滤层中锰氧化菌的代谢规律

细菌在接种到新鲜的、一定量的培养基上以后，在其培养过程中，如果以培养时间的延续为横坐标，以细菌数量的变化为纵坐标，根据细菌数量与相应的时间变化的关系，所作出的曲线称为生长曲线，如图 4 - 20 所示。根据细菌生长代谢的特征可将细菌的生长分为 4 个时期，见表 4 - 5。

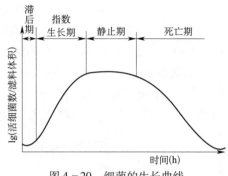

图 4 - 20　细菌的生长曲线

细菌的生长期　　　　　　　　　　　　　　　表 4 - 5

生长期	细胞活力
滞后期	适应新的环境，合成新的酶，当菌种含有较多的死细胞或饥饿的细胞或在不丰富的培养基时，有较长的滞后期
指数或对数生长期	多次繁殖顺利，所需营养都很充分，生长速率由培养基成分和环境因素确定
静止期	由于营养物质的消耗，代谢产物不断积累，对细菌生长的抑制作用不断增强，但机体还能利用内源储存物来维持生长
死亡期	发生在稳定期之后，由于自溶酶作用或不断积累的有毒代谢物的影响，细胞裂解

（1）滞后期

由于接种到一个新的环境中，细菌并不立即进行分裂，细菌的数量不增加或者增加得很少，但细胞的 RNA、蛋白质等物质均有增加，这说明细胞内的合成反应并没有停止，而且，这个时期的细胞在体积上通常也比对数期细胞的体积大，细胞对不良环境的抗性相应地有所增强。

有人认为滞后期是细菌在接种时受到机械损伤而引起的，有的认为是在新的环境中缺乏某种因子而引起的。影响滞后期长短的因素有营养成分、菌种遗传特性、菌龄和接种量等。接种前后两种培养基成分相差不大时滞后期较短，否则滞后期较长。在接种产气杆菌的培养基中加入 5 ~ 10mg/L 的谷氨酸、琥珀酸、天门冬氨酸或草酰乙酸都可以缩短滞后期。Mg^{2+} 是许多酶的活性因子，培养基中 Mg^{2+} 浓度增加会缩短滞后期。在滞后期内幼龄菌体内物质增加显著，菌体体积增大，代谢机能非常活跃，因而幼龄细胞接种比老龄细胞接种所产生的滞后期要短，接种量大比接种量小的滞后期短。此外，生长缓慢的微生物比生长迅速的微生物滞后期长。如，分枝杆菌的滞后期比大肠杆菌的长，化能自养型的滞后期比有机异养型的长。当对数生长期的细菌接种在相同成分的培养基上，并在相同温度下培养时，并不出现滞后期，而是立即以原来的生长率生长；但以老龄菌来接种，或由丰富的培养基的菌种移接至营养较贫乏的培养基时，就可以明显地表现出滞后期。这是由于细胞内各种酶类、辅酶及其他细胞组分需要再合成的时间。在微生物中，酵母菌、细菌繁殖较快，滞后期一般只需几小时，霉菌繁殖较慢，滞后期要十几小时，放线菌则需要的时间更长一些。

（2）对数生长期

细菌经过滞后期后，即进入对数生长期，这个时期的细菌数量呈对数增长，生长速率最大，代谢活性稳定，酶的活性高，大小也比较一致，所以对数期的细胞是理想的试验对象。对数生长期与营养物质丰富程度密切相关，营养丰富则对数期相应延长，可以得到更多的可利用的菌体物质。

（3）静止期

表现为一段水平直线。这时细菌的生长速度逐渐降低，世代时间延长，细胞活力减退，或者是产生了有毒的代谢物质，抑制了自身的生长繁殖。有的细菌在生长过程中能产生酸类而使 pH 下降；有些产生过氧化氢、醇类、毒素等，都对细菌的自身生长有抑制作用，致使细胞不能无止境地以高速度分裂增殖下去。静止期的长短，随菌种和培养情况而异，有的可以保持几天，有的仅能维持几小时。从指数增长期过渡到静止期，包含了一个非平衡生长的时期。在这段时期中，由于营养物的供应不能满足平衡生长的要求，因而导致细菌的各种组成成分的合成速率不同。静止期的细菌数量相对稳定，但对不利的物理环境及化学药品的抵抗力较强。静止期可能延续一段较长的时间，但当生长环境不能改善时，细菌就进入死亡期。

（4）死亡期

这个时期，细菌的死亡率大于生长速率，这时活菌数越来越少，细菌自溶是死亡期的一个重要特征，而自溶是一个复杂的生理学现象。

有的学者对细菌的生长曲线进行了更详细的划分，在对数生长期与静止期之间又划分出一个转变期和稳定期。由于在对数生长期里，由细菌数量的大量增加以及营养物质的消耗和代谢产物的积累，使环境变得对细菌生长不利，导致对数生长期的结束，并通过转变期逐渐向稳定期过渡，这时，生长速率逐步下降到零。由于稳定期内细菌数量增长的速度与自溶引起的细菌死亡的速率相等，所以总菌数维持不变。

在细菌生长的各个时期中，细菌的大小和成分变化如图 4-21 所示。从图中可以看

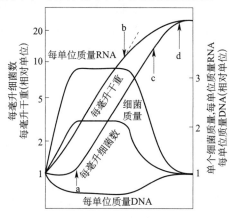

a—滞后期结束；b—指数生长期结束；
c—指数生长期细胞分裂结束；d—静止期

图 4-21　各生长期中细菌物质的含量变化曲线

出，单个细菌的质量，只有在对数生长期才是恒定的。在滞后期以及静止期以后，单个细菌的质量都是变化的。另外，在对数期单位质量中所含的 RNA 和 DNA 的量也都是恒定的。图 4-21 形象地描述了各个生长期中细菌物质的含量变化情况。

将培养基中锰氧化菌的实际生长曲线与广义的细菌生长曲线相比较，我们可以得出培养基中锰氧化菌的生长仍然遵循广义的细菌生长曲线。

在生物除锰滤层的培养过程中，我们利用的是滞后期和对数增长期，当达到静止期即稳定期，培养过程结束，投入正常的生产运行。在生产运行中，以含铁含锰水源源不断地供给来维系锰氧化菌的营养需求，以反冲洗去除有毒的代谢产物和老化的菌体，保持锰氧化菌的活性。所以生物滤层可以持续、稳定地进行含铁含锰水的净化。

3. 除锰效果与滤层中锰氧化菌数量的相关性

从图 4-14、图 4-16 中可以看出，滤层的除锰活性增长过程几乎与锰氧化菌的增殖过程相对应，而反冲洗排水中锰氧化菌的对数增长期正好与滤层除锰活性的快速增长、滤后水含锰量急剧下降到痕量的时期相对应。图 4-17 和图 4-18 说明 2 号生产滤池锰的去除率增长曲线与微生物数量增长曲线呈现出相似的变化趋势。细菌数量由测定初期的几十个/mL 滤砂增加到 $10^5 \sim 10^6$ 个/mL 滤砂。此后，整个滤池以生物为主的除锰能力开始形成，滤后水中锰的去除率达到 96% 以上。这充分说明了滤池中细菌数量的增长是除锰的决定性因素。

4. 石英砂与锰砂作为生物除铁除锰滤池滤料的差别

图 4-14 明显可见，石英砂滤柱的除锰活性有一个成熟过程。运行之初滤层的除锰活性来自于滤砂的吸附能力。但吸附能力并不是无限的，而是有一定限度的。通常用吸附容量来衡量其吸附能力的大小。当吸附容量饱和之后滤层仍未成熟，则此时滤层就会丧失除锰能力，但是锰氧化菌由适应期渐渐进入到对数增长期，从而滤层的除锰活性又会渐渐增强。之后，随着以锰氧化菌为主的生物群系的平衡与稳定，滤柱一直保持着超强的除锰能力，出水锰浓度小于 0.05mg/L。

图 4-15 所示的锰砂滤柱似乎有着天然的除锰能力，从投入运行开始到两个多月以后试验结束，滤层一直保持着超强的除锰能力，整个过程中没有明显的成熟过程。其实不然，通常锰砂在使用初期对 Mn^{2+} 有很大的吸附容量（是石英砂的 500 倍），因此在最初的 $20 \sim 30d$ 内滤池也能有效地除锰，但当滤砂的吸附能力饱和后，如果滤池仍未成熟，其除锰率就会急剧下降，直至接近零。但从图 4-15 中可以看出，该滤柱的除锰率始终接近 100%，这说明在适当培养的条件下，锰砂滤池的成熟期完全可以和吸附期衔接起来，避免了吸附期后出水水质在短期内下降的情况出现，这在工程上具有一定的现实意义。

5. 天然地下水的微环境适宜锰氧化菌的代谢与繁殖

对各地地下水水质的分析可知，地下水中含有的二氧化碳是化能自养型锰氧化菌细胞代谢的碳源。此外，地下水中含有的氨氮和硝酸盐氮等均可用于合成细胞内各种氨基酸和碱基，从而合成蛋白质、核酸等细胞成分。而且一般地下水中的二氧化碳、氨氮和硝酸盐氮的含量均能满足锰氧化菌正常的生长繁殖。地下水中还含有丰富的矿物质元素，可以构成细菌的细胞成分，维持酶的作用，调节细胞内的渗透压、pH 和氧化还原电位等，这些都为锰氧化菌的生长和繁殖提供了适宜的条件。

4.3　生物滤层除锰能力的活性定位

4.3.1　生物滤层除锰活性的验证

1. 试验材料与方法

（1）滤砂

在抚顺开发区水厂生物除铁除锰生产性试验和模拟滤柱试验的后期，进行了灭活试验。此时模拟滤柱已经培养成熟，滤速由2.5m/h提高到15m/h，滤柱出水锰浓度仍为痕量，表明此时滤柱已有超强的除锰活性。同时测得滤层上部细菌数量为 $n \times 10^6$ 个/mL 滤砂。而生产滤池尚在培养过程中，其中2号滤池的细菌数量为 $n \times 10^4$ 个/mL 滤砂，锰的去除率为20%～30%，这说明2号滤池已有一定的除锰能力但尚未成熟。

以成熟的模拟滤柱和尚未成熟的2号生产滤池中的滤砂为原砂样来制备各种灭活砂样，并以此砂样作为灭活试验柱的滤砂。具体做法如下：

1）成熟砂样：从成熟滤柱的滤层上部300mm之内取出砂样，该砂样具有极强的除锰活性，砂样表面的细菌数量为 $n \times 10^6$ 个/mL 滤砂。

2）未成熟砂样：从尚在培养中的2号生产滤池的上部300mm处取砂样，该砂样有一定的除锰活性，砂样中细菌数量为 $n \times 10^4$ 个/mL 滤砂。

3）成熟砂高压灭菌样：利用高压灭菌锅将成熟砂样在温度121℃高压灭菌20min，取出后用滤后水冲洗。

4）成熟砂抑制样：将成熟砂样放在烧杯中，用浓度1.5%的 $HgCl_2$ 或 NaN_3 溶液浸泡72h，以达到抑制细菌活性的作用。

5）未成熟砂高压灭菌样：未成熟砂经高压灭菌，操作同3）。

6）未成熟砂抑制样：未成熟砂经抑制剂抑制细菌的活性，操作同4）。

7）硫酸锰浸泡样：经高压灭菌后的成熟或未成熟砂样放入 Mn^{2+} 溶液中（浓度为20mg/L的硫酸锰溶液）浸泡60h，取出后用滤后水冲洗。

（2）滤柱

为降低试验用成熟滤砂的用量，减小滤砂制备的工作量，采用比模拟滤柱更小的玻璃柱对灭活滤砂的除锰能力进行检测。小玻璃柱高600mm，内径25mm，垫层厚50mm，滤层厚度均为300mm，选用这样的有机玻璃柱9根。

（3）试验用水

试验用水来自于抚顺水厂的跌水曝气池。其原水水质同表4-3。

（4）试验方法与步骤

1）成熟砂试验。

取小玻璃柱3根分别装入成熟砂样、成熟砂高压灭菌样、成熟砂抑制样。通入经跌水曝气后的含铁含锰地下水，在滤速1.2m/h的条件下连续运转，每天定时取样分析，并用不含锰的滤后水反冲洗，反冲洗历时3～5min，尽可能将滤层中的铁锰沉泥冲净。

2）未成熟砂试验。

取小玻璃柱3根，分别装入未成熟砂样、未成熟砂高压灭菌样、未成熟砂高压灭菌后

经 Mn^{2+} 溶液浸泡样。试验的方法步骤同成熟砂样试验。

3）不同活性滤砂平行试验。

取小玻璃柱 3 根，分别装入成熟砂样、未成熟砂样、未成熟砂 $HgCl_2$ 抑制样。试验的方法步骤同成熟砂试验。

2. 结果与讨论

（1）成熟砂灭活试验

成熟砂原样、高压灭菌样、$HgCl_2$ 抑制样 3 种滤料的小玻璃柱进出水中锰含量逐日变化及去除率曲线如图 4-22、图 4-23 所示。

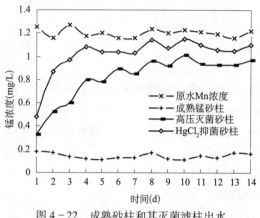

图 4-22　成熟砂柱和其灭菌滤柱出水
锰浓度逐日变化曲线

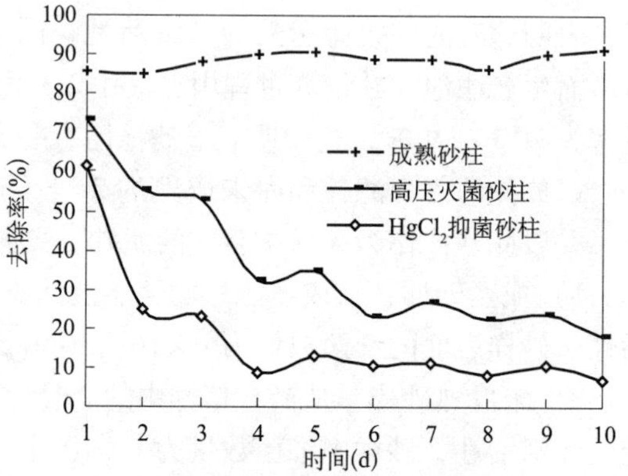

图 4-23　成熟砂柱和其灭菌滤柱出水
锰去除率变化曲线

从图中可见，成熟砂的除锰率很高而且稳定，始终保持在 85% 以上，经高温高压灭菌后的砂样，开始出现较高的去除效果，而后就大幅度下降，从 70% 降至 20%。经 $HgCl_2$ 抑菌的砂样开始去除率为 60%，然后也出现大幅度的下降，从 60% 降至 10%。由此可见，成熟锰砂表面的细菌数量很大，有很强的除锰能力，当细菌被高温高压灭活或活性被药物抑制后，虽然保持了短暂的除锰能力，而后去除效率就大幅度降低。

从前面的生物滤层除锰能力同滤层中细菌数量的相关性试验中我们得出：滤层对 Mn^{2+} 的氧化活性来源于细菌。那么在灭活试验中，为什么滤层中的细菌经高压灭活和细菌抑制剂药物抑制活性后，在过滤初期滤层仍表现出较高的除锰能力呢？这样的试验结果同前面的试验所得出的结论似乎是相悖的，这个问题在下面的未成熟砂灭活试验中将得到很好的解释。

（2）未成熟砂灭活试验

未成熟砂滤柱、未成熟砂高压灭菌砂滤柱和灭菌后经硫酸锰溶液浸泡砂滤柱的进出水 Mn^{2+} 浓度逐日变化和其去除率曲线如图 4-24、图 4-25 所示。从图中可以明显看出，未成熟砂的高温高压灭菌样的去除锰能力高于未成熟砂原砂样。经高压灭菌后的成熟砂样和未成熟砂样都出现了除锰能力复活的同一现象，即高温高压灭菌后出现了暂时较高的除锰能力。不言而喻，这种除锰能力并非生化作用，而是由其他原因所造成的。随后我们进行了浸泡试验，即将高压灭菌砂样放入 20mg/L 的 Mn^{2+} 溶液浸泡 60h。然后以此砂样为滤料填装成小有机玻璃试验柱，连续通水运行，得出浸泡后砂样的过滤试验曲线。从图中可以看出，高压灭菌样经 Mn^{2+} 溶液浸泡后的除锰率大幅度降低，全部在 10% 以下。经分析可知，高压灭菌样经 Mn^{2+} 溶液浸泡后，使滤料表面吸附饱和了 Mn^{2+}，于是就丧失了除锰能力。这说明成熟和未成熟砂样经高温高压处理后，砂样的除锰能力是吸附表面被再生的结果。当吸附容量耗尽之后，其除锰活性就会丧失，只有当生物除锰滤层再次培养成熟后，滤层的除锰能力才能强大起来。

上述试验再次证明了除锰过程中，细菌对锰的去除是至关重要的，而且是持续除锰能力的唯一提供者。下面的试验将详细地说明细菌数量与滤层除锰能力的关系。

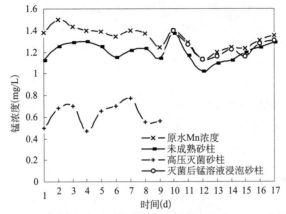

图 4-24 未成熟砂柱和其灭菌滤柱出水锰浓度逐日变化曲线

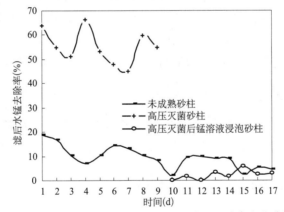

图 4-25 未成熟砂柱和其灭菌滤柱出水锰去除率变化曲线

（3）成熟砂、未成熟砂和未成熟砂氯化汞抑制样平行试验

成熟砂柱、未成熟砂柱和其 $HgCl_2$ 抑制砂柱的平行试验结果如图 4-26 和图 4-27 所示。两图分别为各试验柱进出水中 Mn^{2+} 浓度曲线和去除率曲线。成熟砂柱和未成熟砂柱内的单位容积细菌数量分别为 280 万个/mL 滤砂和 6 万个/mL 滤砂，相差几乎 50 倍，因此引起除锰效果的显著差异。成熟砂与未成熟砂两个滤柱的出水锰浓度分别为 0.05mg/L 和 0.9mg/L，去除率分别为 95% 和 25%，除锰活性相差甚远。图中还可见抑制柱除锰率最低约为 10% 左右，这是由于 $HgCl_2$ 抑制了细菌蛋白质的合成，破坏了滤柱内微生物的活性所致。这说明生物氧化是除锰滤池除锰效果的决定因素，细菌数量是衡量滤池除锰效果的关键参数。通过上述一系列的试验分析，可以断定，在生物滤层中 Mn^{2+} 的氧化是生物氧化，成熟滤料表面存在着一个复杂的微生物群落，其中有大量具有锰氧化能力的细菌。

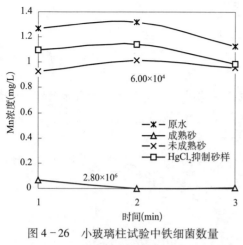

图 4-26 小玻璃柱试验中铁细菌数量
同出水锰的关系

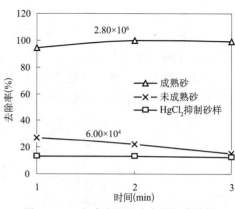

图 4-27 小玻璃柱试验中铁细菌数量
同锰去除率的关系

这个复杂的微生物群落的存在与稳定对于滤料活性表面的存在与稳定是至关重要的。

4.3.2 生物滤层滤料的除锰活性分析

我们曾对两个试验水厂（鞍山大赵台和抚顺经济开发区水厂）的除锰滤池中的除锰滤料进行研究，在试验室再一次进行原位、灭菌和 $HgCl_2$ 抑制试验。对其中的生物因素（细菌）和可能的化学因素进行了初步的研究和探讨。利用 PYCM 培养基对滤砂进行细菌计数，其结果表明每毫升湿砂上至少存在 $10^5 \sim 10^6$ 个细菌，其中有大约 40% ~ 50% 具有氧化 Mn^{2+} 的能力。从其中随机选取了 5 个菌落进行摇瓶培养并对其活性进行进一步的确定。

1. 试验材料

（1）滤料

未使用过的新锰砂（简称生料）、鞍山大赵台水厂与抚顺开发区水厂除锰滤池中经驯化培养后的成熟锰砂（简称熟料）和水厂试验滤柱中经驯化培养后的成熟石英砂。

（2）试剂

N,N,N'N'-四甲基对苯二胺（简称 TMPD），ALdrich 出品，AR；其他均为国产分析纯或生物纯试剂。

（3）细菌计数与分离

PYCM 培养基——蛋白胨 0.8g，酵母浸膏 0.2g，$MnSO_4 \cdot H_2O$ 0.2g，K_2HPO_4 0.1g，$MnSO_4 \cdot 7H_2O$ 0.2g，$NaNO_3$ 0.2g，$CaCl_2$ 0.1g，$(NH_4)_2CO_3$ 0.1g，H_2O 1000mL，pH：6.8 ~ 7.2，固体培养基加琼脂 1.5%，湿热灭菌后使用。

取适量培养成熟的滤料，加无菌水充分振荡，将振荡后得到的悬浊液梯度稀释，在 25℃ 用 PYCM 培养基进行混合平板培养 15d 后，观察阳性反应，并用 MPN 法计数。

2. 试验方法

（1）细菌活性的判定

刮取少量的菌落，分别用过硫酸法和 TMPD 法测定其中的锰。过硫酸法结果呈红色且 TMPD 法结果呈蓝色的菌落是具有 Mn^{2+} 氧化能力的，其他情况均表明菌落无氧化锰的活性。

从上述检验有活性的菌落中随机选取 5 个在 25℃、100r/min 的条件下用 PYCM 培养基进行摇瓶培养 7 ~ 10d。在 $100 \times g$ 力下离心后，去除培养液中的沉淀，上清液在 $3000 \times g$ 力下离心 10min，将沉淀用 10mmol/L、pH = 7.0 的 Tris – HCl 缓冲液悬浮，再离心，重复 2 次。离心机、缓冲液均预冷至 4℃。菌体再次以同样的方法悬浮，调节菌液浓度至 OD_{600} = 1.0，取该菌悬液 10mL，加 $MnSO_4$ 调节溶液中 Mn^{2+} 的浓度至 20mg/L，静置 12h 后用 TMPD 法测定其中的高价锰，测定吸光度之前将菌体离心去除。

（2）微生物群落与熟料表面结构稳定性的关系

从培养成熟的滤料中选取适量，填装入内径 2.5cm，高 60cm 的小玻璃滤柱，滤层厚度 300mm，用 1/10 浓度的 PYCM 培养基淋洗，用原子吸收法检测滤柱进出水中 Mn^{2+} 浓度。

3. 结果和讨论

（1）细菌计数与活性定位

细菌计数和活性试验结果见表 4 – 6。

成熟滤料表面的细菌数　　　　　　　　　　　　　表 4 – 6

滤料来源	总菌数（个/mL 滤砂）	具有锰氧化能力的细菌数（个/g 滤砂）
成熟石英砂滤柱	6.2×10^5	2.5×10^5
运行良好的锰砂滤池	5.5×10^6	2.8×10^6

注：成熟滤料表面的细菌数指能在 PYCM 培养基上生长的细菌。

从表 4 – 6 中可以看出，在每毫升成熟滤料表面存在着不少于 $10^5 ~ 10^6$ 的细菌，其中至少有相同数量级的细菌具有氧化 Mn^{2+} 的能力。由于有些细菌在滤料表面吸附得较牢固，而且有些细菌也未必适于在 PYCM 培养基上生长，因此实际滤料表面上的细菌（包括具有 Mn^{2+} 氧化能力的细菌）数量应该比表 4 – 6 中所示的数量大。

判断细菌是否具有 Mn^{2+} 氧化能力时发现，棕色菌落无一例外的都具有氧化 Mn^{2+} 的能力，而其他颜色的菌落（白色、黄色、红色）都不具有氧化 Mn^{2+} 的能力，经分析得知这种棕色物质是锰的高价氧化物，摇瓶培养得到的细菌的活性测定结果见表 4 – 7。

棕色菌落菌悬液的活性　　　　　　　　　　　　　表 4 – 7

菌株编号	1	2	3	4	5
被氧化的 Mn^{2+}（nmol/d）	140	120	80	65	70

表 4 – 7 所示的结果，进一步证实了形成棕色菌落的细菌具有催化 Mn^{2+} 氧化的能力。细菌的进一步纯化和活性定位将在第 8 章介绍。

（2）微生物群落与熟料表面结构稳定性关系

图 4 – 28 表明了试验所用成熟滤柱对 1/10 PYCM 培养基中的 Mn^{2+} 去除情况。我们可以看到，曲线大致分为两部分：① 66h 以前，除锰率稳定在 20% 左右，滤柱对培养基中的 Mn^{2+} 有一定的去除能力；② 66h 以后，除锰能力急剧下降，90h 后不但不能除锰，反而发生了"漏锰"现象（出水 Mn^{2+} 高于进水 Mn^{2+}），这说明锰砂表面沉积的锰又脱落下来。这是由于在该试验中人工配制的培养基营养成分太高，同时该滤柱是开放系统，经过 66h 的运转，该滤层已经被杂菌污染。由于滤料表面上的某些适于在 PYCM 培养基上生长的细

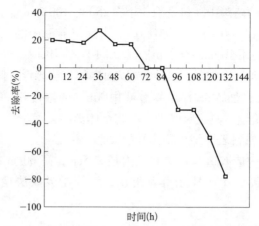

图 4 - 28　锰砂滤柱对 PYCM 培养基中的 Mn^{2+} 的去除

菌大量繁殖，破坏了原有的微生物群落的生态平衡，改变了原有的表面结构，导致已经沉积在表面的锰又脱落下来。

　　综上，我们认为，滤料表面的微生物群落与其催化氧化形成的含锰沉积物共同组成了滤料的活性表面。微生物群落受到某种破坏，能够导致表面结构的破坏，甚至完全崩解，因此，微生物群落的存在与稳定对于活性表面的存在与稳定是至关重要的。

4.4　Fe^{2+} 对生物除锰滤层的作用

　　Fe^{2+}、Fe^{3+} 和 Mn^{2+} 可以在同一生物滤层中去除，那么 Fe^{2+} 的氧化对锰氧化菌的代谢是有利还是有害，Fe^{2+} 参与锰氧化菌的代谢与否，都是生物除铁除锰水厂设计与运行的基础理论问题。我们在对锰氧化菌的研究中，曾分离到许多具有除锰能力的细菌，发现不少菌株的锰氧化能力依赖于 Fe^{2+} 的激活。为明晰这些问题，我们在长春市双阳区水厂和沈阳开发区水厂进行了单纯含锰水的生物滤层过滤试验，无 Fe^{2+} 水的生物滤层培养试验和自然地下水培养的对比试验，其结果都证明了 Fe^{2+} 确实参与了锰氧化菌的代谢过程。

4.4.1　无 Fe^{2+} 含锰地下水成熟生物滤层过滤试验

　　1. 材料与方法
　　（1）试验柱
　　有机玻璃滤柱内径 100mm，柱高 2500mm。
　　（2）原水
　　长春双阳区地下水水质含铁量为 7mg/L，含锰量为 0.8mg/L。
　　（3）分析方法
　　同前。
　　（4）试验步骤与方法
　　1）成熟生物滤层的构建。
　　将新鲜锰砂装入滤柱，滤层厚 1200mm。接种后用天然含铁含锰地下水连续慢速过滤，数十日后，当测得滤砂表面的生物量为 $n \times 10^6$ 个/mL 滤砂，出水锰含量小于 0.05mg/L 且运行稳定时，则认为该滤柱的除锰滤层已经成熟，然后进行无 Fe^{2+} 单纯含锰水的过滤试验。

2）无 Fe^{2+} 含 Mn^{2+} 水的制备。

利用长春市双阳区水厂水源地的含铁含锰地下水，经两级接触过滤除铁，使滤后水中总铁为痕量，Mn^{2+} 则因不易被氧化而保持原有的状态，为了提高原水中 Mn^{2+} 的含量，投加适量的 MnSO$_4$ 溶液。除铁工艺流程如图 4-29 所示：

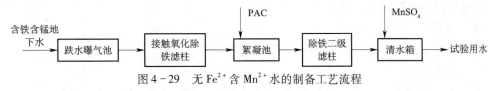

图 4-29　无 Fe^{2+} 含 Mn^{2+} 水的制备工艺流程

（5）滤柱的运行

无 Fe^{2+} 含 Mn^{2+} 地下水在滤速 5m/h 的条件下进行过滤，每 24h 反冲洗一次，定时取样分析滤柱出水中 Fe^{2+}、Mn^{2+} 的含量。连续运行 120h 后向滤柱进水中加入 Fe^{2+} 并继续运行。在运行过程中定时取滤后水水样，分析 Fe^{2+}、Mn^{2+} 的含量，以观察其去除动态。

2. 结果与分析

试验共进行了 627h，铁、锰的去除情况见如图 4-30 所示。从图 4-30 中可以看出，单纯含锰水通入成熟生物滤柱后，在初始的一段时间内滤柱对锰具有良好的去除效果，此时进水 Mn^{2+} 浓度约为 5mg/L，出水 Mn^{2+} 浓度在 0.2mg/L 以下，但成熟生物滤柱单锰过滤一段时间后，其除锰效果急剧下降，出水锰浓度大幅度上升，到 98h 时，出水 Mn^{2+} 浓度与进水 Mn^{2+} 浓度相同，到 108h 时，出水 Mn^{2+} 浓度超过进水锰浓度，说明此时滤柱的除锰能力已经完全丧失。在 120h 时，开始向单纯含锰水中通入 Fe^{2+} 离子，结果发现漏锰现象随着原水中 Fe^{2+} 离子的加入又渐渐得到了改善，到 260h 时，出水锰浓度又低于进水Mn^{2+} 浓度，说明经培养后，该滤柱的除锰能力得到了恢复。继续运行下去，在 579h 以后，除锰率又恢复到 63.4%，此后滤柱对锰又恢复了稳定而高效的去除效果。从这一现象可以推断，Fe^{2+} 虽然在无菌存在的条件下就可以完成氧化，但在生物除铁除锰滤层中，Fe^{2+} 参与了生物滤层中锰氧化菌的代谢，并且在维持生物滤层的生态稳定上是不可缺少的。

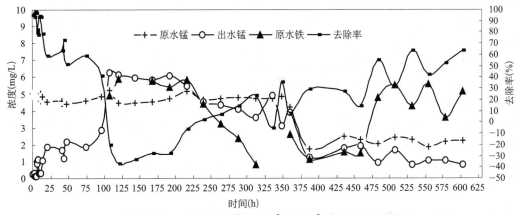

图 4-30　成熟生物滤层无 Fe^{2+} 含 Mn^{2+} 锰水过滤试验

4.4.2　无 Fe^{2+} 含锰水的除锰生物滤层培养试验

为了确认生物除铁除锰滤层中锰氧化菌对 Fe^{2+} 的营养需求，进行了生物滤层的无 Fe^{2+} 培养试验。

1. 材料与方法

（1）滤砂

未使用过的新鲜锰砂，粒径 0.8~1.2mm。

（2）试验柱

有机玻璃滤柱 3 根，内径 250mm，柱高 2500mm。

（3）试验用水

沈阳开发区地下水，水中 Fe^{2+} 0.03~0.3mg/L，Mn^{2+} 4~1.6mg/L，是典型的微铁高锰地下水。将其制成无 Fe^{2+} 含 Mn^{2+} 水，具体的制备方法是：使 1 号、2 号滤柱保持无菌状态，成为纯化学接触氧化除铁的滤柱。将经曝气后的地下水通入 1 号、2 号滤柱，由于该地下水含铁量较低，经过 1 号、2 号滤柱后，出水总铁为痕量，而其中的 Mn^{2+} 含量仍保持不变，将出水汇集到试验用原水水箱作为试验用水。

（4）滤柱运行工况

采用未使用的锰砂填装滤柱，滤层厚 1200mm，将无 Fe^{2+} 含锰水通入 3 号滤柱，在低滤速条件下（2.5m/h）进行培养，每 3d 反冲洗 1 次，每日取进出水水样分析 Mn^{2+} 的含量。

2. 结果与分析

无 Fe^{2+} 培养条件下，3 号滤柱运行参数及进出水中 Mn^{2+} 的浓度变化如图 4-31 所示。从图中可以看出，12 月 16 日至 2 月 4 日，滤柱以 4m/h 的滤速共运行了 50d，观察进水锰与出水锰浓度曲线，二者基本重合，偶有出水锰浓度小于进水锰浓度的现象发生，又都发生在滤层刚刚反冲洗之后。2 月 5 日至 3 月 14 日，滤柱没有运行。3 月 15 日至 5 月 10 日，3 号滤柱以 2m/h 的滤速运行了 57d。这一期间尽管滤速减小，工作周期延长，但试验结果基本同前。无 Fe^{2+} 培养试验整个过程中，3 号滤柱内石英砂基本保持原色，显微镜观察滤砂表面既没有微生物附着生长现象，也没有黑色的锰氧化物沉积现象，这说明接种到滤柱的锰氧化菌始终没有在滤层内得到生存和繁殖，因而生物滤层的培养是失败的。

另外需要说明的是，本试验设计的最初目的是进行无铁培养试验，即进水中既没有 Fe^{2+} 也没有 Fe^{3+}。但实际通过对 3 号滤柱的进水检测发现，进水中虽始终不含 Fe^{2+}，但有时会含有少量的 Fe^{3+}，其浓度变化范围及出现频率如图 4-31 所示。研究发现 Fe^{3+} 有两个来源，一是尽管原水中铁含量很低，但是获取只含锰不含铁的试验用水的滤柱是无菌滤柱，所以对进滤柱前所形成的 Fe^{3+} 的去除能力差，总会有一部分 Fe^{3+} 穿透滤层而使出水中含有 Fe^{3+}。二是试验中所用的泵曾经在处理高铁高锰水的试验中使用过，泵体内含有很多铁锈，致使经过水泵后的水中时常含有 Fe^{3+}。由于上述两种原因，无铁培养试验就成为无 Fe^{2+} 但含有 Fe^{3+} 的培养试验。从试验的结果来看，尽管进水中含有 Fe^{3+}，但仍无助于生物滤层的培养与成熟。

4.4.3　天然地下水除铁除锰生物滤层培养试验

3 号滤柱无 Fe^{2+} 培养试验结束后，1 号滤柱进行了天然地下水的（沈阳西部深层地下

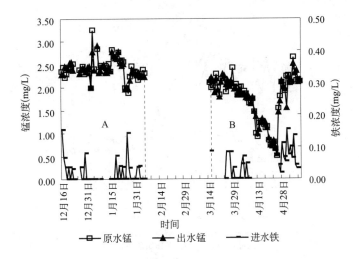

运行参数：反冲流强度 13~14L/（s·m²）；反冲洗历时 4min；A 段：滤速 4m/h，工作周期 72h；B 段：滤速 2m/h，工作周期 96h

图 4-31　无 Fe²⁺ 培养下 3 号滤柱进出水锰变化情况

水）培养试验，其运行参数与 3 号滤柱无 Fe²⁺ 培养试验相同。滤速 2m/h，反冲洗强度为 13~14L/（s·m²），反冲洗历时 4min，工作周期 96h。1 号滤柱天然地下水培养试验结果如图 4-32 所示。

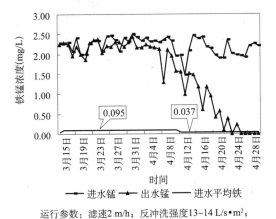

运行参数：滤速2 m/h；反冲洗强度13~14 L/s·m²；
反冲洗历时4 min；工作周期96 h

图 4-32　天然地下水培养下 1 号滤柱成熟过程曲线

同时也对 3 号滤柱进行了天然地下水培养试验，其运行参数与无 Fe²⁺ 培养试验第二阶段运行参数相同。试验结果如图 4-33 所示。

由于天然地下水中 Fe²⁺ 的含量非常低，因此各生物滤柱正常培养及稳定运行阶段出水总铁浓度均在痕量以下，故出水总铁浓度都未在图中表示。

从图 4-32 可以看出，天然地下水培养条件下，1 号滤柱仅运行 43d，就实现了出水 Mn²⁺ 浓度在痕量以下，而且运行效果非常稳定。培养期间进水中 Fe²⁺ 浓度并不高，最初的 26d 内 Fe²⁺ 浓度平均为 0.095mg/L，但从图中出水锰浓度曲线可以看出，此时除锰率不高，滤层内微生物生长应处于适应期与第一活性增长期。从 4 月 11 日开始，滤层进水 Fe²⁺ 浓度只有 0.037mg/L，但由于此时滤层内微生物的生长已处于第二活性增长期，所以

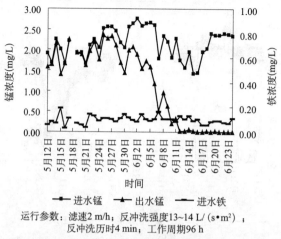

运行参数：滤速2 m/h；反冲洗强度13~14 L/（s·m²）；
反冲洗历时4 min；工作周期96 h

图 4-33　天然地下水培养下 3 号滤柱成熟过程曲线

滤层内细菌增长迅速，除锰率不断提高，最终出水 Mn^{2+} 达标，而且很快趋于痕量，后续运行也相当稳定。由此可见，即使进水中 Fe^{2+} 的浓度只有 0.037mg/L，生物滤层仍能顺利地实现成熟与稳定运行。

图 4-33 是 3 号滤柱利用天然地下水培养的试验结果。无 Fe^{2+} 培养条件下，3 号滤柱一共运行 100 多天，滤层没有显示出丝毫的除锰能力。当 3 号滤柱的进水改变为天然地下水后，尽管各运行参数与无 Fe^{2+} 培养条件下的第二阶段运行参数完全相同。但从图中可以看出，滤柱虽然只运行了 13d，但却表现出显著的除锰能力，除锰率达到 13.9%。又运行 6d 后，除锰能力再次增强，除锰率大幅度提高达 29.8%，随后不断提高，再经过 13d，滤柱出水 Mn^{2+} 浓度已趋于痕量。3 号滤柱天然地下水培养期间，进水 Fe^{2+} 浓度前 10d 平均为 0.037mg/L，后 22d 平均为 0.099mg/L，滤柱从开始培养到出水合格只用了 32d。

在同样运行参数的条件下，3 号滤柱无 Fe^{2+} 条件下培养了 57d 仍没有出现丝毫的除锰能力，而天然地下水培养 32d 就实现出水合格并稳定运行，这充分说明进水水质中 Fe^{2+} 的存在与否决定了除铁除锰生物滤层能否建立。若进水中只含有 Fe^{3+} 而不含 Fe^{2+}，生物滤层就不可能建立起来；只有进水中含有 Fe^{2+}，锰氧化菌等微生物才能在滤层内得以生长繁殖，并最终形成具有强大而稳定除锰能力的生物滤层，这充分说明滤层内能够被锰氧化菌等微生物利用或者说能够维持细菌正常新陈代谢和超强除锰能力的是 Fe^{2+}，而不是 Fe^{3+}。由此也可以得出以下结论：第一，生物除铁除锰技术若采用一级除铁、二级除锰的传统工艺，若一级工艺中 Fe^{2+} 被去除得很彻底，则不利于二级除锰生物滤层的建立。第二，强曝气充氧方式容易使 Fe^{2+} 在进入滤层前就被氧化为 Fe^{3+}，从而也不利于除锰生物滤层的建立，尤其是对于含铁量很低的含铁含锰地下水。这一事实也再次证明了采用同一滤层除铁除锰工艺流程和弱曝气充氧方式的结合是符合滤层内锰氧化菌等微生物群系生长繁殖要求和正常新陈代谢规律的。

如果说 3 号滤柱的试验证实了进水中 Fe^{2+} 对建立生物滤层的重要性，那么 1 号滤柱自然地下水培养试验则说明了生物滤层对进水中 Fe^{2+} 浓度的要求并不高。1 号滤柱培养阶段后期进水总铁浓度由 0.095mg/L 减少到 0.037mg/L，显然实际锰氧化菌需要的 Fe^{2+} 浓度要比 0.037mg/L 还要小，但从滤柱成熟过程曲线可以看出，此时滤层的成熟过程并未受到进水 Fe^{2+} 浓度减少的影响，除锰率依然显著地提高，最后顺利地实现了出水 Mn^{2+} 浓度在痕量以下的目标。

对比 1 号滤柱与 3 号滤柱成熟过程曲线（图 4-32、图 4-33），可以发现二者运行参数相同，区别只在于进水中 Fe^{2+} 含量的不同。1 号滤柱进水中前期 Fe^{2+} 的平均浓度为 0.095mg/L，后期为 0.037mg/L，至出水 Mn^{2+} 为痕量时滤柱共运行了 43d；3 号滤柱进水中 Fe^{2+} 的平均浓度为 0.09mg/L，至出水 Mn^{2+} 为痕量时滤柱运行了 32d。由此可以认为，含铁量较低的含铁含锰水较含铁量稍高的含铁含锰水成熟期稍长，但成熟后出水水质没有差别。

通过上述一系列的试验分析可知，在生物滤柱中大量的 Fe^{2+} 都是在滤层上部的 0~40cm 之内去除的，在表层 20cm 之内去除率就达 70%，而 Mn^{2+} 大部分是在滤层深度的 20~80cm 之内去除的，Mn^{2+} 的氧化滞后于 Fe^{2+} 的氧化。在生物滤层中 Fe^{2+}、Mn^{2+} 是分别按照各自的机制同时被氧化去除的，但其核心效应是生化反应。Fe^{2+} 虽然在上层空间进行了化学自催化氧化。但是通过试验证明，在生物除铁除锰滤层当中 Fe^{2+} 确实也参与了 Mn^{2+} 的生物氧化。同时生物滤层对进入滤层前已经氧化成 Fe^{3+} 的小胶体颗粒也有很好的截滤作用。

滤层经接种、培养成熟后，对 Mn^{2+} 具有很强的氧化性能。在这一培养成熟的滤层中，存在着大量的锰氧化菌和其他的一些微生物群系。成熟生物滤柱单锰过滤试验证明了这一由锰氧化菌等微生物所组成的生态系统的稳定是需要 Fe^{2+} 的参与来维系的。

4.5 生物滤层与无菌滤层的除铁性能研究

通过对大量地下水水质的调查可知，地下水中铁和锰都是相伴而生的，同时铁和锰的含量比例也相对稳定，基本上相差一个数量级。在生物滤层中 Mn^{2+} 是生物氧化；Fe^{2+} 在上层空间是自催化氧化，在下层空间又参与了 Mn^{2+} 的生物氧化。铁、锰可在同一生物滤层中去除，这充分显示了生物除铁除锰滤层中氧化还原反应的复杂机制。本节将讨论生物滤层与无菌滤层中铁去除效果的差别。

4.5.1 生物滤层与无菌滤层的除铁性能研究

1. 材料和方法

有机玻璃柱 2 根，直径 100mm，高 2m。一根填装成熟锰砂滤料，滤层厚为 1200mm，构建生物滤柱，另一根填装无菌锰砂生料，构建无菌滤柱。

在已经去除铁、锰的地下水中加入 $FeSO_4$ 溶液，配成一定浓度的只含 Fe^{2+} 不含 Mn^{2+} 的试验用水，经跌水曝气后分别进入生物滤柱和无菌滤柱进行过滤。滤速为 17.8m/h，单柱流量为 140L/h。正常运行两周，每天取进、出水水样进行各项水质项目分析，观察两个滤层中铁的去除状况。

2. 结果与分析

每天的分析结果如图4-34、图4-35所示。

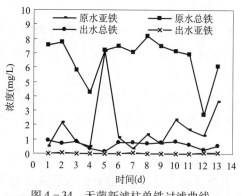 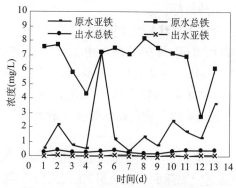

图4-34 无菌新滤柱单铁过滤曲线　　　　图4-35 成熟生物滤柱单铁过滤曲线

从图4-34和图4-35中可以看出：Fe^{2+}无论是在生物滤柱中，还是在无菌滤柱中其氧化去除都是很稳定的。尽管进水中Fe^{2+}的含量波动很大（$0.7\sim7mg/L$），但滤后水中Fe^{2+}的含量都近于痕量。然而两种滤层对Fe^{3+}的去除状况却不尽相同。如图4-35所示，生物滤柱的出水总铁浓度一直保持在$0.3mg/L$以下，其中绝大多数情况下低于$0.2mg/L$，相当一部分达到$0.1mg/L$以下，这说明原水中的Fe^{3+}绝大多数能被生物滤层所捕获，从而得到总铁含量低且稳定的滤后水。这一点明显区别于无菌滤柱（图4-34）。无菌滤柱对Fe^{2+}有很好的去除效果，但对Fe^{3+}的去除能力差，总有一部分Fe^{3+}穿透滤层而使滤后水总铁浓度偏高达$0.5\sim0.9mg/L$。

综上，成熟生物滤层同无菌滤层在结构和组成上都存在着很大的差别。生物滤层培养完成后，在滤料表面及滤料之间的缝隙空间里存在着大量的细菌，而这些细菌同铁氧化物颗粒物质形成了实际的菌泥，类似于污水处理当中的菌胶团。在生物滤层当中，由这些物质填充了除滤料之外的生物滤层空间。这些填充物具有很好的截污能力和透过性，并且结构形式较稳定。滤料表面的生物膜和缝隙间的菌泥都具有捕捉Fe^{3+}的能力。而无菌滤层就不具备这样的特点，虽然滤料表面形成的含水氧化铁触媒能很好地吸附水中的Fe^{2+}，并在其表面氧化形成新的含水氧化铁，但没有捕捉Fe^{3+}胶体颗粒的能力。在通常情况下，进滤层前就已经氧化成的Fe^{3+}所形成的氧化物胶体极易穿透滤层的曲折空隙随水流流出而影响滤后水水质。

4.5.2 化学接触氧化除铁滤层与生物除铁除锰滤层内铁泥的性状

在光学显微镜下，观察生物固锰除锰滤层和化学接触氧化除铁滤层中铁泥的形态，可以见到生物铁泥具有明显菌胶团、菌丝等结构形态；而化学铁泥则是一片平静的粉末状形态。国外学者瑟高（Erik G. Søgaard）拍摄了弱酸性和酸性含铁地下水生物净化滤层和普通含铁地下水化学除铁滤层中铁泥形态显微照片，见图4-36。生物滤层铁泥（a、c）有明显结构，而化学铁泥（b）则无明显结构。这和笔者所观察的两种铁泥形态，非常相似。

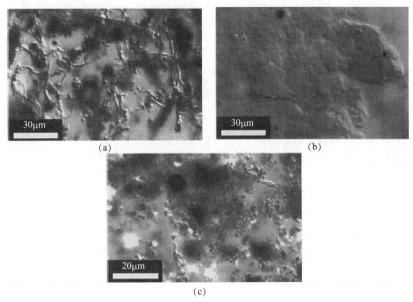

图 4-36　铁的生物氧化与非生物氧化所产生的铁泥的性状
（a）生物氧化；（b）化学氧化；（c）生物氧化

4.6　生物滤层中铁锰同时去除的研究

　　天然含铁含锰地下水经曝气过滤实现了除铁，其去除机制是自催化氧化反应，生成的含水氧化铁是铁离子氧化的触媒。而生物滤池中 Mn^{2+} 的氧化是在以锰氧化菌为核心的生物群系的作用下完成的生物催化氧化。在 pH 中性条件下，只有在生物滤层中的微生物达到一定数量，Mn^{2+} 才能被很好地去除。但是地下水中的 Fe^{2+}、Mn^{2+} 几乎是同时存在的，为此对生物滤层中 Fe^{2+}、Mn^{2+} 的氧化去除机制进行了充分的试验研究。

4.6.1　鞍山大赵台水厂的生物滤柱试验研究

　　鞍山自来水公司大赵台水源地，位于沈大公路东侧 75km 的辽阳市首山大赵台乡蔡林子村，水源井群占地面积约 $10km^2$，有水源井 18 眼，井水含有 Fe^{2+}、Mn^{2+} 等离子，导致水有铁腥味，与空气接触后变混浊，且色度增大。大赵台水厂内只有简单的沉砂池，井水经沉砂池和加氯消毒后直接送入城区配水管网，长久以来造成管道内铁、锰氧化物的沉积和生产生活上的诸多不便。为此，鞍山自来水公司决意建设除铁除锰水厂。为寻求经济有效的水质净化技术，1987 年春委托中国市政工程东北设计研究院进行现场试验，以求得最佳的处理工艺和设计、运行参数。试验从 1987 年 6 月正式开始，于同年 9 月 15 日圆满结束，取得了 Fe^{2+}、Mn^{2+} 在同一滤层中深度去除的突破性成果。

　　1. 试验材料和方法
　　（1）滤料
　　未使用过的新锰砂和新石英砂。
　　（2）试验用水
　　大赵台含铁含锰地下水，其水质情况见表 4-8。

鞍山大赵台地下水水质　　　　　　　　　　　　　表 4 - 8

项　　目	检测结果	项　　目	检测结果
水温（℃）	11	溶解氧（mg/L）	1.0～2.0
浑浊度（度）	12	二氧化硅（mg/L）	18.0
色度（度）	15	HCO_2^-（mg/L）	176.93
总铁（mg/L）	1.5	NH_4^+-N（mg/L）	0.124
锰（mg/L）	0.9	NO_2^--N（mg/L）	0.00
pH	6.8	NO_3^--N（mg/L）	0.117
总硬度（德国度）	9.28	钙（mg/L）	49.70
耗氧量（mg/L）	0.42	镁（mg/L）	10.21
二氧化碳（mg/L）	32.17	总磷（mg/L）	0.24

（3）试验装置

1）锰砂试验柱：采用有机玻璃滤柱，直径 185mm，总高 4m，内装粒径 0.5～1.6mm 的广西马山锰砂（未使用过的生砂），砂层厚 1.2m。地下水由高位水箱经跌水曝气后进入滤柱，跌水高度 45cm。

2）石英砂试验柱：采用有机玻璃滤柱，直径 185mm，总高 4m，内装粒径 0.5～1.6mm 的山东龙口石英砂（未使用过的生砂），砂层厚 1.2m。地下水由高位水箱经跌水曝气后进入滤柱，跌水高度 45cm。

（4）方法

1）试验装置工艺流程：如图 4 - 37 所示。

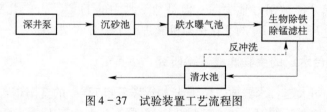

图 4 - 37　试验装置工艺流程图

2）试验装置运行方案。

细菌接种后对滤柱进行低滤速培养，随着出水水质的改善逐渐增大滤速。每日取进出水水样进行水质分析。运行参数的调控如下：

滤速：滤柱是在变速过滤的情况下运转的。在培养阶段滤速的大小对锰砂的成熟尤其重要，它决定了锰氧化菌能否牢固地附着在滤料上，能否生存和迅速繁殖。因此，在培养阶段应采取低滤速运行，随着运转时间的延长和出水水质的改善而逐渐提高滤速。在滤池的运行管理上应注意两点：滤池在正常的变速过程中，严禁突然增大流速；滤料成熟后，平均滤速每次提升不宜超过 0.5m/h。

反冲洗强度：在培养阶段反冲洗强度不能过大，这是由于在培养初期锰氧化菌在滤池中的数量较少，反冲洗强度太大增大了水流的剪切力会将附着在滤料表面上的锰氧化菌冲掉，使滤料的成熟期延长。不同阶段反冲洗参数见表 4 - 9。

阶段	锰砂		石英砂		磁铁矿	
	Q [L/（s·m²）]	T（min）	Q [L/（s·m²）]	T（min）	Q [L/（s·m²）]	T（min）
培养	12	3	10	3	16	3
成熟	16	4	14	4	19	4
稳定	20	5	16	5	24	4

不同滤层在不同阶段反冲洗参数　　　　　　表4-9

过滤周期：在培养阶段，要确定适宜的过滤周期。周期太短，反冲洗频繁，不利于锰氧化菌的生长与繁殖；但是过滤周期太长，滤池表面截留的氢氧化铁黏泥太多就会在滤料表面形成一定厚度的泥层，最终形成泥块残留在滤池中，将影响滤池出水水质和过滤速度。所以在培养阶段，过滤周期可以略长一些，但一般不超过5d，滤池成熟后，稳定运行期应视水质条件而异，一般为1~3d，本试验为2d。

溶解氧：过滤前水中溶解氧的含量，在一定程度上反映了曝气强度的大小。它将直接关系到滤料成熟时间的长短。因此，它是一个重要的控制参数。本试验主要是利用锰氧化菌除锰，而锰氧化菌属于化能自养菌，本身不需要过高的溶解氧，如果溶解氧过高会造成锰氧化菌的营养源减少，原水中的低铁和二氧化碳是锰氧化菌必不可少的营养来源，所以说溶解氧过高直接对锰氧化菌起到了抑制作用。鉴于上述原因，我们将溶解氧控制在4~5mg/L。

3）分析项目及检测方法：同表4-4。

2. 试验结果与讨论

大赵台锰砂柱运行情况如图4-38所示，石英砂柱运行情况如图4-39所示。从图中可以看出，在试验滤柱中生物滤层建立起来以后，该滤层能很好地去除铁和锰，并且运行很稳定，由此得到如下结论。

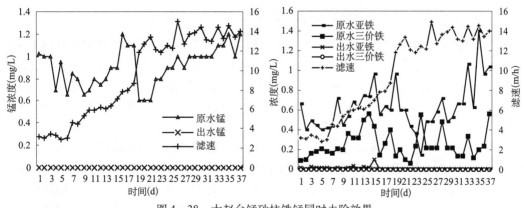

图4-38　大赵台锰砂柱铁锰同时去除效果

1）Fe^{2+}、Fe^{3+}、Mn^{2+}可以在同一个滤层中被彻底去除。传统工艺中以铁的含水氧化物为触媒的除铁滤层，虽然可以将进入滤层的Fe^{2+}几乎完全氧化成Fe^{3+}并截留于滤层中，但曝气后生成的$Fe(OH)_3$的胶体颗粒容易穿透滤层，总会有相当部分的Fe^{3+}随出水流出。本试验出水中Fe^{3+}含量为零，说明生物滤层对Fe^{3+}有很好的截滤性能。

2）石英砂滤柱运行一周之后，生物滤层中细菌数量开始增加，出水锰趋近于零，而锰砂柱一开始对锰就去除得很彻底。这是锰砂对铁、锰离子有较大吸附容量的结果，在吸

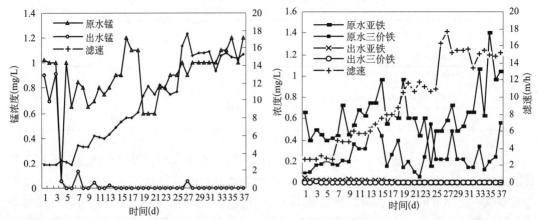

图 4-39　大赵台石英砂柱铁锰同时去除效果

附容量饱和之前，生物滤层已经成熟，所以从运行开始铁、锰的去除效果就很好。

3）运行开始，采取低滤速培养，以利于微生物群落在滤料表面的附着和在滤砂缝隙间铁泥中的积蓄。

4）试验所用地下水的 pH 为 6.8，故生物除铁除锰工艺并不苛求 pH 在 7.5 之上。

4.6.2　抚顺开发区除铁除锰水厂生产性试验研究

抚顺经济开发区供水厂位于抚顺市李石镇内，隶属于经济开发区水暖公司。水厂设计规模 3000m³/d。1994 年 11 月建成投产，其生产工艺流程如图 4-40 所示。

图 4-40　抚顺经济开发区供水厂生产工艺流程图

地下水由 1.2km 以外的地下水水源地通过输水管路引入水厂，在生物除铁除锰工艺运行之前水厂进出水水质见表 4-10。净化系统采用跌水曝气充氧，跌水高 2m，单宽流量 20m³/（m·h），滤池为普通锰砂快滤池，内装马山锰砂粒径为 0.5~1.9mm，滤层厚 900mm。滤池总尺寸 2.4m×3.6m×3m，设计滤速 5m/h，过滤周期为 24h，反冲洗强度 20~22L/（m²·s），反冲洗历时 10min。

投产之时，出水铁、锰均达到了国家饮用水卫生标准。但运行一段时间之后，出厂水中 Mn^{2+} 的含量逐渐增高，直到我们课题组 1995 年 7 月进驻时，出厂水仅 Fe^{2+} 含量达标，出厂水 Mn^{2+} 高达 1.1~1.2mg/L，除锰率仅 10%。课题组进驻水厂后根据水厂的现有工艺提出了改造方案，主要是针对其净化系统和除铁除锰滤池的改造，改造完成后按照生物滤层除铁除锰机制进行了生产运行试验研究。

抚顺经济开发区水厂工艺改造前滤池进出水水质　　　　　　表 4-10

	pH	水温（℃）	TFe（mg/L）	Mn^{2+}（mg/L）	氨氮（mg/L）
进水	6.9	12	9.41	1.265	0.4365
出水	6.84	12	0.216	1.094	0.0815

1. 试验材料和方法

课题组进驻水厂后对水厂净化系统和除铁除锰滤池进行了一定的改造，并按生物滤层除铁除锰机制进行生产运行试验。细菌接种后对滤池进行低滤速培养和弱反冲洗相结合，以利于含菌的铁泥在滤层当中的积蓄，随着出水水质的改善逐渐增大滤速。分析测定项目、检测方法和细菌计数方法同前。

2. 结果与讨论

生产试验情况如图4-41所示。从图4-41上可以看出，一年四季，铁和锰在生产滤池中可以很好地被去除，并且运行很稳定，常年出水水质良好。

1）从试验结果看出，原水含 TFe8～9mg/L，Mn^{2+}1.2～1.4mg/L，属较高含铁含锰的地下水。生物除铁除锰滤层在完全成熟的条件下，可以实现铁、锰在同一生物滤层中深度去除。

2）随着滤层中生物量的增加，除锰率随之提高，当生物量达到 10^5～10^6 个/mL 滤砂之上后，Mn^{2+} 几乎可以彻底去除。

3）生物滤层同时对氨氮也有良好的去除效果。

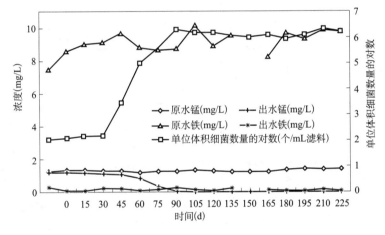

图4-41　抚顺经济开发区除铁除锰水厂生产滤池运行状态

4.6.3　长春市双阳除铁除锰水厂滤柱试验

在长春市双阳区水厂进行的吉林省2000年科技攻关项目"生物除铁除锰工程技术研究"的试验中，利用已经培养成熟的试验滤柱获得了同一生物滤层中同时除铁除锰的试验成果。

1. 材料与方法

试验装置如图4-13所示。采用2根有机玻璃滤柱，柱高为3000mm，直径为100mm。分别装入锰砂和石英砂滤料，垫层厚为300mm，滤层厚为1200mm，滤料粒径为 0.6～1.2mm。试验用水采自双阳区含铁含锰深井水，该区地下水中铁、锰的含量一年中变化较大。水中 TFe 平均含量为7mg/L，Mn^{2+} 平均含量为 0.8mg/L。

锰砂滤柱经过生物接种和40d以上的培养，进入生物除铁除锰滤层的成熟阶段。之后将曝气后的地下水以滤速12.6m/h通入成熟的锰砂滤柱和石英砂滤柱中，每24h取滤后水样，进行铁、锰等项目的水质分析。

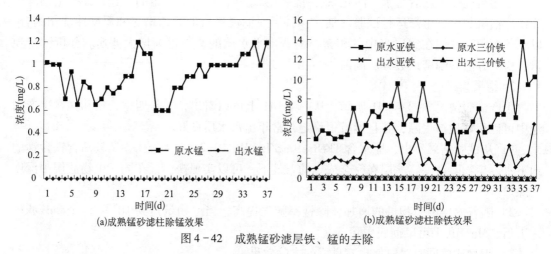

图 4-42　成熟锰砂滤层铁、锰的去除

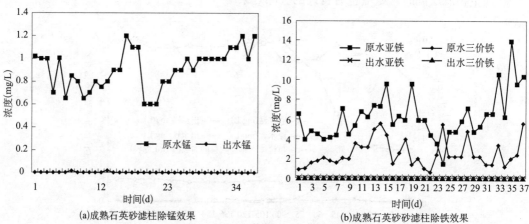

图 4-43　成熟石英砂滤层铁、锰的去除

2. 结果与分析

两滤柱的运行情况如图 4-42、图 4-43 所示。从图中可以看出，尽管原水中铁、锰含量波动很大，但出水铁、锰几乎为痕量。说明生物滤层对铁、锰都有很好的去除效果，并且运行很稳定。以上试验充分说明：Fe^{2+}、Fe^{3+}、Mn^{2+} 可以同时在一个滤层中去除，而且去除得很彻底。尽管滤料种类不同，但滤柱成熟后，对铁、锰都有稳定的去除效果。

4.6.4　生物滤层铁锰同池去除的规律研究

我们在双阳水厂进行铁、锰同时去除试验的同时也对生物滤层中铁、锰的氧化规律进行了分析。

1. 试验材料与方法

（1）试验装置与原水水质

同 4.6.3 节。

（2）试验步骤与方法

锰砂滤柱经过生物接种和40d以上的培养，逐渐进入了生物除铁除锰滤层的成熟和稳定运行阶段，对铁、锰有了较高的去除率。稳定运行期中滤层的生物数量和活性都保持了相对的稳定性，并且具备了一定的缓冲能力。此时以滤速12.6m/h通入地下水，每24h在不同的滤层深度取滤后水样，进行铁、锰等项目的水质分析，分析方法同前。

2. 结果与分析

试验结果如图4-44所示。由图4-44中各曲线可知，铁的去除率在2号取样口处（滤层深度的40cm）已在90%以上，而锰的去除率则到4号取样口（滤层深度的80cm）才达到80%以上，5号取样口（滤层深度的100cm）达到90%以上，到6号取样口（滤层

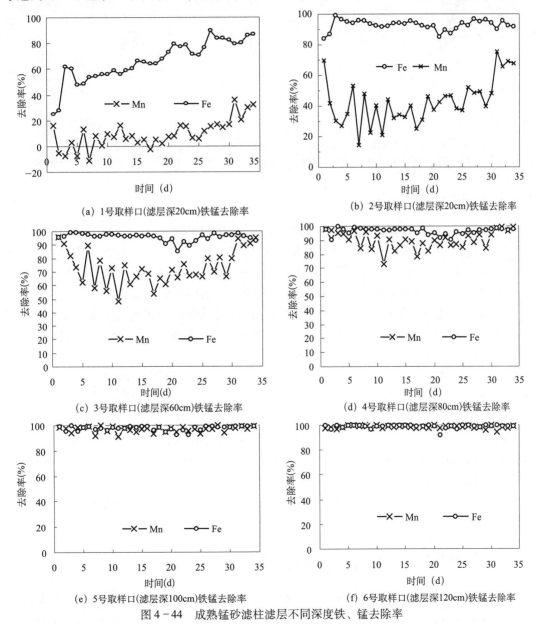

图4-44　成熟锰砂滤柱滤层不同深度铁、锰去除率

深度的 120cm）则铁、锰去除率都达到 95% 以上，而且水质稳定。将沿滤层不同深度的滤后水中铁、锰的平均浓度和去除率分别点绘到坐标系中得到图 4-45、图 4-46。

从图 4-45、图 4-46 中显然可见：大量 Fe^{2+} 都是在滤层深度的 0~40cm 之内去除的，在表层 20cm 之内去除率就达 70%，在滤层深度的 40cm 之下，Fe^{2+} 的去除率曲线变得较平缓。而 Mn^{2+} 大部分是在滤层深度的 20~80cm 之内去除的，这充分说明 Mn^{2+} 的氧化迟于 Fe^{2+} 的氧化，但绝不是 Fe^{2+} 氧化完了才进行 Mn^{2+} 的氧化。在生物滤层中 Fe^{2+}、Mn^{2+} 是分别按着各自的机制同池被氧化去除的。

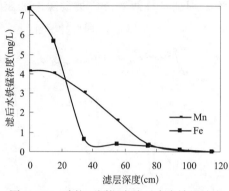
图 4-45　滤柱不同深度滤后水含铁锰浓度

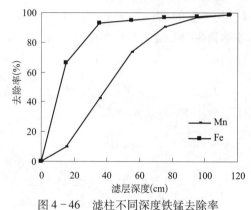
图 4-46　滤柱不同深度铁锰去除率

4.6.5　生物固锰除锰理论

在总结了上面的试验研究后，我们提出了生物固锰除锰理论：

1）在 pH 中性条件下，地下水中溶解态的 Mn^{2+} 不能通过水中溶解氧的化学氧化而去除，只有在滤层中以锰氧化菌为核心的生物群系增长并达到平衡时，在锰氧化菌胞外酶的催化作用下，Mn^{2+} 才能被氧化成 Mn^{4+} 沉积黏附于滤料表面而被去除。

2）成熟的生物滤层中存在着大量的锰氧化菌和其他菌所组成的微生物群系，生物滤层的培养和成熟过程就是以锰氧化菌为核心的生物群系不断繁殖并达到平衡的过程，这一生物群系的平衡和稳定是滤层锰氧化活性之所在。

3）生物滤层中生物群系的稳定是需要进水水质等各种运行条件来共同维系的。只含 Mn^{2+} 不含 Fe^{2+} 的原水长期进入滤层，滤层中以锰氧化细菌为核心的生物群系的平衡就会遭到破坏，进而削弱和丧失对 Mn^{2+} 的氧化活性，可见 Fe^{2+} 是 Mn^{2+} 生物氧化的必需。

4）天然地下水中，Fe^{2+}、Mn^{2+} 离子几乎是同时存在的，生物滤层可以实现 Fe^{2+}、Mn^{2+} 离子的同层去除。同时，生物滤层对进入滤层前已氧化生成的 Fe^{3+} 胶体微细颗粒也有很好的截滤作用。

生物固锰除锰理论摆脱了传统化学氧化思路的羁绊，而从生物学角度开创了除铁除锰技术发展的新时期。

4.7　生物除铁除锰滤池理论模型

曝气—过滤是除铁除锰的基本工艺流程。由于 Fe^{2+} 与 O_2 的氧化还原电位差为 0.62V，化学反应驱动力较大，所以含铁含锰水经曝气后及时进入滤层，水中 Fe^{2+} 首先在滤砂表面披覆的 FeOOH 的触媒作用下，就迅速地氧化成含水氧化铁（FeOOH），并与原来的 FeOOH 进行化学结合，促进了 γ – FeOOH 的微晶的成长。

不但如此，高浓度的 Fe^{2+} 如遇 Mn^{4+} 的氧化物，在 Fe 与 Mn 系氧化还原电位差（0.4V）的驱动下，Fe^{2+} 还能被 Mn^{2+} 氧化为 Fe^{3+}，而 Mn^{4+} 还原为 Mn^{2+} 而溶于水中。生物滤砂表面的生物膜结构就会遭到破坏。只有 Fe^{2+} 降到一定程度后（3mg/L）才开始了 Mn^{2+} 的快速生物氧化。这样 Fe^{2+} 就占据了滤层的表层和上层空间，完成二价铁的自催化氧化。

在生物固锰除锰滤层的下部空间，Mn^{2+} 在锰氧化菌的胞外酶催化下，被溶解氧氧化为高价锰氧化物，锰氧化物以及铁氧化物、锰氧化菌和其分泌物共同构成了滤砂表面的生物膜，为锰氧化菌提供了栖息代谢空间。锰氧化菌的代谢虽需要 Fe^{2+} 的参与，但对 Fe^{2+} 的需求量很低。水中 Fe^{2+} 浓度 $0.1 \sim 0.3mg/L$ 就足以满足锰氧化菌合成代谢的需求。所以天然含铁含锰水在生物固锰除锰滤层中绝大部分 Fe^{2+} 还是在上部空间化学触媒物质（FeOOH）的作用下，自催化氧化为三价铁化合物。剩余的微量 Fe^{2+} 留给了锰氧化菌的细胞合成。

这样，上部空间的 FeOOH 媒触催化活性和下部空间的锰氧化菌群系的生物催化活性就构成了生物固锰除锰滤池独特模型：上层触媒氧化除铁，下层生物催化氧化除锰。物理化学自催化接触氧化和生物化学胞外酶催化氧化两种机制之协同作用，实现了生物固锰滤池同池除铁除锰。图 4 – 47 为生物固锰除锰滤池独特的理论模型示意图。如图中所示，滤

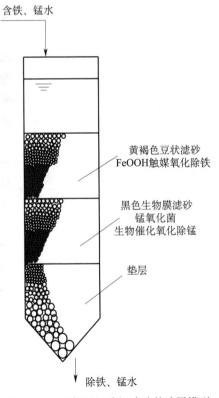

图 4 – 47　生物固锰除锰滤池的滤层模型

池上层形成的表面披覆了粉末状 FeOOH 的褐色或黑褐色的豆状滤砂层，在媒触 FeOOH 作用下促进了 Fe^{2+} 的迅速氧化。滤池中下层是长期形成的披覆了生物膜的黑色滤砂，形如锰球。其表面披覆的是由锰氧化菌为优势菌群的微生物、微生物分泌物和铁锰氧化产物形成的生物膜，在锰氧化菌胞外酶的催化下促进了 Mn^{2+} 的迅速氧化，从而完成生物固锰除锰的任务。

第5章 伴生氨氮高铁锰地下水净化技术初探

"八五"期间（1990～1995 年），张杰院士带领的除铁除锰课题组以中国市政工程东北设计研究总院为依托单位承担了建设部科技攻关项目"生物固锰除锰技术研究"。对浑河流域含铁锰地下水展开了生物除铁除锰工艺技术的研究，历经数年攻克了半个多世纪以来地下水除锰的难题，为该地区诸城市含铁锰地下水的净化提供了经济有效的工艺和成套技术。

1996 年张杰等人在《给水排水》杂志上发表了《生物固锰除锰技术的确立》等多篇系列研究论文，提出并验证了：在天然地下水 pH 中性范围内，水中 Mn^{2+} 的去除，不是以 Mn^{2+} 氧化生成物（MnO_2、Mn_3O_4）为触媒的化学接触氧化反应，而是以锰氧化菌胞外酶为催化剂的生物催化氧化作用。Mn^{2+} 首先黏附在锰氧化菌细胞表面，在胞外酶的催化下，被溶解氧氧化为高价锰而去除。滤层滤砂是微生物繁殖代谢的载体。所谓除锰滤层的成熟，就是滤层中以锰氧化菌为优势菌群的微生物群系增殖代谢并达到稳定平衡的过程。凡是有除锰活性的滤层，其生物量都在 10^5 个/mL 湿砂之上。

2003 年李冬等人在《中国工程科学》杂志上发表了《首座大型生物除铁除锰水厂的实践》一文。文中总结了科学试验和生产实践的原创性成果，建立了"弱曝气 + 一级生物过滤"的生物除铁除锰简捷流程及 Fe^{2+}、Mn^{2+} 同池深度去除的成套工艺技术。应用该技术中国市政工程东北设计研究总院设计建设了世界第一座大型生物除铁除锰水厂——沈阳张士开发区生物除铁除锰水厂（规模：12 万 t/d）。此后，该工艺技术又陆续被应用于沈阳市浑南开发区水厂、浑南开发区中心水厂、锦州市大凌河水厂等地下水生物除铁除锰水厂的设计和生产运行。上述水厂投产几年来，实现了稳定高效运行，出厂水铁锰均优于国家生活饮用水卫生标准。

浑河流域含铁锰地下水水质为：TFe≤7mg/L，Mn^{2+}≤2.0mg/L，冬季水温 10℃，尤其是沈阳地区 TFe = 0.3～0.5mg/L，Mn^{2+} = 1.5～2.0mg/L，都属于低铁（微铁）高锰水质。此特定水质条件下建立的生物除铁除锰成套技术和"弱曝气 + 一级生物滤池"简捷流程可否应用到松嫩流域低温（5～7℃）伴生氨氮高铁锰地下水的净化工程值得探讨和研究。

5.1 伴生氨氮高铁锰地下水深度净化课题的提出

松北区是哈尔滨市北拓战略下重点建设的开发区，也是现市政府所在地。前进水厂是松北区唯一的供水厂，建于 1995 年，设计规模 1 万 m^3/d。以地下水为水源，因原水中铁、锰、氨氮超标，原设计采用的是接触氧化除铁除锰工艺，但运行多年来出厂水锰和氨氮一直超标，已经严重影响了该区经济的发展和居民的生活。随着松北区开发建设的深入，供水水质和水量问题已成为制约该区经济发展的巨大阻力，为保障松北区的快速发展和居民的饮水卫生，区政府决定将前进水厂扩建为 4 万 m^3/d，同时要求供水水质全面达到《生活饮用水卫生标准》（GB 5749 - 2006）。

5.1.1 松北区供水系统概况

水源地位于松花江哈尔滨市江段北岸，松花江漫滩上。区域内赋存第四系孔隙潜水和微承压水。含水层由中粗砂和砂砾组成，厚 30 ~ 40m，渗透系数 $K = 15 ~ 56m/d$。水质属于 $HCO_3 - Ca$ 及 $HCO_3 - Ca \cdot Mg$ 型水，矿化度小于 1g/L。但 Fe^{2+}、Mn^{2+}、$NH_4^+ - N$ 浓度分别为 10 ~ 17mg/L、1.0 ~ 2.0mg/L 和 1.0 ~ 1.2mg/L，远超过饮水标准（TFe < 0.3mg/L，Mn^{2+} < 0.1mg/L，$NH_4^+ - N$ < 0.5mg/L），据黑龙江省水文地质工程地质勘察院勘察报告，允许开采量为 42000 m^3/d，水质分析报告见表 5 - 1。

松北水厂地下水原水水质   表 5 - 1

项目	国家标准	计量单位	检验结果	项目	国家标准	计量单位	检验结果
色度	≤15	度	180	氯仿	≤60	μg/L	<10
浑浊度	≤3	NTU	76.8	四氯化碳	≤3	μg/L	<1
臭和味	无		0	亚硝酸盐		mg/L	0.002
肉眼可见物	无		无	氨氮		mg/L	1.20
pH	6.5 ~ 8.5		6.8	氰化物	≤0.05	mg/L	<0.0011
总硬度	≤450	mg/L	220	砷	≤0.05	mg/L	<0.002
氯化物	≤250	mg/L	45.43	镉	≤0.01	mg/L	<0.002
硫酸盐	≤250	mg/L	30.77	汞	≤0.001	mg/L	<0.0002
溶解性固体	≤1000	mg/L	420	铅	≤0.05	mg/L	<0.002
镁		mg/L	21.27	苯并（a）芘	≤0.01	ug/L	<0.001
铁	≤0.3	mg/L	15.4	细菌总数	≤100	个/mL	13
锰	≤0.1	mg/L	1.710	总大肠菌群	0	个/0.1L	0
铜	≤1.0	mg/L	<0.002	阴离子洗涤	≤0.3	mg/L	<0.0022
电导率		Us/cm	502	硝酸盐	≤20	mg/L	0.04
耗氧量		mg/L	5.01	氟化物	≤1.0	mg/L	0.27
碱度		mg/L	232.0	银	≤0.05	mg/L	<0.002
锌	≤1.0	mg/L	0.004	铝		mg/L	0.165
挥发酚	≤0.002	mg/L	<0.0015	铬（六价）	≤0.05	mg/L	<0.004

该水厂位于松北区集乐村。原生产工艺流程按照 FeOOH（铁质滤膜）和 MnO_2（锰质滤膜）为触媒的接触氧化机制设计建设的，其流程为典型的"一级弱曝气过滤除铁 + 二级强曝气过滤除锰"的接触氧化除铁除锰流程，如图 5 - 1 所示。一级弱曝气后水中 DO 约 4 ~ 4.5mg/L，二级强曝气后水中 DO 达 9.5 ~ 10.5mg/L。两组滤池的滤砂均为广西锰砂，粒径 0.6 ~ 1.2mm，滤层厚 1000mm。运行多年来，净化效果并不理想，出厂水水质分析结果显示有部分 Fe^{3+} 穿透二级滤层，导致出厂水总铁在 0.3mg/L 上下波动。而且虽经过两级滤池，出水 Mn^{2+} 仍然高达 0.4mg/L，严重超标。

图 5-1 接触氧化除铁除锰工艺流程图

5.1.2 松北区供水系统改扩建工程

2004 年中国市政工程东北设计研究总院受松北区建设管理局委托，承担了供水系统改扩建工程的设计与调试运行。

水源扩建：水源地原有深井 2 眼，单井涌水量 4000~5000m³/d。拟在台庙至虎园之间绿化带垂直于地下水流方向布置深井 14 眼，排距 500m，井距 600m。据抽水试验，降深 7m，单井涌水量为 4500~5000m³/d。钻井工程依据区域用水量的增长逐年完成。

水厂改扩建：改扩建规模 4 万 m³/d。水质达到 106 项新标准，主要去除物质为铁、锰和氨氮，同时建设相应的配套供水管网。

根据浑河流域生物除铁除锰水厂建设的工程实践，将现有一期工程的两级接触氧化除铁除锰流程，改造为生物固锰除锰机制下运行的同池净化流程。将两级串联运行滤池改造为单级并联运行，可使现有一期工程产水量由 1 万 m³/d 提高到 2 万 m³/d。改造后的流程如图 5-2 所示，滤池经过土著锰氧化菌的接种与培养扩增实现铁锰同池深度净化。改造工程量仅限于联络管线、闸阀和工艺系统的少许调整，即可实现串联与并联的切换运行。一期改造成功后，再新扩建同样流程的二期工程，规模为 2 万 m³/d，实现总规模 4 万 m³/d 的要求。工程总投资 5608 万元，其中一期工程投资 2984 万元，含水源地深井、输水管和配套管网，二期工程投资 2624 万元。

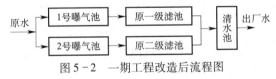

图 5-2 一期工程改造后流程图

5.1.3 一期净水间工艺改造效果

水厂一期工程原有一级、二级滤池共 10 座，工艺改造完成后，对滤池进行土著铁锰氧化菌的接种和培养扩增，按并联一级曝气—过滤流程运行，经 5 个月的培养与调试运行，在进水 $TFe = 15~17mg/L$，$Mn^{2+} = 1.0~2.0mg/L$，$NH_4^+ - N = 1.0~1.2mg/L$ 条件下，虽然出厂水总铁下降到 0.1~0.15mg/L，但除 Mn^{2+} 效果很差，除锰率仅有百分之几。经过近一年时间对反冲洗强度、过滤周期、不同滤速和滤层厚度的反复试验研究，除 Mn^{2+} 率仍在 10%~20% 之间徘徊，如图 5-3 所示。成功应用于浑河流域的"跌水弱曝气 + 一级过滤"的简捷生物除铁除锰流程在寒区伴生氨氮高铁锰地下水的净化工程中遭遇了新的挑战。

5.1.4 研究方向和内容

改造工程的运行效果表明：成功应用于辽河流域含铁锰地下水净化的"弱曝气 + 一级过滤"简捷生物除铁除锰工艺在松花江流域伴生氨氮高铁锰地下水的深度净化中难以奏效。究其原因是该流域复杂的地下水水质之故。在研究这种伴生氨氮高铁锰的复杂水质地

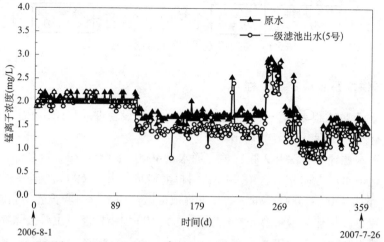

图 5 - 3   弱曝气一级滤池进出水 Mn^{2+} 离子浓度逐日变化曲线（以 5 号滤池为例）

下水的净化工艺时，需要明晰以下问题：

1）生物固锰除锰滤层中 Fe^{2+}、Mn^{2+}、NH_4^+ 的氧化还原关系和去除机制；

2）生物固锰除锰理论及其相应的技术应用于高寒地区伴生氨氮高铁锰地下水净化的可行性和合理性；

3）低温条件下伴生氨氮高铁锰地下水同池生物深度去除成套技术。

寒冷地区伴生氨氮高铁锰地下水的净化一直是一个难题，若能实现供水水质的达标不仅可以满足松北区生活和生产对水质、水量的需求，还可以作为技术和工程示范来解决松嫩平原近 70 年来一直困扰各大中城镇供水系统的"锰害"问题。

5.2   高浓度 Fe^{2+} 与 Mn^{2+} 氧化还原互动关系

铁、锰元素的化学性质相近，常常共存于地下水中，都是典型的氧化还原元素，易于发生化学、生物化学的氧化还原反应，变换于溶解态与固态之间，基于此可将地下水中的铁锰去除。

我们的前期研究成果表明，由于铁锰的氧化还原性质，在天然地下水中性条件下，Fe^{2+} 可被溶解氧直接氧化，在氧化生成物 FeOOH 自触媒的作用下更能迅速地被溶解氧所氧化。所以曝气过滤是除铁的最佳途径。但是在 pH 中性域 Mn^{2+} 不能被溶解氧直接氧化，也不能进行化学接触氧化，只有在锰氧化菌胞外酶催化下才能进行生物氧化。在以锰氧化菌为优势菌群的生物滤层中，Fe^{2+} 与 Mn^{2+} 可以同池被深度净化。试验表明：Fe^{2+} 的氧化占据了滤层的上部空间，绝大多数的 Fe^{2+} 是在滤层上部被去除的，而 Mn^{2+} 是在滤层的中下部被去除的。试验还表明：只含 Mn^{2+} 而不含 Fe^{2+} 的原水进入生物滤层，生物群系将遭到破坏，丧失除锰活性。据此，我们在沈阳市张士和浑南开发区创建了 3 座"弱曝气 + 一级过滤"工艺的生物除铁除锰水厂，多年来一直高效稳定运行。

对于松花江流域的哈尔滨松北前进水厂也采用"一级曝气 + 过滤"的工艺流程却达不到除锰的良好效果，出水 Mn^{2+} 浓度接近于进水浓度，甚至高于进水 Mn^{2+} 浓度。同时还发现滤池进水 DO 为 4.5mg/L，出水 DO 为零，氨氮有部分去除。为明晰上述问题，实现

Fe^{2+}、Mn^{2+}、NH_4^+ 的同池去除，进行了 Fe^{2+}、Mn^{2+} 氧化还原的互动关系研究。

5.2.1 铁锰的氧化还原电位与氧化还原反应

Fe^{2+}、Mn^{2+} 以及溶解氧在 pH = 7 时的氧化还原电位如图 5-4 所示，可以看出 O_2 与 Mn^{2+} 的氧化还原电位差 ΔE_{Mn} 为 0.22V，O_2 与 Fe^{2+} 的氧化还原电位差 ΔE_{Fe} 为 0.62V。显然 Fe^{2+} 被溶解氧氧化的驱动力远远高于 Mn^{2+}。实际上在 pH 中性域内，Fe^{2+} 能很迅速地被溶解氧所氧化，而 Mn^{2+} 几乎不能被溶解氧所氧化，只有在锰氧化菌胞外酶的催化下才能进行。然而图 5-4 也指出 Mn^{2+} 系（$Mn^{2+} - 2e \Longrightarrow Mn^{4+}$）的氧化还原电位与 Fe^{2+} 系（$Fe^{2+} - e \Longrightarrow Fe^{3+}$）的氧化还原电位的差值也高达 0.4V。那么生物除锰滤层中滤砂表面生物氧化沉积的锰高价氧化物是否可以将 Fe^{2+} 氧化为 Fe^{3+}，而本身被还原为 Mn^{2+} 溶出于水中呢？为此进行了下面的静态与动态试验。

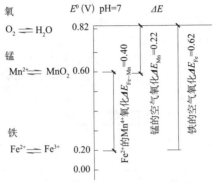

图 5-4 铁、锰与 O_2 间的氧化还原电位关系图

1. 静态试验

（1）试验方法

为了明确 Fe^{2+} 是否能与锰的生物氧化产物（高价态锰氧化物）发生氧化还原反应以及反应进行程度，并考察溶解氧、微生物对 Mn^{4+} 还原为 Mn^{2+} 的影响，设计了如下 4 组静态试验：

试验 a：取表面披覆高价锰氧化物的成熟生物滤料 1.0g 4 份，用充分曝气（溶解氧达 8mg/L 以上）和未曝气的高铁高锰地下水各 60mL 分别浸泡 25min，过滤 2 次后取滤液 50mL，测定 Mn^{2+} 浓度。试验重复多次，取平均值。

试验 b：取高温灭菌的成熟生物滤料 1.0g 以及未灭菌的成熟生物滤料 1.0g，同样用高铁高锰地下水各 60mL 分别浸泡 25min，过滤 2 次后取滤液 50mL，测定 Mn^{2+} 浓度。试验重复多次，取平均值。

试验 c：取成熟生物滤料 1.0g，用高铁高锰地下水 60mL 浸泡 25min，过滤 2 次后取滤液 50mL，测定 Mn^{2+} 浓度；然后，用过滤后的残留滤料再重复进行浸泡试验，如此重复多次。每次都取浸泡滤液测定 Mn^{2+} 浓度，考察成熟滤料上高价锰在多次浸泡中的溶出过程。

试验 d：取成熟生物滤料 1.0g 数份，以不同 Fe^{2+} 浓度的试验用水按照试验 a 的方法进行试验，以探明 Fe^{2+} 的浓度对于 Mn^{2+} 溶出的影响。

试验用水是以天然地下水配制的，Fe^{2+} 浓度依次为：1.7mg/L、3.0mg/L、5mg/L、10mg/L、16.7mg/L。

试验中用到的含铁含锰水以及披覆锰生物氧化物的成熟滤料均来自实际稳定运行的某地下水除铁除锰水厂。b、c、d 试验用水均未曝气，溶解氧接近于 0mg/L，所取滤料均在室温下风干处理。地下水主要水质指标见表 5-2。

试验用地下水水质　　　　　　　　　表 5-2

项目	检验结果	项目	检验结果	项目	检验结果
pH	6.8	Mn^{2+}（mg/L）	1.5	耗氧量（mg/L）	3.2
溶解氧（mg/L）	0	Fe^{2+}（mg/L）	17.2	碱度（mg/L）	232

（2）试验结果

试验 a：高铁高锰地下水浸泡成熟滤砂的静态试验结果见表 5-3。

从表 5-3 中可以看出：Fe^{2+} 还原了锰生物氧化生成的高价锰氧化物，浸泡后溶液 Mn^{2+} 浓度远大于浸泡前，说明发生了 Mn^{2+} 的溶出现象。曝气对于反应程度的影响不明显，曝气后的 Mn^{2+} 溶出作用稍微减弱。经分析应该是曝气后驱散了溶液中的二氧化碳并增加了溶解氧从而导致溶液 pH 有所增加，使得锰的氧化还原电位有所降低所致。曝气过程中由于 Fe^{2+} 部分氧化成 Fe^{3+}，而使 Fe^{2+} 浓度减少也是影响因素之一。

溶解氧对于锰溶出的影响　　　　　　　表 5-3

试验序号	成熟砂（g）	浸泡原水量（mL）	浸泡时间（min）	锰离子浓度（mg/L）	
				原水	浸泡液
1	1.0	60（曝气）	25	1.51	1.80
2	1.0	60（曝气）	25	1.51	1.71
3	1.0	60（未曝气）	25	1.51	1.88
4	1.0	60（未曝气）	25	1.51	1.78

试验 b：微生物对 Mn^{2+} 溶出影响试验结果见表 5-4。

微生物对于锰溶出的影响　　　　　　　表 5-4

样品	Mn^{2+} 浓度（mg/L）		平均值（mg/L）
	原水	浸泡液	
高温灭菌的生物滤料	1.46	1.76	1.75
		1.69	
		1.78	
新鲜成熟生物滤料		1.72	1.72
		1.78	
		1.65	

从表 5-4 对比试验可以确定，微生物基本不影响 Fe^{2+} 与高价锰之间的氧化还原反应，Mn^{2+} 的溶出浓度差别细微。因此，锰的溶出反应可以解释为物理化学反应。

试验 c：成熟砂多次浸泡试验结果如图 5-5 所示，可以看出浸泡液 Mn^{2+} 浓度随着浸泡次数的增加逐渐降低。这是因为：虽然 Fe^{2+} 的浓度依然，而能被 Fe^{2+} 还原的高价锰氧化物越来越少，接触、反应的机会随之降低之故。仔细观察能发现成熟滤料表面的披覆物有剥落现象，产生小碎屑。由此可以推知 Fe^{2+} 能还原高价锰，破坏滤砂表面由铁、锰氧化生成物、微生物群系及其分泌物组成的生物膜，从而就破坏了已经成熟的生物除锰滤层结构。

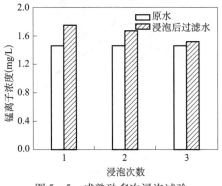

图 5-5 成熟砂多次浸泡试验

试验 d：不同浓度亚铁溶液浸泡成熟滤料试验结果如图 5-6 所示，从图中可知 Fe^{2+} 浓度在 3mg/L 以下时，没有 Mn^{2+} 的溶出，即没有与高价锰化合物发生氧化还原反应。超过 3mg/L，就会有 Mn^{2+} 的溶出，而且随着 Fe^{2+} 浓度的增加，溶出现象就越明显。

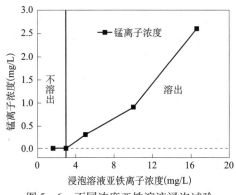

图 5-6 不同浓度亚铁溶液浸泡试验

2. 滤柱动态试验

（1）试验方法

有机玻璃柱一根，直径 150mm，高 2.5m，内填充成熟生物滤料 140cm。首先以水厂深井高铁高锰地下水经过除铁滤柱处理后的低铁高锰水（Fe^{2+} 浓度在 0.3mg/L 以下，Mn^{2+} 浓度约 1.4mg/L）为试验原水，经曝气后通入该成熟砂滤柱进行过滤试验，运行稳定后分层取水检测 Mn^{2+} 浓度；然后再用水厂高铁高锰深井地下水经曝气后（溶解氧达 8.0mg/L 左右）直接进行过滤试验，从通水开始第 1d、第 4d、第 14d、第 28d 分层取水检测滤层中 Mn^{2+} 浓度的变化，考察原水中高浓度 Fe^{2+} 对于成熟生物滤层除锰活性的影响。

（2）试验结果

滤柱动态试验结果如图 5-7 所示。图中曲线 a 是以低铁高锰水（Fe^{2+} 为 0.3mg/L，

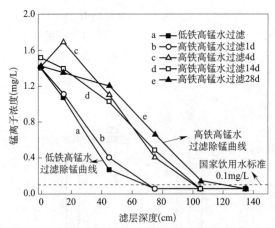

图 5-7　高铁高锰地下水生物除锰滤层沿程 Mn^{2+} 浓度

Mn^{2+} 为 1.4mg/L）为试验进水，多日运行稳定后，沿滤层不同深度水中 Mn^{2+} 浓度变化曲线。可以看出：成熟生物滤层的高效除锰段在滤层上部 0~40cm 处，40cm 之下滤层除锰速率减缓，至 80cm 之前 Mn^{2+} 浓度达标（国家生活饮用水卫生标准为 0.1mg/L），其中并无溶出现象。曲线 b、c、d、e 分别是滤柱进水切换为高铁高锰水（净水厂深井地下水，TFe 为 17.2mg/L，Mn^{2+} 为 1.5mg/L 左右）后第 1d、第 4d、第 14d 和第 28d 的滤柱沿层 Mn^{2+} 浓度变化曲线，各条曲线的斜率变化明显标志着由于高浓度 Fe^{2+} 离子的进入，滤层上部的除锰能力在逐渐削弱，到第 28d 上层 45cm 内除锰速率已经很微弱，除锰高效段下移至 45~100cm 之间，出水 Mn^{2+} 浓度达标所必需的滤层厚度增加至 120cm。

　　滤柱动态试验揭示了随着含高浓度 Fe^{2+} 的地下水的进入，生物滤层的高效除锰段下移的过程。探究其原因，首先是 $Fe^{2+} - e \Longrightarrow Fe^{3+}$ 的氧化还原电位低（0.2V），极易被溶解氧所氧化，上层空间被铁的氧化所占据；其次 Fe^{2+} 系与 Mn^{2+} 系的氧化还原电位差也高达 0.4V，在高浓度 Fe^{2+} 存在的条件下，Fe^{2+} 作为电子供体将 Mn^{2+} 从高价态锰化合物中还原出来，而 Fe^{2+} 本身也被氧化为 Fe^{3+}。试验进水切换为高铁高锰水的第 4d 沿程 Mn^{2+} 浓度如曲线 c，在滤层深 15cm 处，过滤水 Mn^{2+} 浓度远高于进水浓度，正是 Mn^{2+} 溶出最激烈的时空点。虽然在第 4d 前后并没有检出 Mn^{2+} 的溶出现象。但可以推断：Mn^{2+} 的溶出首先在表层开始，但是由于滤柱在 15cm 之上没有设置取样口，而且即使表层溶出 Mn^{2+}，也会立即被其下层的锰氧化菌所氧化去除，因而没有检测到 Mn^{2+} 的溶出。而第 4d 以后，上层滤砂披覆的高价锰大部分已被还原，同时滤砂表面又披覆了由 Fe^{2+} 的氧化而生成的自触媒羟基氧化铁（FeOOH），从而渐渐成为高效的除铁段。并且，滤层也有一定的生物除锰活性，使得锰的生物氧化速率高于化学溶出，其滤后水 Mn^{2+} 浓度不至于高于进水浓度，于是，滤层下部就表现为高效的生物除锰段。

　　试验中低铁高锰生物除锰滤层向高铁高锰生物除锰滤层的演变过程，更进一步说明了高浓度的 Fe^{2+} 能还原高价态的锰氧化物，从而抑制和抵消 Mn^{2+} 在上层空间的生物去除，因此在铁锰同层去除的生物滤池中，当 Fe^{2+} 较高时，得到的必然是图 5-8 所示的铁锰去除曲线图，滤层上部为高效除铁段，中下部是高效除锰段。

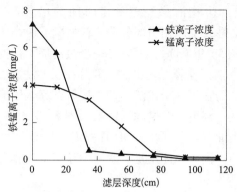

图 5-8 生物除铁除锰滤层不同深度出水铁锰离子浓度

5.2.2 双层滤料在高铁高锰地下水净化中的应用

生物固锰除锰技术不仅很好地解决了除锰难的问题，而且实现了铁锰的同池深度去除，由此建立的"弱曝气 + 一级生物过滤"简捷流程，在节省用地、节约基建费用和运行费用等方面显示了极大的优势。铁锰同池生物去除工艺技术的核心在于生物滤层的培养。由于自然条件和人为因素的影响，常常导致生物滤层的成熟期各不相同，其中最主要的是 Fe^{2+} 浓度。大量的小试、中试以及生产试验都证明：对于中、低浓度含铁锰地下水水质（$Fe^{2+} < 7mg/L$），铁锰同池去除的生物滤池的成熟期较短，一般为 1～3 个月，对于高铁地下水水质（$Fe^{2+} > 12mg/L$），生物滤池的成熟期则较长，需要至少半年以上的时间。黑龙江兰西生物除铁除锰水厂（Fe^{2+}：12～14mg/L 左右，Mn^{2+}：0.8～1mg/L 左右）以及佳木斯江北生物除铁除锰水厂（Fe^{2+}：15～17mg/L 左右，Mn^{2+}：0.6～1mg/L 左右）均为高铁型水质，都成功实现了铁锰的同池深度去除，取得了很好的社会、经济效益，唯一不足之处在于生物滤池成熟期较长，兰西水厂 8 个月，江北水厂 5 个月。

铁锰同池生物去除的试验研究表明：Fe^{2+} 在滤层上部大约 30cm 的滤层空间已经基本去除，其后是高效生物除 Mn^{2+} 带。这就存在一个值得思考的问题：在高铁型水质条件下，既然 Fe^{2+} 已经很快在滤池上部被去除，那么它是如何影响中下部滤层锰的生物去除呢？为何高铁锰地下水的生物滤层成熟期如此之长？

从前期的研究中可知，细菌及其分泌的多糖物质、锰氧化物三者结合在一起在滤砂表面形成了生物膜，为锰氧化菌的栖息提供了生存空间。其后的研究表明：高浓度 Fe^{2+} 可以还原成熟生物滤料表面锰的生物氧化产物高价态锰，由此导致了滤料表面生物膜的解体。基于以上两点，可以推测：对于高铁高锰型水质，由于高浓度 Fe^{2+} 对高价锰的还原作用，而使在反冲洗过程中混入上层的下层除锰滤料表面的生物膜解体，因此抑制了生物膜的形成，延缓了滤层的成熟。

为了解决高铁高锰地下水中高浓度 Fe^{2+} 对于生物除锰滤层培养周期的影响，进行了以下的试验研究。

1. 双层滤料除铁除锰滤池

生物除铁除锰滤池几乎都采用单层滤料，滤料粒径和容重较均匀，级配不明显。反冲洗后虽然有水力分级作用，但是滤层内仍存在着严重的上下混层现象，尤其是由于各种原因而引起的反冲洗突然停止时更为严重。由于滤层在反冲洗后发生了混层，就会有如下的情况发生：高铁高锰水质的生物滤层经过一定时间的培养后，上层滤料表面披覆了 FeOOH，具有强烈的除铁活性，下层相当部分的滤料披覆了由高价锰氧化物、锰氧化菌及其分泌物组成的生物膜 [图 5-9 (a)]，而且在一个过滤周期内滤层中的生物膜得到了一定的积累 [图 5-9 (b)]；然而挂膜滤料中的一部分在反冲洗后发生了混层进入到滤层上部空间 [图 5-9 (c)]，从而在下一个过滤周期里接触到高浓度 Fe^{2+}，导致生物膜的解体和破坏从而丧失了除锰活性；到下一个过滤周期末 [图 5-9 (d)]，混入滤柱上层空间的表面生物膜已解体的滤料表面又披覆了 FeOOH 而具有了除铁活性，这种破坏要远远强于由反冲洗所引起的生物膜的冲刷。如此反复，滤层中除锰生物膜的积累就相当缓慢，除锰滤层的成熟期自然要延长。

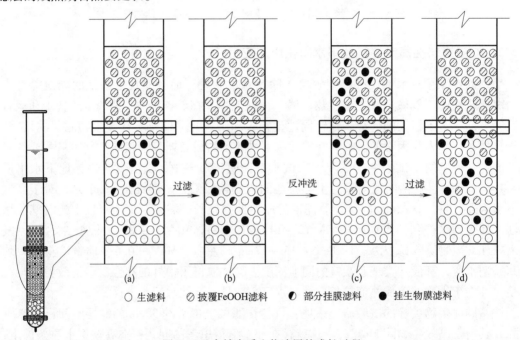

图 5-9　高铁水质生物滤层的成长过程
(a) 过滤周期初；(b) 过滤周期末；(c) 下一个过滤周期初；(d) 下一个过滤周期末

　　通过上述分析，可以明确缩短生物滤层培养期的关键在于防止反冲洗过程中滤池下部滤料进入上部空间而导致除锰生物膜的解体。因此，若能在滤层上部采用轻质的滤料除铁，下部采用比重较大的滤料培养生物除锰滤层，由于上下两层滤料的比重不同，在反冲洗后也不会发生混层，从而就避免了单层滤料的弊端。由此，针对高铁锰地下水净化的双层滤料滤池应运而生了。实际上也相当于两级过滤流程的简缩版。如此，双层滤料生物滤层的培养过程就演变为图 5-10：在过滤周期内滤砂表面逐渐积累除锰生物膜 [图 (a) 至图 (b)]，周期末反冲洗过程并不混层，所以过滤周期内积累的生物膜会得到有效的保存积累 [图 (b) 至图 (c)]，从而保证滤层中生物膜的持续与高效的增殖 [图 (c) 至图 (d)]，因此，就大幅度缩短了除铁除锰生物滤层的成熟期。

　　2. 双层滤料除铁除锰生物滤池的快速启动
　　为了验证上述论断的正确性，进行了高铁锰地下水双层滤料生物滤层的培养试验研究。

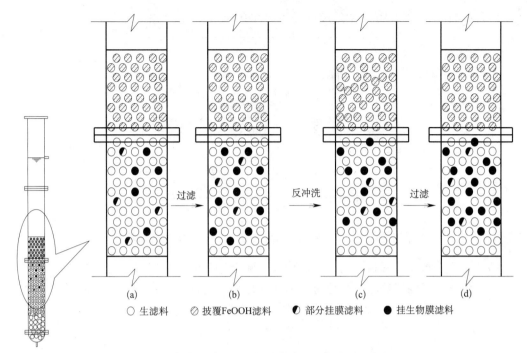

图 5-10　高铁水质双层滤料除铁除锰生物滤层的成长过程

（a）过滤周期初；（b）过滤周期末；（c）下一个过滤周期初；（d）下一个过滤周期末

○ 生滤料　⌀ 披覆FeOOH滤料　◑ 部分挂膜滤料　● 挂生物膜滤料

试验采用无烟煤石英砂双层滤料滤柱，滤柱高 $H=300cm$，直径 $D=25cm$，无烟煤层厚度 50cm，石英砂层厚度 80cm；在成熟除锰滤层取菌种，再经微生物扩增培养后进行生物滤层接种，接种量为 2L；然后直接通入深井高铁锰地下水进行生物滤层培养试验。原水水质见表 5-5。在滤速 2m/h，反冲洗周期 2d，强度 12L/（s·m²），时间 5~7min 的条件下进行连续培养。由于滤后水总铁很快达标，因此关于铁的去除不再赘述，只讨论滤柱进出水 Mn^{2+} 浓度变化，如图 5-11 所示。

试验用地下水水质　　　　　　　　　　　　　　　　　　　　　　　表 5-5

项目	单位	检验结果	项目	单位	检验结果
色度	度	180	铁	mg/L	15.6
浑浊度	NTU	76.8	锰	mg/L	1.60
pH		6.8	硝酸盐	mg/L	0.04
总硬度	mg/L	220.0	氨氮	mg/L	1.10
氯化物	mg/L	45.43	耗氧量	mg/L	5.01
硫酸盐	mg/L	30.77	亚硝酸盐	mg/L	0.002

从图 5-11 中可以看出，通水开始第 1d 出水 Mn^{2+} 浓度立刻降至 0.3mg/L，毫无疑问，这是石英砂物理吸附作用所致。但由于石英砂的吸附容量很有限，仅为锰砂的 1/500，很快就饱和了，所以滤柱出水 Mn^{2+} 浓度第 2d 便升至 0.6mg/L，第 5d 与进水相当（1.5mg/L）。之后出水 Mn^{2+} 浓度渐趋下降。但第 35d 时，出水 Mn^{2+} 浓度快速减少，生物除锰活性快速增加。在其后不到 10d 的时间里出水 Mn^{2+} 浓度已经达标。整个生物滤层的培养只用

了 2 个月的时间，出水 Mn^{2+} 浓度就已经稳定在 0.05mg/L 以下。

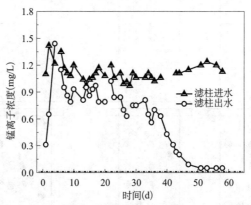

图 5-11　基于双层滤料的高铁地下水生物除锰滤池的培养

高铁锰地下水双层滤料生物滤池的培养时间与课题组以前进行过的兰西水厂、佳木斯江北水厂生物滤层的培养时间相比有较明显的缩短。现将 3 处滤池（滤柱）培养过程中主要运行参数列于表 5-6，兰西、江北两水厂生产滤池培养过程进出水水质如图 5-12、图 5-13 所示。

滤层培养参数　　　　　　　　　　　　　　　　　表 5-6

水厂名称	水质（mg/L）		反冲洗			滤速（m/h）	滤层厚度（mm）
	Fe^{2+}	Mn^{2+}	强度 [L/(s·m²)]	时间 (min)	周期 (d)		
兰西水厂生产滤池	12~14	0.9	12	6~8	1~3	1.5	1300（石英砂）
佳木斯江北水厂生产滤池	15~17	0.6	12	5~8	2	2	1200（无烟煤）
双层滤柱	10~15	1.0~1.5	12	5~7	2	2	500+800（无烟煤+石英砂）

从表 5-6 可知：江北水厂与兰西水厂原水水质、滤层结构与运行条件基本相似，都采用单层滤料，江北水厂采用的是无烟煤滤料，兰西水厂采用的是石英砂滤料，江北水厂地下水原水中 Mn^{2+} 浓度较低。从图 5-12、图 5-13 可见：两水厂生物滤池都经历了漫长的培养期，兰西水厂前 5 个月出水 Mn^{2+} 浓度一直在 0.6mg/L 徘徊，第 5 个月才开始下降，江北水厂前 3 个半月出水 Mn^{2+} 浓度也一直在 0.4~0.5mg/L 波动，之后才开始下降。这个可以用前面提出的高浓度 Fe^{2+} 对于除锰生物滤膜的破坏作用来解释：运行前期本来挂膜滤料就少，在反冲洗过程中部分挂膜滤料混入滤层上部空间，遭遇高浓度 Fe^{2+} 后使得 Mn^{2+} 离子溶出，生物膜被破坏，锰氧化菌流失，导致滤层培养初期滤料微生物膜积累的缓慢；即使在滤层培养中后期，当微生物量积累到一定程度时，出水 Mn^{2+} 浓度的下降趋势依旧还是比较平缓。从图 5-12 可见：兰西水厂培养 5 个月之后又经过了 3 个月出水 Mn^{2+} 浓度才从 0.6mg/L 下降到 0.1mg/L；图 5-13 表明：江北水厂滤池培养 4 个半月后 Mn^{2+} 浓度才达到 0.3mg/L，然而由 0.3mg/L 下降到 0.1mg/L 又用了一个半月时间，主要是因为生物

膜的破坏依旧存在。而在双层滤料滤柱生物滤层培养试验中，如图 5 – 11 所示，滤柱出水 Mn^{2+} 浓度从 1.1～1.4mg/L 下降到 0.05mg/L 一共只用了 50d。初期的适应期为 25d，此后 25d 出水 Mn^{2+} 浓度快速下降直至稳定达标。这应该归功于双层滤料的作用，其下层滤料表面披覆的除锰生物膜受上部轻质滤料层的保护得到持续的积累增长。从而加速整个除锰生物滤层的成熟，出水水质很快稳定达标。在高铁锰地下水生物除锰单层滤料滤层的培养过程中除锰生物膜由于受高浓度 Fe^{2+} 的影响始终积累缓慢，出水 Mn^{2+} 浓度下降趋势平缓。而图 5 – 11 所显示的生物除锰滤层的成熟过程更接近于低铁高锰地下水生物除锰滤层的成熟过程，滤柱中的接种微生物在度过适应期之后，进入对数生长阶段，此时除锰生物膜进入快速积累期，滤层出水 Mn^{2+} 浓度迅速下降。这主要是由于双层滤料排除了高浓度 Fe^{2+} 的干扰，为下部滤层除锰生物膜的培养创造了一个稳定的增殖环境。

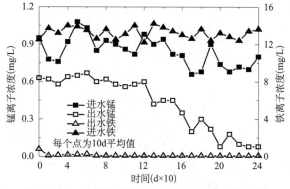

图 5 – 12 兰西除铁除锰水厂生物滤层成熟过程

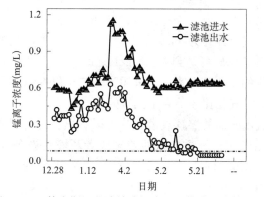

图 5 – 13 佳木斯江北除铁除锰水厂生物滤层成熟过程

第6章 地下水中 Fe^{2+}、Mn^{2+}、NH_4^+ 等还原物的氧化需氧量

无论是 Fe^{2+} 的 FeOOH 接触氧化，还是 Mn^{2+} 的生物酶催化氧化，其电子受体都是溶解氧（O_2）。在生物除铁除锰滤层中，铁、锰的氧化都是在中性条件下进行的，不要求过量曝气散失 CO_2，理论上所需溶解氧量应遵守氧化还原反应物质平衡和反应当量关系。

Fe^{2+} 氧化反应式： $$4Fe^{2+} + O_2 \longrightarrow 4Fe^{3+} + 2O^{2-} \tag{6-1}$$

反应质量比： $$4Fe^{2+} : O_2 = 4 \times 55.8 : 32$$

$$[Fe^{2+}] : [O_2] = 4 \times 55.8 : 32$$

Fe^{2+} 氧化需氧量： $$[O_2] = 32/(4 \times 55.8)[Fe^{2+}] = 0.143[Fe^{2+}] \tag{6-2}$$

Mn^{2+} 氧化的反应式： $$2Mn^{2+} + O_2 \longrightarrow 2Mn^{4+} + 2O^{2-} \tag{6-3}$$

反应质量比： $$2Mn^{2+} : O_2 = 2 \times 54.9 : 32$$

$$[Mn^{2+}] : [O_2] = 2 \times 54.9 : 32$$

Mn^{2+} 氧化需氧量： $$[O_2] = 32/(2 \times 54.9)[Mn^{2+}] = 0.29[Mn^{2+}] \tag{6-4}$$

由式 6-2 和式 6-4 可得含铁锰地下水中 Fe^{2+}、Mn^{2+} 同层氧化的需氧量为：

$$[O_2] = 0.143[Fe^{2+}] + 0.29[Mn^{2+}] \tag{6-5}$$

对于我国含铁锰地下水而言，Fe^{2+} 大多数都在 20mg/L 以下，Mn^{2+} 都在 2mg/L 以下，所需溶解氧根据上述公式经计算为 4mg/L 以下，若采用跌水曝气的方式，其跌水高度控制在 0.5~1m 之间时，溶解氧即可达到 4~5mg/L 之间。由此建立了"弱曝气 + 一级生物过滤"的简捷流程。多年的工程实践表明，采用该工艺不仅保障了出水水质达标，而且与接触氧化工艺所苛求的强曝气相比还节省了大量的能耗。

但是从上述铁锰氧化所需的溶解氧量计算可以看出：计算过程中只单纯考虑了 Fe^{2+}、Mn^{2+} 氧化的需氧量。由于水文地质构造的差异或者环境污染等其他原因，很多地区地下水中还含有氨氮和有机物，Fe^{2+}、Mn^{2+} 和 $NH_4^+ - N$ 共存的情况时有发生。地下水中 $NH_4^+ - N$ 的来源主要有两个方面：浅层地下水中的 $NH_4^+ - N$ 主要是受地表径流污染而造成的，近年来农用氮肥的大量使用以及生活污废水的大量排放都加剧了浅层地下水的氮素污染。而深层地下水主要是由于地层深处为厌氧环境，含氮化合物容易还原成 $NH_4^+ - N$，而且多半是无机质生成的。原水中含有的氨氮以及有机物通过生物滤池很容易被生物氧化。氨氮硝化的耗氧量计算如下：

NH_3 硝化反应式： $$NH_3 + 2O_2 \Longrightarrow HNO_3 + H_2O \tag{6-6}$$

反应质量比： $$NH_4^+ - N : 2O_2 = 14 : 64$$

$$[NH_4^+ - N] : [O_2] = 14 : 64$$

$NH_4^+ - N$ 硝化需氧量：

$$[O_2] = 64/14[NH_4^+ - N] = 4.57[NH_4^+ - N] \tag{6-7}$$

1mg/L $NH_4^+ - N$完全硝化需要消耗4.57mg/L的溶解氧,除此之外有机物的生化需氧量也不可小视。因此,伴生氨氮高铁锰的地下水净化若仍继续沿用"弱曝气+一级生物过滤"工艺流程,毫无疑问溶解氧将会供不应求,势必导致不同功能微生物之间对溶解氧的竞争。由此,锰的生物氧化是否会受到影响?生物净化过程中溶解氧的消耗规律又将如何?为了明晰这些问题进行了下面的研究。

6.1 Fe^{2+}、Mn^{2+}、NH_4^+的溶解氧需求及消耗规律的试验研究

选取某伴生氨氮高铁锰地下水净水厂为试验基地,开展生物除锰滤层中Fe^{2+}、Mn^{2+}、NH_4^+的需氧量求其消耗规律的研究。该厂以地下深井水为水源,主要水质情况为:Fe^{2+} =15mg/L,Mn^{2+} =1.5mg/L,$NH_4^+ - N$ =1mg/L。研究采用试验滤柱与实际生产滤池相结合的方式进行。

6.1.1 生产系统除铁除锰生物滤层的培养

水源深井水经过跌水曝气后进入生产滤池,在溶解氧浓度为4.5mg/L的条件下,进行生物滤层的低溶解氧原位接种培养。生产滤池生物滤层培养过程中运行参数为:滤速3~5m/h,反冲洗周期48h,反冲洗强度14L/($s \cdot m^2$),反冲洗时间7min。以2号滤池为例,锰氧化菌群接种后三个月滤池Mn^{2+}浓度的逐日变化情况如图6-1所示。图6-1表明,滤层除锰活性经长期培养并没有提高,除锰能力始终徘徊在10%上下。后期由于水厂水源井调换的原因,进水含锰量略有升高,因而导致滤池除锰率的下降。

针对滤层经长期培养后其除锰活性并没有明显增长的问题进行了深刻的分析。首先排除了该净化流程及其运行操作中不利于锰氧化菌群代谢繁殖的各种因素的存在;其次,据原水中存在的各种还原性物质及其浓度水平,进行了相应的氧化需氧量的计算,其结果如下:

$$[O_2] = k_1 [Fe^{2+}] + k_2 [Mn^{2+}] + k_3 [NH_4^+ - N] \qquad (6-8)$$

式中,$[O_2]$为原水中Fe^{2+}、Mn^{2+}、$NH_4^+ - N$氧化(硝化)所需溶解氧之和(mg/L);$[Fe^{2+}]$、$[Mn^{2+}]$、$[NH_4^+ - N]$:分别为原水中Fe^{2+}、Mn^{2+}、$NH_4^+ - N$的浓度(mg/L);$k_1 = 0.143$,$k_2 = 0.29$,$k_3 = 4.6$,分别为Fe^{2+}、Mn^{2+}、$NH_4^+ - N$氧化(硝化)反应的当量数。

将相应数值代入式6-8,得到式6-9:

$$[O_2] = 0.143 [Fe^{2+}] + 0.29 [Mn^{2+}] + 4.6 [NH_4^+ - N] = 7.18mg/L \qquad (6-9)$$

由式6-9可知,原水中Fe^{2+}、Mn^{2+}、$NH_4^+ - N$氧化的理论需氧量应为7.18mg/L,而生产滤池进水的实际溶解氧浓度(DO)经多次检测仅为4.5mg/L,远不能满足进水中Fe^{2+}、Mn^{2+}、$NH_4^+ - N$氧化反应的需求。正是由于原水中的Fe^{2+}、$NH_4^+ - N$等其他还原性物质在氧化过程与Mn^{2+}争夺原水中仅有的溶解氧,因而导致生产滤池虽经长期培养,但Mn^{2+}的氧化去除仍然受阻,滤层的除锰活性不能发挥,除锰能力低下(图6-1)。对稳定运行的2号生产滤池,多次取进、出水水样,分析DO、Fe^{2+}、Mn^{2+}、$NH_4^+ - N$浓度的变化,结果见表6-1。

从表6-1中可以看到:2号滤池出水的溶解氧多次检测均为0,说明滤层中下部应该

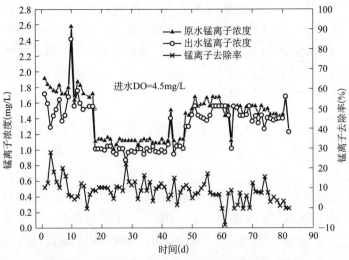

图 6-1　低溶解氧情况下生产滤池培养期除锰效果

为厌氧或者缺氧状态，从滤池进出水中各还原物质的变化可以看出：Mn^{2+} 氧化的耗氧量仅为 0.01～0.06mg/L，平均 0.03mg/L，小于 Mn^{2+} 氧化理论需氧量的 10%，锰去除率仅7.8%。溶解氧主要消耗于 Fe^{2+} 和其他还原物质的氧化以及氨氮的部分硝化。Fe^{2+} 平均去除量为 13.06mg/L，去除率高达 98.7%，耗氧 1.87mg/L；NH_4^+ - N 平均去除量为0.29mg/L，去除率为 25.8%，耗氧 1.33mg/L；其他还原物质耗氧 1.34mg/L。铁、氨和其他还原物质耗氧之和几乎等于进水全部的溶解氧量，既然它们在滤层上部已将 DO 耗尽，下层生物除锰空间的 DO 为 0，不难想象 Mn^{2+} 的氧化效果将会如何，由此可知溶解氧不足是生物滤层除锰失败的原因所在。

2 号生产滤池进出水水质及溶解氧消耗（单位：**mg/L**）　　　　表 6-1

样品	项目	NH_4^+ - N	Mn^{2+}	Fe^{2+}	DO	实测 DO 总耗量	Fe^{2+}、Mn^{2+}、NH_4^+ - N 理论消耗量之和	其他还原物质耗量之和
							各种还原物质对 DO 的消耗	
1	进水	1.10	1.53	14	4.7	4.7	3.564	1.136
	出水	0.76	1.41	0.16	0			
	去除量	0.34	0.12	13.84				
	理论 DO 耗氧量	1.564	0.02	1.98				
2	进水	1.15	1.41	10.7	4.5	4.5	2.992	1.508
	出水	0.83	1.36	0.14	0			
	去除量	0.32	0.05	10.56				
	理论 DO 耗氧量	1.472	0.01	1.51				
3	进水	1.10	1.63	15.0	4.5	4.5	3.1	1.4
	出水	0.90	1.43	0.20	0			
	去除量	0.20	0.20	14.80				
	理论 DO 耗氧量	0.92	0.06	2.12				

（续表）

样品	项目	$NH_4^+ - N$	Mn^{2+}	Fe^{2+}	DO	各种还原物质对 DO 的消耗		
						实测 DO 总耗量	Fe^{2+}、Mn^{2+}、$NH_4^+ - N$ 理论消耗量之和	其他还原物质耗量之和
平均	进水	1.12	1.52	13.23	4.57	4.57	3.234	1.336
	出水	0.83	1.40	0.17	0			
	去除量	0.29	0.12	13.06				
	理论 DO 耗氧量	1.334	0.03	1.87				

6.1.2 溶解氧充足情况下除锰生物滤层的培养试验

为进一步验证溶解氧不足是导致除锰生物滤层培养失败的结论，进行了溶解氧充足情况下生物除锰滤层的培养试验。

1. 试验材料与方法

试验采用有机玻璃滤柱，高度 3m，直径 250mm。依次取 2 号生产滤池不同深度滤砂混合均匀后装填入试验滤柱中。

试验用水依然采用水源深井水经两次喷淋曝气使溶解氧达 8mg/L 左右，然后进入滤柱。滤柱培养期初始滤速为 2m/h，滤层成熟后提高到 3m/h。反冲洗参数依然为：反冲洗周期 48h，强度 14L/（s·m²），反冲洗时间 7min。

2. 试验结果：滤层培养过程进出水水质情况如图 6-2 所示。

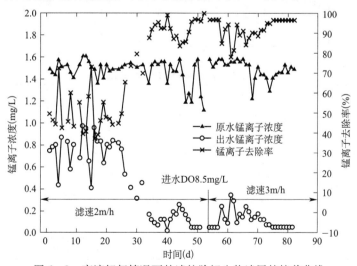

图 6-2　高溶解氧情况下的滤柱除锰生物滤层的培养曲线

从图 6-2 可知，在除锰生物滤柱的培养过程中，滤层培养之初就具有 40% 的除锰效率。主要原因是滤层具有了充足的溶解氧，滤层内少量锰氧化菌在较低的滤速下充分发挥了除锰活性。再经过 50 多天的培养，生物滤柱在滤速 2m/h 的条件下出水 Mn^{2+} 浓度达标。生物除锰滤柱出水达标稳定运行一个星期后将滤速提高到 3m/h，滤柱出水出现小幅度波动，出水 Mn^{2+} 浓度最高在 0.3mg/L 左右，但 10d 后即恢复达标，Mn^{2+} 的去除率又稳定在

95% 以上。

前述生产滤池在低溶解氧（DO 约 4.5mg/L）条件下，培养了 3 个月滤层除锰活性都没有提高，Mn^{2+} 去除率始终在 10% 上下波动。而将其中的滤料逐层取出装入滤柱，在高溶解氧条件下进行滤柱模拟试验，生物滤层很快就培养成熟，出水 Mn^{2+} 浓度达标。对比生产滤池与滤柱试验可以得出：在滤层溶解氧不足的情况下，锰氧化菌对溶解氧的竞争失利，是生产滤池生物除锰滤层培养失败的根本原因。为进一步明晰溶解氧在滤层中的消耗规律，在滤速 3m/h，滤柱出水稳定达标的情况下，对滤柱进行了沿层取样，分析不同滤层深度的 DO、Fe^{2+}、Mn^{2+}、NH_4^+-N 浓度，结果见表 6-2。根据表 6-2 计算各种还原物质的层间耗氧量，结果见表 6-3。所谓层间耗氧量定义为：沿水流方向滤层某深度无穷薄的层面上（Z_1）的某还原物质浓度（M_1）与其下另一深度薄层上（Z_2）的浓度（M_2）之差，称之为该还原物质层间去除量 ΔM（$\Delta M = M_1 - M_2$），与层间去除量 ΔM 相应的耗氧量，称之为层间耗氧量。

滤柱沿层水质指标检测值（单位：mg/L）　　　　表 6-2

滤层深度	NH_4^+-N	Mn^{2+}	Fe^{2+}	DO
原水	1.17	1.49	14.5	8.5
15cm	1.05	1.39	1.86	5.0
45cm	0.58	1.09	0.30	2.8
75cm	0.38	0.68	0.25	1.6
105cm	0.29	0.17	0.20	1.0
135cm	0.23	0.05	0.17	0.8
出水	0.18	0.05	0.15	0.6

滤柱沿层溶解氧的消耗状况　　　　表 6-3

滤层深度（cm）	沿程各还原性物质计算层间耗氧量（mg/L）								实际耗氧量（mg/L）		其他还原物耗氧量（mg/L）	
	NH_4^+-N		Mn^{2+}		Fe^{2+}		小计					
	层间	累计	层间	累计	层间	累计	层间	累计	层间	累计	层间	累计
0~15	0.55	0.55	0.03	0.03	1.81	1.81	2.39	2.39	3.5	3.50	1.11	1.11
15~45	2.16	2.71	0.09	0.12	0.22	2.03	2.47	4.86	2.2	5.70	-0.27	0.84
45~75	0.92	3.63	0.12	0.24	0.007	2.037	1.05	5.91	1.2	6.90	0.15	0.99
75~105	0.41	4.04	0.15	0.39	0.007	2.044	0.56	6.47	0.6	7.50	0.04	1.03
105~135	0.28	4.32	0.03	0.42	0.004	2.048	0.31	6.78		7.70	-0.11	0.82
135cm 至出水	0.23	4.55	0	0.42	0.002	2.05	0.23	7.01	0.2	7.90	-0.03	0.89
全滤层	4.55		0.42		2.05		7.01		7.9		0.89	

对比表 6-2 沿层水质和表 6-3 沿层 DO 消耗不难发现：滤柱进水 DO = 8.5mg/L，出水 DO = 0.6mg/L，全滤层耗氧量为 7.9mg/L。除了满足 Fe^{2+}、Mn^{2+}、NH_4^+-N 的氧化反应需氧量（7.01mg/L）之外，其余还消耗于原水中其他还原物质的氧化（0.89mg/L）。

用于氨氮硝化的耗氧最多，为 4.55mg/L，其次是 Fe^{2+} 的氧化消耗 2.05mg/L，而 Mn^{2+} 的生物氧化反应需氧量仅为 0.42mg/L。从不同的滤层空间来看：0～45cm 的滤层空间，基本完成了以 FeOOH 为触媒的 Fe^{2+} 的自催化氧化，Fe^{2+} 浓度降至 0.3mg/L，耗氧量 2.03mg/L；除此之外，完成了大部分 $NH_4^+ - N$ 的硝化，由进水浓度 1.17mg/L 降至 0.58mg/L，耗氧量 2.71mg/L。除了铁锰氨之外的其他还原物质的氧化也在滤层 15cm 之内完成，而大部分 Mn^{2+} 的生物氧化则发生在 45～105cm 滤层之间，甚至到 135cm，Mn^{2+} 浓度才降至 0.05mg/L 之下，实现深度净化。Mn^{2+} 的生物氧化虽然发生于滤层下部，对 DO 的利用晚于 Fe^{2+}、$NH_4^+ - N$ 和其他还原物质，但与铁和氨氮相比，Mn^{2+} 的生物氧化的耗氧量很有限。因此，只要滤层下部空间维持少量 DO 就可以完成 Mn^{2+} 的生物氧化。

从表 6-3 中溶解氧的沿层消耗可以发现，滤层 75cm 上下时，溶解氧只有不到 2mg/L，但是滤层仍然保持较高的除锰率。即使在滤层 105cm，溶解氧只有 1mg/L 时，滤层仍能去除近 0.2mg/L 的 Mn^{2+}。这也再次证明了锰氧化菌属于微好氧菌，在溶解氧不高的情况下也能具有较高的除锰活性。但是由于生产滤池的进水溶解氧仅为 4.5mg/L，高浓度 Fe^{2+} 和 $NH_4^+ - N$ 在上层已将溶解氧消耗殆尽，除锰带已处于厌氧状态，微好氧的锰氧化菌的培养及其除锰活性的表达也就无从谈起了。试验滤柱进水溶解氧高达 8.5mg/L，仅 2 个多月的培养就实现了除锰滤层的成熟；而水厂生产滤池虽经过长期的培养仍没有除锰能力，就完全可以理解了。

表 6-2 再次证明了 Fe^{2+}、Mn^{2+} 可以在同一生物滤层中去除的结论。但是 Fe^{2+} 主要在滤层上部去除，同时原水中的 $NH_4^+ - N$ 会加速上层溶解氧的消耗，占据部分氧化空间，伴生氨氮高铁锰地下水生物净化滤层的除锰带将会下移至滤层更深的位置，本试验的水质条件下，除锰带在滤层 45cm 之下。

表 6-2 和表 6-3 还表明：在生物固锰除锰滤层中，Fe^{2+} 的自催化氧化占据优先地位，$NH_4^+ - N$ 硝化虽然可发生于全滤层，但主要集中在 Fe^{2+} 完成氧化之后 DO 尚充足的滤层中上部空间，滤层下部则是 Mn^{2+} 的生物氧化空间。

6.1.3 成熟生物除锰滤池短期停产对活性的影响

水厂在生产运行过程中滤池停产时有发生。当进厂原水水量较小或者其他故障等原因，就可能需要关闭部分滤池或停池维修。滤池关闭就切断了锰氧化菌代谢基质的来源，微生物群系可能遭到破坏，从而影响滤层除锰活性的稳定表达。因此，滤池关闭后重新启动可能会影响出水水质。鉴于此，笔者进行了成熟滤柱的停水试验，考察了滤柱关闭前后的除锰效果。试验原水分别是微铁高锰地下水和伴生氨氮高铁锰地下水。

1. 微铁高锰地下水成熟滤柱的停水试验

（1）试验装置与试验用水

已经运行数月的成熟生物除锰滤柱，直径 $D = 200mm$，长 $L = 2000mm$，内装广西锰砂滤料，粒径 0.6～1.2mm，厚 1350mm，下置粒径 3～5mm 的砾石垫层 150mm 厚。试验用原水为微铁高锰地下水，TFe ≤ 0.3mg/L，Mn^{2+} = 1.2～2.0mg/L，出水 TFe ≤ 0.1mg/L，Mn^{2+} < 0.1mg/L。已达深度净化的目标。

（2）试验方法

关闭滤柱进出水闸门，使滤层在充满原水浸泡的状态下，停止运行 26d。然后恢复正常运行，每天沿滤层深度分层取水样，检测水中 Mn^{2+} 浓度，分析滤层除锰活性的变化情况。

（3）试验结果

恢复运行后滤池进出水 Mn^{2+} 逐日变化情况如图 6－3 所示。从图中可见：恢复运行第 2d 开始出水 Mn^{2+} 就完全稳定达标。由此可见，就微铁高锰水而言，滤柱停运 26d 后再启动，全滤层的除锰活性几乎不受影响。滤柱停运前后，分层取水水质化验的结果，如图 6－4 所示。

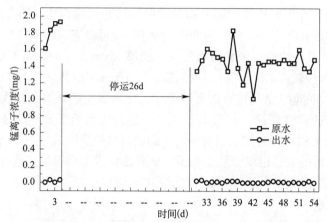

图 6－3　停运前后滤柱进出水 Mn^{2+} 逐日变化情况

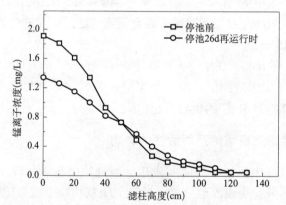

图 6－4　低铁高锰水停池前后滤柱沿层 Mn^{2+} 浓度变化

从图 6－4 可知，停运 26d 重新启动后，滤层沿层的除锰活性有所变化，滤层表层和下层除锰活性有所增强，而上中层有所降低，全滤层除锰能力基本没变。

2. 伴生氨氮高铁锰地下水的成熟滤柱的停水试验

（1）试验装置与试验用水

采用两根与微铁高锰水试验相同的滤柱，试验原水为伴生氨氮高铁锰地下水（12mg/L≤TFe≤17mg/L，Mn^{2+} =1.2～2.0mg/L，NH_4^+ － N =1.0～1.5mg/L）两个滤柱都在培养过程中尚未完全成熟。

（2）试验方法

1）关闭 1 号滤柱进出水闸门使滤柱在充满水的条件下，停止运行 19d 后再启动。沿

层取水检测 Mn^{2+} 浓度，分析滤层除锰活性的变化。

2）仅关闭 2 号滤柱进水闸门，使滤柱在放空状态下停止运行 19d 再启动。沿层取水样分析 Mn^{2+} 浓度，观察滤层除锰活性的变化。

（3）试验结果

1）1 号滤柱满水停运 19d 后再启动，进出水锰浓度逐日变化如图 6-5 所示。Mn^{2+} 浓度沿层变化曲线绘于图 6-6。从图 6-5 可知，虽然停水前培养中的生物滤层出水 Mn^{2+} 浓度已降至 0.3mg/L，滤柱满水停止运行 19d，当再次启动时出水 Mn^{2+} 浓度竟然高达 1.41mg/L，与进水水平相当。滤层除锰活性已经完全丧失。运行 2d 后除锰能力有较大的恢复，运行 4d 之后除锰能力基本恢复。

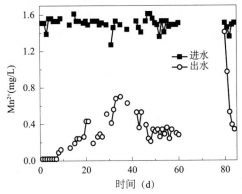

图 6-5 伴生氨氮高铁锰地下水滤柱停运浸泡前后进出水锰浓度

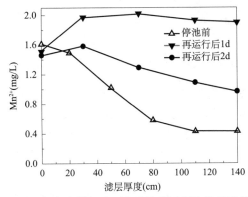

图 6-6 伴生氨氮高铁锰地下水滤柱停运浸泡前后沿层锰浓度

停运当天和第 2d 沿层 Mn^{2+} 浓度如图 6-6 所示。从图 6-6 明显看到滤层在停运前，虽然有了相当的除锰活性，满水停运 19d 后再启动当天，沿层出水 Mn^{2+} 浓度一直高于进水，最高达 2.02mg/L，远大于进水 1.51mg/L；再运行后第 2d 在 40cm 之上滤层出水 Mn^{2+} 浓度仍高于进水，之后才渐渐降低。上述现象充分表明再启动之初，滤层全层均有 Mn^{2+} 离子溶出。即滤砂表面形成的生物膜中的高价锰在停运浸泡后又以 Mn^{2+} 状态溶于水中。

2）2 号滤柱放空停运 19d 后，再启动进出水 Mn^{2+} 浓度如图 6-7 所示，再运行当天沿程 Mn^{2+} 离子浓度如图 6-8 所示。由图 6-7 可知，滤层停运前尚未培养成熟，滤后水 Mn^{2+} 为 0.6～0.9mg/L，放空停运 19d 后再启动运行时，滤柱出水 Mn^{2+} 浓度竟然几乎达标

（0.12mg/L），此后出水 Mn^{2+} 浓度逐日增加，4d 之后增加至 0.6mg/L 并稳定于停运前水平。图 6-8 也表明停止运行 19d 后，再启动运行当天沿层除锰活性都有增加，而中部 30~60cm 处尤甚。

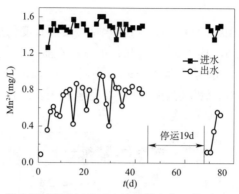

图 6-7　伴生氨氮高铁锰地下水滤柱放空停运前后进出水锰浓度

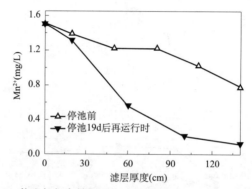

图 6-8　伴生氨氮高铁锰地下水滤柱放空停运前后沿层锰浓度

伴生氨氮高铁锰地下水培养的有相当除锰活性的滤柱，停止运行并保持滤柱以充满水和放空两种状态，19d 后再启动运行后滤层的除锰能力变化迥然不同。滤柱停运放空状态下，除锰活性大有提高，停运前出水 Mn^{2+} 浓度 0.6mg/L，停运后再启动时降至 0.12mg/L，几乎达到饮水标准。而在滤柱停运满水状态下，再启动时出水 Mn^{2+} 浓度大增，远远超出进水浓度，滤层基本丧失了除锰活性。

对于相同的滤层和进水水质条件而言，为何滤柱放空与满水浸泡会有截然不同的结果？对于同样成熟的滤层而言，为何不同水质停运再运行后，滤层除锰活性有截然不同的变化？简言之是由于滤层中氧化还原环境不同所造成的。在充水浸泡状态下，柱内停滞的水层中仅有的溶解氧会被水中高浓度的 Fe^{2+}、Mn^{2+} 和 NH_4^+-N 的氧化所消耗殆尽，使滤柱呈厌氧还原状态，在厌氧还原环境中，滤砂表面已经披覆了的生物膜骨架中的高价锰和高价铁会重新还原为 Fe^{2+} 和 Mn^{2+} 而溶于水中，不但增加了水中 Mn^{2+} 的浓度，同时也破坏了滤砂表面生物膜骨架，摧毁了生物群系繁衍生息的场所。所以再启动运行开始，溶出的 Mn^{2+} 大大增加了沿层与出水的锰浓度，而滤层的除锰活性又要重新培养和积累，所以启动多日后，滤柱才能恢复至停运前的除锰活性水平。

放空停运状态下，空气处于流通状态，保持了滤柱的有氧环境，构筑生物膜骨架的高价锰氧化物不会因厌氧而溶出，生物膜仍完好无损。在锰氧化菌处于长期饥饿状态之后重新运行时，Mn^{2+} 被锰氧化菌大量利用，从而导致滤柱恢复运行初期出水 Mn^{2+} 含量明显下降，近乎达标。之后很快又恢复到停运之前的水平。上述试验验证了溶解氧对维持生物滤层除锰活性稳定的重要作用。

同样是浸泡停运，再启动后微铁高锰水的试验柱基本上没有受到影响，仍然保持着滤柱的除锰活性。其原因是，微铁高锰水消耗水中 DO 很少，滤柱基本上还保持着好氧的氧化环境，生物膜骨架中的高价锰没有溶出，保持了锰氧化菌繁衍生息的空间和除锰活性，所以再启动时，全滤层的除锰活性没有变化。

6.2 生物除锰滤层的硝化活性及氨氮去除极限浓度研究

在曝气过滤生物除锰的工艺流程中，经曝气充氧单元后，地下水中 DO 最多能达到地下水水温下的饱和溶解氧值。曝气形式不同，曝气后水的 DO 值也不相同。一次跌水 DO 可达 3~4mg/L，二次跌水 DO 可达 4~6mg/L。喷淋高度不同，喷淋气后的 DO 也不同，DO 可达 6~9mg/L。伴生氨氮含铁锰地下水中，由于氨硝化的氧当量比铁锰氧化当量有数量级的增长，因此在溶解氧有限的生物除锰滤池中，Fe^{2+}、Mn^{2+} 和 NH_4^+-N 对于 DO 的争夺，以及他们对 DO 利用的优先顺序就会影响到各自的去除效果。本节以伴生氨氮高铁锰地下水和伴生氨氮低铁锰地下水为试验原水考察成熟生物滤层对氨氮的去除极限。

6.2.1 伴生氨氮高铁锰地下水生物滤层的氨氮去除极限

1. 试验装置与试验用水

试验装置同 6.1 节所述，以水厂水源地下深井水（TFe = 7~13mg/L，Mn^{2+} = 1.0~1.5mg/L，NH_4^+-N = 1.0~1.2mg/L）作为滤柱试验基础用水，通过蠕动泵投加氯化铵溶液调节进水中的氨氮浓度。

2. 试验方法

采用培养成熟的生物滤柱，以深井水配制不同氨氮浓度的含铁锰地下水，经不同强度曝气充氧，在不同 DO 水平下，通入试验柱进行过滤。每天分析进出水水质，观察 Fe^{2+}、Mn^{2+} 和 NH_4^+-N 的去除情况。

3. 试验结果

曝气后 DO 为 8~10mg/L 的不同氨氮浓度的高铁高锰地下水，通入成熟试验柱后的逐日进出水水质如图 6-9 所示。从图 6-9 中可以看出，在 DO 8~10mg/L 条件下，进水 NH_4^+-N 在 1.17~2.24mg/L 波动时，对进水中铁锰的去除并无影响，出水铁锰都可稳定达标，T-Fe ≤ 0.1mg/L，Mn^{2+} < 0.05mg/L。

为探求生物滤层中进水 NH_4^+-N 浓度对 Fe^{2+}、Mn^{2+} 去除的影响，分别在运行的第 5d（进水 NH_4^+-N = 1.34mg/L）和第 7d（进水 NH_4^+-N = 2.19mg/L），对稳定运行的试验滤柱分层取水样检测 T-Fe、Mn^{2+}、NH_4^+-N 浓度，观察滤层沿程水质变化，其结果如图 6-10 和图 6-11 所示。

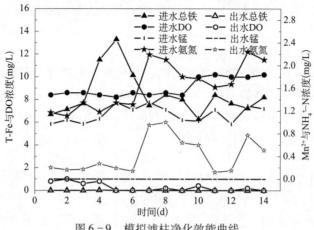

图 6-9　模拟滤柱净化效能曲线

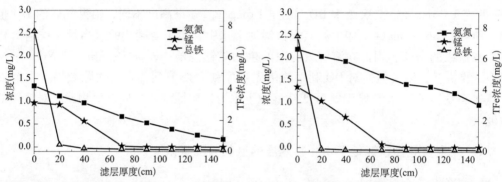

图 6-10　滤柱沿层水质（$NH_4^+-N=1.34mg/L$）　　图 6-11　滤柱沿层水质（$NH_4^+-N=2.19mg/L$）

对比图 6-10 和图 6-11，可以发现无论 NH_4^+-N 浓度为 $1.34mg/L$ 或 $2.19mg/L$ 时，Fe^{2+}、Mn^{2+} 都分别在滤层 20cm 与 70cm 处达到深度去除，$T-Fe$ 在 $0.1mg/L$ 之下，Mn^{2+} 在 $0.05mg/L$ 之下，稳定达标。可见在 DO 充足时，氨氮对铁、锰在滤层中的氧化去除并无妨害，对铁、锰各自的高效去除空间也无妨害。

但是从图 6-9 可以观察到，随着进水 NH_4^+-N 和 DO 浓度的变化，NH_4^+-N 的出水浓度却有明显变化。为探其究竟，将每日 NH_4^+-N 的进出水浓度和去除量绘成表 6-4 和图 6-12。从表 6-4 可知，当进水 NH_4^+-N 浓度在 $1.4mg/L$ 以下波动，DO 为 $8～8.5mg/L$ 水平时，滤柱出水 NH_4^+-N 浓度在 $0.3mg/L$ 以下，稳定达标，出水 DO 尚有些许剩余。然而当调节进水 NH_4^+-N 浓度在 $2.0mg/L$ 左右，出水 NH_4^+-N 接近 $1mg/L$，已超出饮水标准；再将 DO 提高到 $10mg/L$ 水平时，出水 NH_4^+-N 浓度又有所下降，但波动较大，不能稳定达到 $0.5mg/L$ 的标准，同时检测到出水溶解氧含量几近为 0。也就是前文中所说的由于 NH_4^+-N 硝化耗氧较大，进水有限的溶解氧必然限制了生物滤柱对 NH_4^+-N 的去除。

图 6-12 和表 6-4 还表示了对于不同进水 DO 浓度，氨氮的去除量都有一定限值，进水 NH_4^+-N 超过了这个限值，出水浓度随之超标。在试验水质条件下，采用一次喷淋曝气溶解氧达到 $8.5mg/L$ 左右时，滤柱对氨氮的最大去除量为 $1.24mg/L$；当采用喷淋与机械曝气的组合曝气方式使溶解氧提高到 $10.0mg/L$ 左右时，氨氮的最大去除量提高到

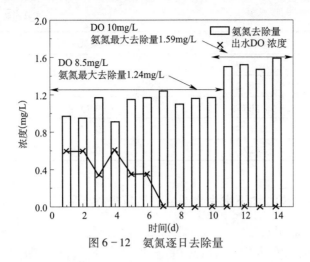

图 6 - 12　氨氮逐日去除量

1.59mg/L。同时，溶解氧都消耗殆尽，出水 DO = 0。

进水中 Fe^{2+}、Mn^{2+} 和 $NH_4^+ - N$ 的理论耗氧量可用如下公式计算：

$$[O_2] = 0.143 [Fe^{2+}] + 0.29 [Mn^{2+}] + 4.6 [NH_4^+ - N]$$

以水源深井水中 Fe^{2+}、Mn^{2+} 分别为 10mg/L 和 1.2mg/L 计，当 $NH_4^+ - N$ 的去除量为 1.24mg/L 时，所需溶解氧应为 7.48mg/L，考虑到其他还原性物质的耗氧以及少量氨氮参与了生物的同化作用，与实际耗氧量（8.5mg/L）基本相符合。当氨氮去除量为 1.59mg/L 时，所需溶解氧为 9.05mg/L，与实际耗氧量（10.0mg/L）也基本相符。由此，进一步明确了溶解氧是硝化反应的控制因子。

对于长年 7~10℃ 的地下水而言，DO 为 10mg/L 已接近饱和。即使维持曝气系统良好稳定的运行，保持进水溶解氧 10mg/L 已实属不易，若要再增加进水溶解氧将耗费巨大能量。由此可以推断：在该地下水原水水质条件下，一级生物过滤工艺中氨氮的去除极限值为 1.59mg/L。只有进水 $NH_4^+ - N$ 浓度在 2.1mg/L 之下时，出水 $NH_4^+ - N$ 方可满足标准 0.5mg/L 之下的要求。浓度更高的 $NH_4^+ - N$ 地下水，需要延长流程或加强曝气充氧才能实现 Fe^{2+}、Mn^{2+} 和 $NH_4^+ - N$ 的全面达标。

氨氮去除量（单位：mg/L）　　　　　　　　　　　　　　　　　表 6 - 4

DO	水样	进水氨氮浓度	出水氨氮浓度	去除量
8.5	1	1.17	0.2	0.97
	2	1.11	0.16	0.95
	3	1.34	0.17	1.17
	4	1.18	0.27	0.91
	5	1.34	0.19	1.15
	6	1.31	0.14	1.17
8.5	7	2.19	0.95	1.24
	8	2.1	1	1.1
	9	1.8	0.64	1.16

（续表）

DO	水样	进水氨氮浓度	出水氨氮浓度	去除量
10.0	10	1.77	0.6	1.17
	11	1.62	0.12	1.5
	12	1.67	0.15	1.52
	13	2.24	0.77	1.47
	14	2.1	0.51	1.59

6.2.2　伴生氨氮微铁高锰地下水生物滤层的氨氮去除极限

1. 试验装置与试验用水

试验装置同前，以某水厂除铁滤池出水（ $Fe^{2+} < 0.3mg/L$ ， $Mn^{2+} = 1mg/L$ ， $NH_4^+ - N = 1mg/L$ ）为试验基础用水，通过投加氯化铵溶液调节进水氨氮浓度（ $1\sim4mg/L$ ）。

2. 试验方法

在成熟的生物除锰滤柱中，以3m/h的滤速通入经曝气后DO达10mg/L的试验原水。试验开始运行的前几天内，进水 $NH_4^+ - N$ 浓度为1.25mg/L左右，后期 $NH_4^+ - N$ 浓度为2.5~3.5mg/L左右，每日取进出水样检测 Mn^{2+} 和 $NH_4^+ - N$ 浓度，观察 $NH_4^+ - N$ 的去除状况。

3. 试验结果

试验滤柱逐日进出水 Mn^{2+} 和 $NH_4^+ - N$ 的变化如图6-13所示，从图6-13可以看出，试验运行期间，进水中的 Mn^{2+} 都得到了深度去除，一直非常稳定。在运行前6d进水 $NH_4^+ - N$ 浓度为1.2~2.5mg/L时，出水 $NH_4^+ - N$ 也都在0.29mg/L之下，满足饮用水卫生标准的要求（ $< 0.5mg/L$ ）。但是第15d之后，滤柱进水 $NH_4^+ - N$ 浓度在3.5mg/L上下波动时，出水 $NH_4^+ - N$ 浓度达1mg/L之上，并随进水 $NH_4^+ - N$ 浓度的增高而增高。

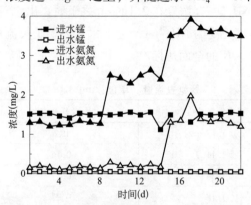

图6-13　成熟生物除锰滤柱的氨氮去除效果

在进水 DO = 10mg/L 水平下，伴生氨氮微铁高锰地下水净化试验中 $NH_4^+ - N$ 逐日去除情况见表6-5。从表6-5中可知，在试验过程中，在一定范围内，生物滤层对氨氮的去除量随进水 $NH_4^+ - N$ 浓度的提高而提高。当进水 $NH_4^+ - N$ 浓度为1.2~1.34mg/L时，进水氨氮得到深度去除，生物滤层对氨氮的去除量为1.13mg/L左右，出水溶解氧尚有3mg/L左右的剩余。当进水 $NH_4^+ - N$ 浓度提高到2.5mg/L时，氨氮的去除量增加到2.2~

2.39mg/L,进水氨氮也能得到深度去除,但此时出水 DO = 0。当进水 $NH_4^+ - N$ 浓度再继续提高时,生物滤层对氨氮的去除量不再增加。此时出水 $NH_4^+ - N$ 浓度会相应增加,乃至大幅超标。

模拟滤柱氨氮去除量(单位:mg/L)   表 6 - 5

水样	进水氨氮	出水氨氮	去除量	出水 DO	水样	进水氨氮	出水氨氮	去除量	出水 DO
1	1.29	0.15	1.14	3.5	12	2.5	0.16	2.34	0.8
2	1.32	0.2	1.12	2.6	13	2.63	0.24	2.39	0.0
3	1.2	0.16	1.04	3.2	14	2.4	0.17	2.23	0.0
4	1.23	0.1	1.13	3.0	15	3.5	1.3	2.2	0.0
5	1.24	0.14	1.1	3.0	16	3.6	1.35	2.25	0.0
6	1.34	0.19	1.15	2.4	17	3.92	1.97	1.95	0.0
7	1.3	0.16	1.14	2.6	18	3.7	1.39	2.31	0.0
8	1.27	0.13	1.14	2.6	19	3.6	1.32	2.28	0.0
9	2.5	0.29	2.21	0.0	20	3.67	1.39	2.28	0.0
10	2.43	0.2	2.23	0.0	21	3.54	1.28	2.26	0.0
11	2.3	0.22	2.08	0.0	22	3.5	1.2	2.3	0.0

在进水不同 $NH_4^+ - N$ 浓度水平下,对稳定运行的滤柱沿滤层取水,检测 Mn^{2+}、$NH_4^+ - N$ 和 DO 的沿层变化。探讨同一生物滤层中 Mn^{2+} 和 $NH_4^+ - N$ 氧化去除的相互关系。在进水 $NH_4^+ - N$ 为 1.2mg/L,2.63mg/L 和 3.92mg/L 时滤层沿层水质状况如图 6 - 14 ~ 图 6 - 16 所示。

从图 6 - 14 可以看出,当进水 $NH_4^+ - N$ 在 1.2mg/L 时,滤层中溶解氧充足,在 0 ~ 45cm 的层间 Mn^{2+} 和 $NH_4^+ - N$ 同时得以快速氧化,DO 相应快速消耗。至滤层 45cm 处 Mn^{2+} 和 $NH_4^+ - N$ 都得到了深度去除,此时 DO 剩余 4.5mg/L。说明在相对充足的溶解氧条件下,水中还原物质 Mn^{2+} 和 $NH_4^+ - N$ 的氧化互不影响,都可以顺利进行。从图 6 - 15 可见,当进水 $NH_4^+ - N$ 提高到 2.63mg/L 时,到 60cm 滤层处 Mn^{2+} 才达标,到 105cm 滤层处 $NH_4^+ - N$ 才达标(0.5mg/L)。至滤柱出水处 Mn^{2+} 和 $NH_4^+ - N$ 都达到了深度去除,而溶解氧也消耗殆尽,出水 DO 浓度为零。说明进水 DO 刚好满足 Mn^{2+} 生物氧化和 $NH_4^+ - N$ 硝化的需求,但由于 DO 浓度相对偏低,氧化和硝化速度较图 6 - 14 缓慢。从图 6 - 16 则明显看出,当进水 $NH_4^+ - N$ 浓度继续提高到 3.92mg/L 时,在滤层中部 75cm 处 DO 已经很小(0.3mg/L),此处 $NH_4^+ - N$ 由 4.0mg/L 降至 2.3mg/L,但因没有足够的溶解氧而终止硝化。但是 Mn^{2+} 依然于 60cm 滤层处达到标准,而且沿滤层仍在继续氧化去除,直至溶解氧消耗殆尽。说明在生物滤柱中,即使 DO 不足以满足 $NH_4^+ - N$ 的硝化需求,但只要没有高浓度 Fe^{2+} 对溶解氧的争夺,Mn^{2+} 的生物氧化不受高浓度 $NH_4^+ - N$ 的影响。仅 $NH_4^+ - N$ 本身的硝化受限于溶解氧的浓度。从图 6 - 16 还可以发现,氨氮的硝化止于滤层中 DO = 0.3mg/L 的 75cm 处。在其之下的滤层中 $NH_4^+ - N$ 浓度保持不变,而 Mn^{2+} 却在微量 DO 下继续得以深度去除。说明在低溶解氧环境中 $NH_4^+ - N$ 难以硝化。

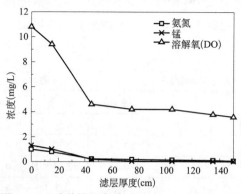

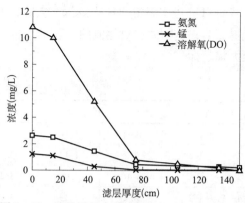

图 6-14　滤柱沿层水质（$NH_4^+ - N = 1.2mg/L$）　　图 6-15　滤柱沿层水质（$NH_4^+ - N = 2.63mg/L$）

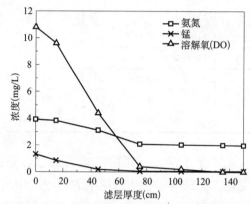

图 6-16　滤柱沿层水质（$NH_4^+ - N = 3.92mg/L$）

　　综上所述，对于净化伴生氨氮高铁锰地下水的生物滤层而言，在其培养和稳定运行过程中，曝气溶氧是重要的环节。只有当进水的溶解氧（DO）满足原水中各种还原物质的耗氧需求，才能实现 Fe^{2+}、Mn^{2+}、$NH_4^+ - N$ 的全面去除。但在一定的温度和大气压下，水中氧的溶解度是有限的。通常地下水温（7～10℃）和大气压力（0.1MPa）下，水中氧的饱和浓度为 12mg/L，即使采用强曝气装置，曝气水中溶解氧的饱和度也只能达到 60%～80%，DO 可达 8～10mg/L，要达到更高的饱和度，溶氧效率低下，在工程上是不经济的，也难以承受。在限定的 DO = 8-10mg/L 条件下，生物除锰滤池中，溶解氧是按照如下的顺序被利用和消耗的。

　　首先，Fe^{2+} 在包裹于滤砂表面的触媒（FeOOH）的催化下，迅速被氧化为含水的 Fe^{3+} 化合物（FeOOH），黏附于滤砂表面与原来的 FeOOH 相结合，从而更新触媒表面，于是优先抢占了 DO 和滤层的上层。

　　其次，氨氧化菌是专性好氧菌，在溶解氧较充足氧化环境强的上部空间，竞争了部分 DO 将 $NH_4^+ - N$ 硝化为硝酸盐。到了下部空间，当溶解氧锐减到 1～0.5mg/L 时，在微氧化环境中，氨氧化菌的活性减弱，代谢活动几近停止，$NH_4^+ - N$ 去除速率异常低下。

　　再次，锰氧化菌是低温微好氧菌，虽然其繁殖代谢能力比氨氧化菌、异养菌要缓慢得多，但在微氧条件下，依然有较旺盛的代谢能力。在生物滤层的中下层，DO 为 1.0～0.5mg/L 的弱氧化环境中，在锰氧化菌胞外酶的催化下，将 Mn^{2+} 氧化为 Mn^{4+} 氧化物，包裹于滤砂表面并截留于滤层中，实现除 Mn^{2+}，同时消耗水中 DO。

如前所述，部分 $NH_4^+ - N$ 在滤层上层空间被硝化，在 DO 降为 $1 \sim 0.5mg/L$ 的滤层下部空间，硝化活动基本停止，已无法与 Mn^{2+} 的生物氧化争夺剩余的微量溶解氧。

基于此，当原水中 $NH_4^+ - N$ 偏高，水中 DO 满足不了 Fe^{2+}、Mn^{2+}、$NH_4^+ - N$ 等各种还原物氧化的耗氧量时。在滤层表层 Fe^{2+} 的化学接触氧化强于 $NH_3^- - N$ 的硝化反应，虽然硝化反应能争夺到部分 DO，但并不影响 Fe^{2+} 的氧化去除，在下部空间微氧环境中，也无法与 Mn^{2+} 生物氧化争夺微量的 DO，因此也不影响 Mn^{2+} 的生物氧化。然而，$NH_4^+ - N$ 本身的去除量受限，在生物除锰滤层中 $NH_4^+ - N$ 去除量与进水 DO 和其他水质尤其是 Fe^{2+} 的含量密切有关。试验得出不同水质条件下，生物除锰滤层中 $NH_4^+ - N$ 的去除极限见表 6-6。

生物除锰滤层中 $NH_4^+ - N$ 去除量相对极限（mg/L）　　　　　表 6-6

进水溶解氧浓度	原水 Fe^{2+} 浓度	$NH_4^+ - N$ 去除量
8	$\leqslant 3$	
10		2.2
8	$\geqslant 10$	1.24
10		1.59

6.3 生物除锰滤层中氨氮转化过程及对 Mn^{2+} 生物氧化的影响

前述试验研究可知：在生物滤层中，当 Fe^{2+}、Mn^{2+} 和 $NH_4^+ - N$ 共存时，由于以 FeOOH 为触媒的 Fe^{2+} 的自催化氧化反应动力很强大，在生物滤层的上表层优先进行。一般在深 $15 \sim 20cm$ 之内，就完成了 Fe^{2+} 的氧化去除。然后才开始 Mn^{2+} 的生物催化氧化。而对于水中的 $NH_4^+ - N$，只要滤层中存在着一定浓度的溶解氧就可以进行硝化，尤其是滤层的中上部。生产实践中发现：若地下水中含有 $NH_4^+ - N$ 会延缓生物除锰滤层的成熟。但是 $NH_4^+ - N$ 的硝化过程对 Mn^{2+} 的生物催化氧化，或者说亚硝酸菌、硝酸菌与锰氧化菌相互关系尚不明确。为此，进行了如下的试验研究，以期明晰 $NH_4^+ - N$ 在生物除铁除锰滤层中的转化规律及对生物除锰的影响。

6.3.1 生物除锰滤层中氨氮的转化规律

1. 硝化除锰生物滤层培养试验

在地下水生物除铁除锰研究中发现对于含 $NH_4^+ - N$ 的地下水，生物滤层经过培养后，水中 $NH_4^+ - N$ 也被去除了。对滤层中的微生物进行分离培养后发现，除了锰氧化菌外，硝化细菌也在滤柱中存在。硝化细菌是一类具有硝化作用的化能自养细菌，包括亚硝化菌和硝化菌两种菌群。滤柱中氨氮的生物去除主要是依靠滤料上附着生长的硝化细菌完成的，他们分别能催化如下的化学反应并从中获得能量：

亚硝化菌：　　　　　　　$2NH_3 + 3O_2 \xrightarrow{\quad\quad} 2HNO_2 + 2H_2O + energy$

硝化菌：　　　　　　　$2HNO_2 + O_2 \Longrightarrow 2HNO_3 + energy$

（1）试验装置和试验方法

采用煤砂双层滤柱进行硝化除锰生物滤层的培养：滤柱内径 $D = 1500mm$，高 $H = 2.5m$。滤柱上部填装粒径 1.5 ~ 2.0mm 的无烟煤，装填厚度 500mm，下部填装粒径 0.6 ~ 1.2mm 的石英砂，装填厚度 800mm，下设垫层 200mm。滤柱接种后直接通入某水厂水源深井水以 2m/h 的滤速运行。原水 TFe = 10 ~ 15mg/L，Mn^{2+} = 1.0 ~ 1.5mg/L，NH_4^+ – N = 1.0 ~ 1.2mg/L；反冲洗周期 2d，强度 10 ~ 12L/（s·m^2），反冲洗时间 5 ~ 7min；进水 DO 约 8.5mg/L。

（2）试验结果

图 6-17 是在生物滤层培养过程中进出水 NH_4^+ – N、Mn^{2+} 浓度逐日变化曲线（因从初始运行铁就一直稳定达标，在图中予以忽略）。从图 6-17 中可以发现滤柱初始运行时 NH_4^+ – N 就有 10% 的去除率，这主要应归结于滤料的吸附作用，此后滤柱出水中 NH_4^+ – N 浓度逐步下降，半个月后出水 NH_4^+ – N 达标（0.5mg/L），之后又经过约半个月，第 32d 滤层出水 NH_4^+ – N 浓度稳定在 0.2mg/L 左右，去除率保持在 80% 左右。但此时出水 Mn^{2+} 还远远没有达标，仍为 0.6mg/L 以上，直到第 42d 在出水 NH_4^+ – N 稳定达标 10d 之后，锰才达到饮用水标准。上述试验完成了硝化除锰生物滤层的培养，实现了在同一个生物滤层中 TFe、Mn^{2+}、NH_4^+ – N 的同池去除。从培养过程中滤层对 Mn^{2+} 和 NH_4^+ – N 去除的活性增长来推定，锰氧化菌的增殖滞后于硝化菌。

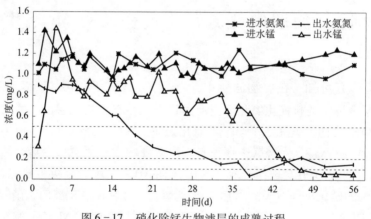

图 6-17　硝化除锰生物滤层的成熟过程

2. Fe^{2+}、Mn^{2+}、NH_4^+ – N 在生物滤层中去除空间定位

生物滤层成熟并稳定运行后，对滤柱分层取水样考察 TFe、Mn^{2+}、NH_4^+ – N 沿层去除状况，结果如图 6-18 所示，Fe^{2+} 在表层 20cm 之内很快被去除，占有上部空间并优先利用溶解氧；Mn^{2+} 在 20cm 之下的滤层即 Fe^{2+} 降到相当低浓度时才开始快速去除，到 120cm 处基本达标。NH_4^+ – N 从表层开始就有相当的去除，至滤层 50cm 处去除速度变缓，整个滤层中氨氮去除率接近 80%，去除量达到 0.9mg/L。

3. 氨氮在生物除锰滤层中的转化规律

为探明生物除锰滤层中氮素的转化规律，排除 Fe^{2+} 自催化优先利用水中溶解氧的干扰。试验采用成熟生物除锰滤柱，将含高 Fe^{2+} 的水源深井水经除铁后作为滤柱的进水，此

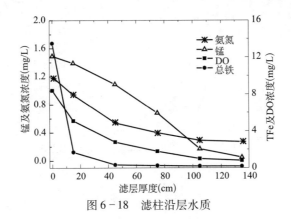

图 6-18 滤柱沿层水质

时进水中 TFe 为 0.2mg/L 左右，Mn^{2+} 浓度为 1.5mg/L 左右，NH$_4^+$-N 浓度为 1.0mg/L 左右。滤柱首先以 6m/h 滤速稳定运行一个月后提升滤速至 12m/h，再至稳定运行。

对稳定运行的滤柱分层取水化验 NH$_4^+$-N、NO$_2^-$-N、NO$_3^-$-N 以及 TN，单纯考虑氮素在硝化除锰生物滤层中的转化。如图 6-19 所示，NH$_4^+$-N 在硝化细菌代谢作用下浓度逐步降低，在滤层 15~35cm 处下降最快，浓度由 0.9mg/L 降至 0.6mg/L，在 20cm 的滤层空间硝化了 0.3mg/L 的 NH$_4^+$-N，层间速率达到 0.015mg/L·cm。此后去除变缓慢，层间速率下降至 0.006mg/(L·cm)；亚硝酸盐在滤层中上部有积累现象，尤其是在滤层 30~40cm，之后逐步降低至痕量；滤层中硝酸氮浓度沿层在逐渐增大，尤其在 15~35cm 浓度增加较大。滤层中出现了总氮的损耗（不到 10%）。由于滤柱一直处于有氧状态，而且地下水中有机营养物质贫乏，这二者均不能构成反硝化菌生长繁殖的良好条件，因此排除了滤柱内发生了反硝化的可能。因为松北水厂各滤池进出水总氮的损耗都在 10% 以下，基本可以认为是消耗于滤层的吸附和微生物生长代谢。

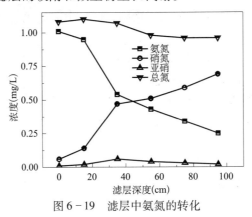

图 6-19 滤层中氨氮的转化

对滤速 6m/h 和 12m/h 的稳定运行滤柱沿程取样，分析其 NH$_4^+$-N 沿程去除状况，其结果如图 6-20 所示。

从图 6-20 中可以发现，随着滤速的提高，NH$_4^+$-N 在滤层间的去除速率降低，但仍能保证滤柱的最终出水水质。提高滤速后 NH$_4^+$-N 达标去除所需的滤层厚度由原来的 20cm 变成 40cm 以上，NH$_4^+$-N 深度去除（<0.2mg/L）需要的滤层厚度也由提速前的 40cm 延伸至近 100cm。在 12m/h 的高滤速下滤柱中 NH$_4^+$-N 的硝化时间小于 7min，但滤

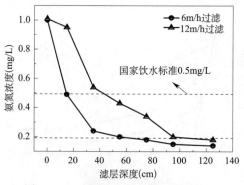

图 6-20　不同滤速氨氮沿层去除情况

层对 $NH_4^+ - N$ 去除率却高达 80%，去除量达到 0.8mg/L。这充分表明了除锰生物滤层有极强的 $NH_4^+ - N$ 硝化能力。

从以上试验结果可以推断：在生物固锰除锰滤层中，同时存在着硝化菌群与锰氧化菌群，各自进行着自身的代谢繁殖，使滤层具有硝化和除锰能力。关于硝化菌群和锰氧化菌之间的生态关系和活性表达将在下节讨论。

6.3.2　氨氮对生物滤层除锰活性影响的研究

虽然 $NH_4^+ - N$ 和 Mn^{2+} 的生物氧化（硝化）能在同一生物滤层中发生，但是经验表明：只含铁、锰地下水生物除锰滤层的培养只需一个月左右，当地下水中有 $NH_4^+ - N$ 共存时，生物滤层的启动往往耗时几个月，除锰滤层的成熟也常常随着 $NH_4^+ - N$ 硝化活性增长而完成。若能找到上述问题的原因并提出相应的对策以缩短生物滤层的培养周期，将会产生巨大的经济效益。鉴于此，应考察 $NH_4^+ - N$ 及其硝化中间产物亚硝酸氮对于生物除锰滤层成熟过程的影响，从而分析在生物除锰滤层中的硝化菌在含氮、铁、锰地下水净化过程中的作用。

1. $NH_4^+ - N$ 对于生物除锰滤层启动的影响

为明晰 $NH_4^+ - N$ 对生物除锰滤层培养过程的影响，进行了生物滤层不同接种方式的对比试验。试验采用两根有机玻璃滤柱，滤柱填装无烟煤与石英砂构成双层滤料，直接通入水源深井水进行启动试验。两根滤柱的运行参数相同：滤速 2m/h，反冲洗周期 2d，强度 $10 \sim 12L/\ (s \cdot m^2)$，时间 $5 \sim 7min$，唯一不同的是两滤柱采用不同的接种方式，一个是采用试验室从水厂分离的高效锰氧化菌复配菌液 1L 进行接种（其菌液中只有锰氧化菌），另一个采用由水厂成熟生物滤层的反冲洗水扩增培养的菌液 2L 进行接种（接种液含有锰氧化菌、亚硝化细菌和硝化菌）。试验滤柱运行期间，每日取进出水水样，分析 TFe、Mn^{2+}、$NH_4^+ - N$、$NO_2^- - N$ 和 $NO_3^- - N$ 浓度。由于 Fe^{2+} 在表层很快去除，并一直稳定，所以图中未予标出。

试验结果如图 6-21、图 6-22 所示。从除锰滤层成熟的结果来看，试验室菌液接种的煤砂双层滤柱，从 8 月 14 日启动到 10 月 14 日滤柱出水 Mn^{2+} 含量低于 0.1mg/L，耗时近 60d。对比而言，使用反冲洗水接种的滤柱，出水 Mn^{2+} 浓度 9 月 24 日之后即已达标，整个过程持续时间约 45d，成熟周期缩短 1/4。但是从培养过程来看，试验室菌液接种滤柱，在培养初期仅半个多月之后（9 月 2 日），滤层除锰率已经达到 30% 左右，一个月之后（9月12日）除锰率提升到60%左右。但是其在培养后期成熟缓慢，出水 Mn²⁺ 浓度从 0.4mg/L 下降到 0.1mg/L，耗时一个多月；而反冲洗水接种培养的滤层，其前期活性增长缓慢，在一个多月之后（9月15日）除锰率还停留在40%的水平，效果远远不及菌液接种的滤柱。但后期活性增长迅速，出水 Mn²⁺ 浓度从 0.6mg/L 下降到 0.1mg/L，只用了约 10d 时间。

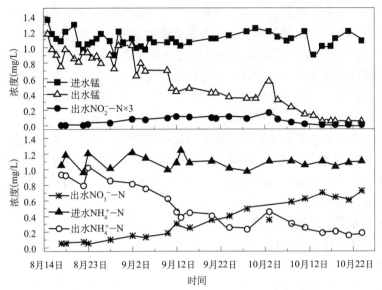

图 6-21　试验室复配菌液接种生物滤层培养过程

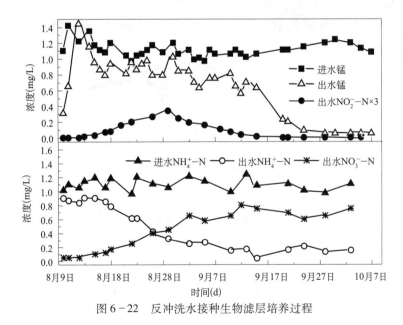

图 6-22　反冲洗水接种生物滤层培养过程

　　为何会有如此差别？对比生物滤层培养过程中亚硝酸的积累就可以明了其原因。图 6-21中，菌液接种的滤柱内亚硝酸盐的积累出现较迟，并且过程缓慢，整个积累过程持续时间超过50d，浓度约在 0.2mg/L 之下，与此相应，培养之初 Mn²⁺ 的去除率就有增长。在图 6-22 中，反冲洗水接种的滤柱在培养之初，生物滤层的除锰效能提高缓慢之时，正是滤柱出水中有明显的亚硝酸盐积累的时期，亚硝酸的积累在 20d 之后达到极值，此后缓慢下降，至 35d 之后（9 月 15 日），出水亚硝氮便趋近于 0，而此后便迎来了滤柱除锰效能的快速增长。为此，我们可以推测亚硝酸氮的积累对生物除锰滤层的培养过程有着深刻的影响。反冲洗水接种的滤柱中，在生物滤层培养初期，接种的亚硝化菌和硝化菌经过短暂的适应之后马上进入增殖阶段，由于硝化菌的生长是以亚硝酸盐为底物的，所以硝化菌的增长滞后于亚硝化菌，因此滤层中立即迎来了亚硝酸盐的快速积累，由于亚硝化菌的毒性，对锰的生物去除产生抑制作用，而随着硝化菌的繁殖，底物亚硝酸盐积累的消失，滤柱出水 Mn^{2+} 含量急速下降，生物除锰滤层很快培养成熟。在菌液接种的滤柱中初始不含有硝化细菌，滤柱硝化活性靠自然培养，过程比较缓慢，滤层中积累的亚硝酸盐浓度慢慢增加。虽然培养初期滤层除锰活性有较快增长，但在此后亚硝酸盐漫长的积累过程中，长期影响了滤层的除锰活性，从而导致整个生物除锰滤层培养成熟期的延长。

由此可见，在含氮地下水生物除锰滤层的培养过程中，影响生物除锰滤层培养的关键因素不是 NH_4^+-N，而是 NH_4^+-N 硝化过程中产生的中间产物亚硝酸盐，积极培养生物滤层硝化细菌，促进亚硝酸盐的快速转化是解决问题的突破口。而亚硝酸盐是如何影响生物除锰过程还有待进一步的深入研究。

2. 氨氮对于成熟生物滤层除锰活性的影响

试验采用成熟生物除锰滤柱，为避免试验过程中 Fe^{2+} 的干扰，将水源深井水除铁后作为滤柱的进水（Fe^{2+}0.1mg/L，Mn^{2+}1.5mg/L，NH_4^+-N1.2mg/L），长期运行稳定后，使用蠕动泵逐步调节进水中氨氮浓度至 4mg/L 左右进行试验。因试验工况与 6.2.2 基本一致，进出水 Mn^{2+}、NH_4^+-N 浓度曲线（图 6-23）与图 6-13 相似。图 6-23 和图 6-13 不但表明了成熟生物滤池硝化活性和 NH_4^+-N 去除浓度极限，也表明了进水 NH_4^+-N 浓度对滤层的除锰活性并无妨害。

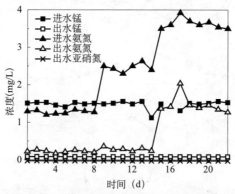

图 6-23　氨氮对成熟生物滤层除锰活性影响

在 NH_4^+-N 浓度由 1.2mg/L 逐步增大到 4mg/L 的过程中，滤柱出水中 Mn^{2+} 浓度丝毫没有受到影响，始终稳定在 0.05mg/L 以下。进水 NH_4^+-N 浓度 4mg/L，滤柱出水 NH_4^+-N 浓度高达 2.1mg/L 时，滤柱的除锰效能似乎也没有受到影响，由此可见，在成熟的生物滤层中 Mn^{2+} 的生物氧化空间和去除效果均不受 NH_4^+-N 浓度的影响。

为了考察生物滤层中 NH_4^+-N 与 Mn^{2+} 去除的空间关系，进行了沿层水质分析。进水 NH_4^+-N 分别为 2.63mg/L 和 3.92mg/L，稳定运行的滤柱其沿层出水水质如图 6-24、图

6-25 所示。从图 6-24 和图 6-25 中可以看出，在没有 Fe^{2+} 干扰的情况下，NH_4^+-N 与 Mn^{2+} 在生物滤层中是从表层开始同步去除的，至滤层 75cm 处 Mn^{2+} 浓度已经达标，NH_4^+-N 的去除量也高达 2mg/L，但是由于受进水溶解氧浓度的限制，滤层下部 NH_4^+-N 去除微弱，从而导致当进水 NH_4^+-N 浓度过高时，出水 NH_4^+-N 无法达标。对比两图可知，随着 NH_4^+-N 浓度的升高，Mn^{2+} 的生物去除空间和效果基本没有受到影响。因此 NH_4^+-N 对于 Mn^{2+} 的生物去除最大的影响，就在于在滤层培养过程中亚硝酸的积累延缓了滤层的成熟，但滤层成熟后 NH_4^+-N 的存在几乎不影响滤层的除锰能力了。

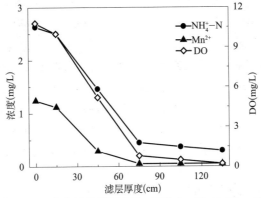

图 6-24　生物滤柱沿层水质（$NH_4^+-N=2.63mg/L$）

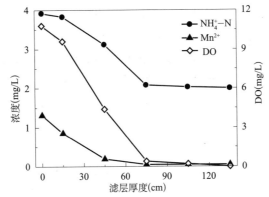

图 6-25　生物滤柱沿层水质（$NH_4^+-N=3.92mg/L$）

第7章 伴生氨氮高铁锰地下水净化试验研究

哈尔滨松北区前进水厂按生物固锰除锰机制经系统改造和生物接种运行后，滤池出水锰与氨氮仍迟迟不能达标。如第5章所述，无论如何调整运行方式和参数，除Mn^{2+}量仅在$0.1 \sim 0.2mg/L$左右，根本无法实现产水量由1万m^3/d增加到2万m^3/d的目标，一级曝气过滤的升级改造方案面临失败。经第6章Fe^{2+}、Mn^{2+}氧化还原关系和Fe^{2+}、Mn^{2+}、NH_4^+-N等还原物质对溶解氧需求规律的试验研究，明晰了在生物滤层中高浓度Fe^{2+}可将披覆在滤砂表面经生物氧化生成的高价锰还原为Mn^{2+}溶于水中；确定了弱曝气不能满足原水中高浓度还原物质对溶氧的要求以及双层滤料滤层净化高铁锰地下水的优势。本章通过模拟滤柱和生产滤池进行生产性试验，以验证和确立成套工程技术，支持生产流程的改造及设备更新，最终实现Fe^{2+}、Mn^{2+}、NH_4^+-N的同池深度去除，并建立示范工程。

7.1 滤柱模拟试验研究

为实现生物滤池同池深度去除Fe^{2+}、Mn^{2+}、NH_4^+-N的目标，在前进水厂一期净水间进行了长期的滤柱模拟试验研究。采用3根内径$D=250mm$，高$H=3000mm$的有机玻璃滤柱模拟生物滤池，以水源深井水为试验滤柱进水，经1号跌水曝气池充氧后的曝气水（$DO=4.5mg/L$）直接或再曝气后进入生物滤柱，试验装置如图7-1所示。

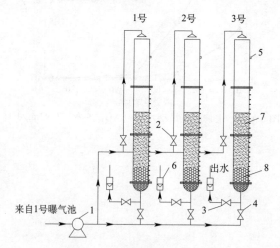

图7-1 滤柱模拟试验装置图
1—提升水泵；2—进水阀门；3—出水阀门；4—反冲洗阀门；5—溢流排水口；
6—流量计；7—滤料；8—垫层

现场3根试验模拟滤柱分别以有一定除锰活性的生产滤池滤砂、新锰砂，以及具有强劲除锰活性的成熟滤砂和无烟煤为填料，构成单层和双层滤料滤层，在不同DO浓度水平下，进行模拟试验柱的连续培养。希望通过该模拟滤柱试验实现 Fe^{2+}、Mn^{2+}、$NH_4^+ - N$ 的同池净化，并取得准优生物滤层结构、DO 浓度和准佳运行操作参数。

7.1.1 生产滤池未成熟滤砂模拟滤柱试验

1. 单层滤料试验

为探明前进水厂生物滤层培养失败的原因，在充分调查了生产滤池的培养状况基础上，利用 1 号滤柱进行了生产滤池运行现状的模拟试验，滤料取于生产滤池，厚度为 120cm，上面再添加 30cm 的成熟滤料。试验原水为该厂深井地下水，TFe 12 ~ 19mg/L，Mn^{2+} 1.2 ~ 2.0mg/L，$NH_4^+ - N$ 1.5 ~ 1.0mg/L。地下水经生产跌水曝气池后（DO = 4.5mg/L）再进入滤柱。在过滤周期 $T = 48h$，反冲洗强度 $q = 10L/$（$s \cdot m^2$），反冲洗时间 $t = 8min$ 的条件下，进行连续长期培养。逐日进出水 Mn^{2+} 和 $NH_4^+ - N$ 浓度变化如图 7 - 2 中 A 段所示，由于滤柱出水 TFe 浓度在试验过程中自始至终都在 0.1mg/L 之下，因此不再分析和讨论。图中可见，由于滤柱的滤料取自运行一定时间的生产滤池，且还有 30cm 的成熟滤料，因此，滤柱运行之初就有一定的除锰活性，出水 Mn^{2+} 浓度由进水的 1.5mg/L 降至 0.8mg/L。但是运行 4d 后出水 Mn^{2+} 浓度就开始逐渐升高，最后甚至远远高于进水浓度。说明此时滤层中已有大量的 Mn^{2+} 溶出，除锰生物膜已经解体。试验运行期间，氨氮的去除量除开始几天有所降低外，其后一直稳定在 0.4mg/L 左右，出水氨氮 0.8mg/L，DO = 0mg/L。模拟滤柱试验结果与生产滤池的运行状况基本一致，氨氮和锰的去除并不成功。

由普通化学基础知识可知，在 pH = 7 的条件下，$Mn^{2+} \rightarrow Mn^{4+}$ 的氧化还原电位为 0.6V，$Fe^{2+} \rightarrow Fe^{3+}$ 的氧化还原电位为 0.2V，Mn^{4+} 与 Fe^{3+} 的氧化还原电位差为 0.4V。在此电位差的驱动下，高价锰在一定条件下，可将 Fe^{2+} 氧化为 Fe^{3+}，而自身被还原为 Mn^{2+} 而溶于水中。模拟试验滤柱内部分披覆着高价锰的滤砂在反冲洗过程中进入滤层上部，与进水中高浓度 Fe^{2+} 接触，发生氧化还原反应，导致了 Mn^{2+} 的溶出，因此出水 Mn^{2+} 浓度高于进水。

此外由 Fe^{2+}、Mn^{2+}、$NH_4^+ - N$ 氧化（硝化）的化学反应当量可知，在该厂水质条件下（$[Fe^{2+}] = 15mg/L$，$[Mn^{2+}] = 1.5mg/L$，$[NH_4^+ - N] = 1.0mg/L$），进水的需氧量可估算为：

$$DO = 0.143 [Fe^{2+}] + 0.29 [Mn^{2+}] + 4.6 [NH_4^+ - N] \tag{7-1}$$
$$= 0.143 \times 15 + 0.29 \times 1.5 + 4.6 \times 1.0 = 7.18mg/L$$

水厂曝气后实际溶解氧仅为 4.5mg/L，远远小于滤层进水的实际需氧量，因此出水 DO 为零。

综上分析，可以推断：Fe^{2+}、Mn^{4+} 之间的氧化还原反应以及溶解氧的不足是生产滤池和模拟试验滤柱培养失败的原因。

2. 双层滤料模拟滤柱试验

针对单层滤料滤池的结构容易形成 Fe^{2+}、Mn^{4+} 之间氧化还原反应而造成 Mn^{2+} 的溶出问题，进行了如下滤层结构改造：保留原有的中下部 75cm 的旧砂，中间添加 30cm 的成熟砂，最上层添加 45cm 的无烟煤滤料。改造后仍通入水厂深井水，连续运行培养。每日取进出水分析 Fe^{2+}、Mn^{2+}、$NH_4^+ - N$ 和 DO 浓度，滤柱逐日进出水变化情况如图 7 - 2 中的

B 段所示。结果表明：由于采用了双层滤料的滤层结构，滤柱下层已经包裹了高价锰的滤砂在反冲洗过程中不易混入上层空间，没有创造与高浓度 Fe^{2+} 接触发生氧化还原的机会，因此没有发生 Mn^{2+} 的溶出，除锰生物膜没有受到破坏，所以滤柱出水 Mn^{2+} 浓度有所降低，但出水 Mn^{2+} 平均浓度仍在 1.0mg/L，平均去除量为 0.5mg/L。双层滤料虽然解决了锰溶出问题，但除锰活性并无明显的增长，除锰效果依然很差。图 7-2B 段还表明滤层硝化活性也无明显变化，出水溶解氧仍然为零。

3. 强化溶氧的双层滤料模拟柱试验研究

曝气池的来水经滤柱上方的喷淋曝气使滤柱进水溶解氧提高到 8.5mg/L 以上，在滤速 5m/h，反冲洗周期 48h，反冲洗强度 10L/（s·m²）之下连续运行，每日取进出水分析 Fe^{2+}、Mn^{2+}、NH_4^+-N 及 DO 浓度，结果如图 7-2 中 C 段所示。由图 7-2C 段水质变化曲线可见，模拟柱出水 NH_4^+-N 和 Mn^{2+} 浓度渐渐减少，半个月后，出水 NH_4^+-N 和 Mn^{2+} 浓度达标，NH_4^+-N 为 0.2mg/L，Mn^{2+} 为 0.1mg/L。同样是生产滤池的滤砂，加强曝气后的双层滤料模拟柱经过半个月的连续培养，Fe^{2+}、Mn^{2+}、NH_4^+-N 竟然都得到了深度净化，滤柱出水稳定达标。这就有力地说明了强化曝气提高溶氧和防止 Mn^{2+} 溶出是伴生氨氮高铁锰地下水净化工艺的关键。

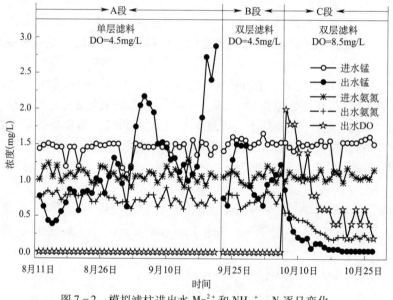

图 7-2　模拟滤柱进出水 Mn^{2+} 和 NH_4^+-N 逐日变化

7.1.2　新砂模拟滤柱试验

为明确新砂滤层培养的条件，在 2 号滤柱下部填装新锰砂 130cm 厚，上部填装成熟砂 30cm 厚，进行新砂生物滤层培养试验，从 7 月 18 日开始 1 号生产跌水曝气池的曝气水（DO = 4.5mg/L）进入滤柱后连续培养。运行参数同前，每日取进出水分析 Fe^{2+}、Mn^{2+}、NH_4^+-N 及 DO 浓度，结果如图 7-3 中 A 段所示。基于 7.1.2 节同样原因图中未标示进出水 TFe 和 Fe^{2+} 浓度变化。从图 7-3A 段中可以看出，由于新锰砂的吸附能力，在初始运行的 20d 里滤柱出水水质基本达标，但随着新锰砂吸附容量的渐趋饱和，滤柱出水 Mn^{2+}

浓度逐渐升高，直至超过进水 Mn^{2+} 浓度，在 10d 后的 9 月 10 日达到高峰值 2.5mg/L，这就充分体现了高价锰被还原溶出 Mn^{2+} 的氧化还原反应过程。几天后随着滤层积累的生物除锰活性和 Fe^{2+}、Mn^{2+} 之间氧化还原反应动态平衡的结果，出水 Mn^{2+} 浓度开始下降并稳定在 1.2～1.3mg/L。从图 7－3A 段中还可以看到滤层对 NH_4^+－N 也有一定的去除能力，但出水仍不能达标。如长期运行下去，将重现生产滤池和图 7－2A 段出水 Mn^{2+} 和 NH_4^+－N 长期超标的结果。

10 月 17 日进行了滤层结构的改造，将原有 1.6m 滤柱上部的 40cm 厚的滤砂去掉，更换为 20cm 厚的无烟煤滤料，成为煤砂双层滤池，同时改进了滤柱的曝气方式使得进水溶解氧提高到 8.5mg/L，连续通水其运行效果如图 7－3 中 B 段所示。从图 7－3B 段中可见，通水运行当天滤柱出水水质立即好转，此后，出水 Mn^{2+} 浓度曲线呈波动式下降，40d 后出水 Mn^{2+} 稳定在 0.1mg/L 以下，NH_4^+－N 稳定在 0.2mg/L。由此，再次证实了充足的溶解氧和避免已形成的高价锰氧化物被高浓度 Fe^{2+} 还原是伴生氨氮高铁锰地下水生物滤层快速培养成熟的必要条件。

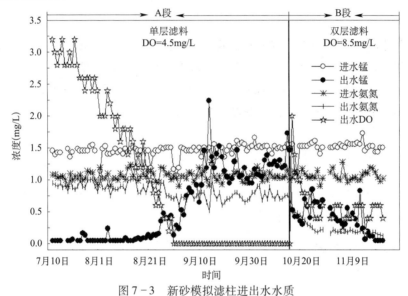

图 7－3　新砂模拟滤柱进出水水质

7.1.3　成熟滤砂模拟柱试验

3 号滤柱填装 1400mm 厚的成熟砂，引入 1 号曝气池曝气水（DO = 4.5mg/L），翌年 5 月 20 日开始运行。每日取进出水分析 Fe^{2+}、Mn^{2+}、NH_4^+－N 和 DO 浓度，结果如图 7－4 中 A 段所示（与前同样原因铁浓度变化曲线图中未标出）。在开始运行近 1 个月的时间里，Fe^{2+}、Mn^{2+} 去除效果很好，出水分别在 0.2mg/L 和 0.1mg/L 以下，NH_4^+－N 也由进水 1.2mg/L 降至 0.8mg/L。但一个月后，出水 Mn^{2+} 严重超标，最后出水锰浓接近进水 Mn^{2+} 浓度，NH_4^+－N 基本没有波动。

根据 7.1.1 节和 7.1.2 节的试验结果，9 月 7 日对 3 号滤柱进行了改造，即更换单层滤料为煤砂双层滤层并提高溶解氧至 8.5mg/L，连续运行每日取进出水样，分析 Fe^{2+}、Mn^{2+}、NH_4^+－N 和 DO 浓度，结果如图 7－4B 段所示。从图 7－4B 段可知，滤层活性恢复迅速，不到半个月时间里出水 Fe^{2+}、Mn^{2+}、$NH_4^+ - N$ 分别稳定在 0.1mg/L、0.05mg/L 和 0.2mg/L 左右。

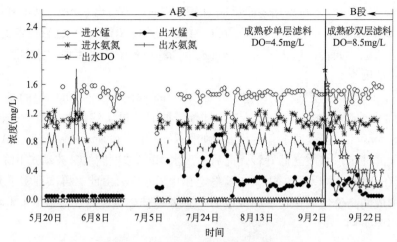

图 7-4　成熟滤砂模拟滤柱进出水水质

对于成熟生物滤层，通入溶解氧不足的伴生氨氮高铁锰地下水，运行一个月后原本成熟的生物滤层就遭到了严重破坏，丧失了除锰能力。然而加强了曝气溶氧和改造成煤砂双层滤料后，滤层又恢复了除锰活性而且实现了 Fe^{2+}、Mn^{2+}、$NH_4^+ - N$ 的同池深度去除，再次证实了溶解氧和滤层结构是伴生氨氮高铁锰地下水净化的关键。

7.2　生产性试验研究

在水厂的鼎力支持下，将 1 号生产曝气池和 5 号生产滤池作为生产性试验系统，应用模拟滤柱试验成果对其进行改造和运行。

7.2.1　生产性试验系统改造

1. 曝气系统改造

根据溶解氧需求研究，前进水厂伴生氨氮高铁锰地下水水质净化要求进水溶解氧在 7.18mg/L 以上，而前进水厂原有的跌水曝气形式远不能达到此要求，因此需对跌水曝气池加以改造以提高溶解氧。改造后进水溶解氧由原来的 4.5mg/L 提高到 8.5～9.0mg/L 以上。

2. 滤层结构调整

5 号滤池的滤层由于多年运行后，表层滤砂包裹着粉末状的泥状物，滤砂间也有大量淤泥状物质，致使滤层上缘已上升至排水槽底，于是将单纯锰砂滤层改造成无烟煤—锰砂双层滤料滤层，并清除淤泥。无烟煤比重 1.9g/cm³，锰砂比重 3.6g/cm³，在反冲洗过程中，下层披覆着高价锰的滤砂不会混入上层，无法和上层高浓度 Fe^{2+} 接触。生物氧化生成的高价锰就不会被还原重新溶入水中。从而减轻了下层除锰带的负荷，增强了滤层的除锰能力。

7.2.2　生产性试验效果

1 号曝气池和 5 号滤池改造完工后，开始通水运行。滤池进水水质为：

TFe 12～17mg/L，Mn^{2+} 1.0～1.2mg/L，NH_4^+ – N 1.1～1.3mg/L，DO > 8.5mg/L。接种锰氧化菌后的运行参数：滤速5m/h，反冲洗周期48h，反冲洗强度10L/（s·m^2），逐日进出水水质情况如图7-5所示。从图7-5中可以看出，出水总铁始终在0.10mg/L左右；培养10d后出水 Mn^{2+} 和 NH_4^+ – N 开始明显下降，25d后出水 Mn^{2+} 降为0.05mg/L，NH_4^+ – N 降为0.2mg/L，已基本具有硝化除锰活性，生产滤池已经成熟。5号滤池在改造前经长期运行培养都未能成熟，而在进行了曝气和滤层结构的改造之后很快就成熟了，有力地证明了双层滤层及充足溶解氧的至关重要。探索性试验和模拟试验的结论都得到了生产试验的验证。5号滤池成功实现了 Fe、Mn、NH_3 的同池深度去除，为水厂整个生产系统的升级改造提供了坚实的理论和技术基础。

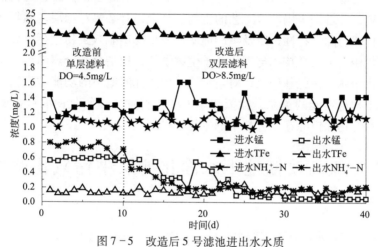

图7-5 改造后5号滤池进出水水质

第8章 伴生氨氮高铁锰地下水生物
净化滤层微生物学研究

　　成熟稳定的伴生氨氮高铁锰地下水生物净化滤层内生态系统的净化能力、稳定性、抗冲击能力对生产滤池的实际运行均有重要而积极的意义。为了提高工艺运行的稳定性，缩短工艺启动周期，并进一步揭示该工艺的生物学机理，有必要对滤层内锰氧化菌的生理生态、高效菌种构建、酶学特性，以及生产性滤池中重要功能微生物进行全面深入的分析和认识。本研究将传统生物学技术与现代分子生物学技术相结合，分离筛选出具有较高胞外酶活性的锰氧化菌株，在此基础上，对生物除锰生产性滤池中的功能微生物群落的动态变化以及微生物结构与功能的关系，锰氧化菌的酶学特性，锰氧化菌的锰代谢过程进行探讨，进一步揭示生物除铁除锰工艺技术的生物学机理。

8.1 伴生氨氮高铁锰地下水净化滤层中锰氧化菌群落结构分析

　　哈尔滨市松北前进水厂地下水原水属典型的伴生氨氮高铁锰水质。采用分子生物学手段单链构象多态性（PCR－SSCP）技术对该水质条件下生物滤池微生物群落结构及多样性进行了研究，确定锰氧化菌群的功能生态位和空间生态位，为工艺运行及调控提供理论参考。试验分别从生产滤池 0cm、20cm、40cm 和 80cm 处取砂样进行微生物群落结构的分析。

8.1.1 滤料表面形态及能谱分析

　　哈尔滨市松北前进水厂伴生氨氮高铁锰地下水的生物净化生产性滤池表层锰砂表面形貌见图 8－1。

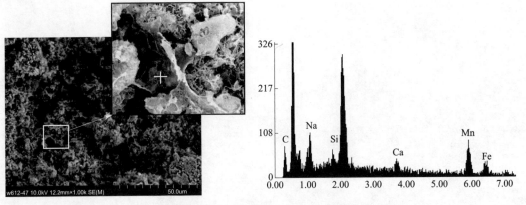

图中"□"指示照片局部放大区域，"＋"指示能谱分析区域

图 8－1　生物除铁除锰水厂生产性滤池表层滤砂扫描电镜—能谱分析

从电镜照片（图8-1）可以看出，由于原水中含有大量的 Fe^{2+}，电镜照片出现明显的"放电"现象。滤料表面同佳木斯市高铁低锰水质净化生物滤池内滤砂表面形貌相似，均形成众多球状颗粒，不同的是，小球之间往往有"片膜状"结构，将含"片膜状"的区域放大，并对相应"+"区域进行能谱分析显示，能谱分析区域内含有大量的 Mn 和 Fe，Mn 的质量百分含量为40%左右，Fe 的质量百分含量为27%左右，说明该"片膜状"结构对水体中的 Fe^{2+} 和 Mn^{2+}，特别是 Mn^{2+} 有较强的吸附或氧化去除能力。不同原水水质条件下，生产性滤料表面的微生物形貌不同，其微生物系统的结构和演替规律也必然存在差别。

8.1.2 滤料微生物群落结构及演替规律分析

伴生氨氮高铁锰地下水净化的生产滤池内微生物结构 SSCP 图谱如图8-2所示。通过 BLASTn 和 SeqMatch 对 8 个 OTU 进行相似性检索，结果见表8-1。

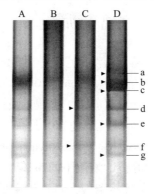

A：0cm处砂样；B：20cm处砂样；C：40 cm处砂样；D：80 cm处砂样；▶：测序条带

图8-2　高铁高锰生物滤池微生物群落 SSCP 图谱

OTU 相似性检索结果　　　　　　　　　　　　　　　　　　　表 8-1

条带	最相近序列，序列号	相似度	最相近属
a	Uncultured *bacterium*，EU340160.1	98%	Uncultured *bacterium*
b-1	Uncultured *bacterium*，EU242876.1	99%	Uncultured *bacterium*
b-2	*Flavobacterium* sp. RI02，DQ530115.1	97%	*Flavobacterium*
c	*Clonothrix fusca* strain AW-b，DQ984190.1	94%	*Clonothrix*
d	Uncultured *bacterium*，DQ452498.1	96%	*Gallionella*
e	Uncultured *Ferribacterium* sp.，AJ890202.1	96%	*Ferribacterium*
f	Uncultured *bacterium*，AB240483.1	98%	*Zoogloea*
g	*Crenothrix polyspora*，DQ295890.1	97%	*Crenothrix*

SSCP 图谱显示，滤层不同深度微生物群落结构变化并不明显，条带 d、e、f 所代表的微生物普遍存在于各个滤层中。表层（0cm）和滤层80cm处微生物种类相对较多，条带 g 所指示的微生物在滤层20cm 和40cm 处几乎被淘汰。对优势条带进行16S rDNA 测序分析，其结果见表8-1。测序共获得 8 个 OTUs，其中 *Gallionella*、*Ferribacterium* 在各滤层都存

在，这种现象可能与原水中高浓度的铁有关。*Zoogloea* 是滤池的常驻菌群，它易形成菌胶团，适应能力较强，是铁锰氧化还原的主要功能菌群，对系统的稳定起一定作用。同时也表明，该伴生氨氮高铁锰地下水生物除铁除锰水厂滤池中的微生物群落系统相对简单，沿层微生物群落没有明显的演替规律，各滤层深度的微生物差别不大（图 8-3），由此可以推断，该系统抵抗各种冲击（水质和水量）的能力较弱。

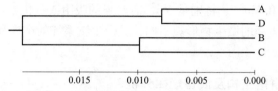

A：0cm处砂样；B：20cm处砂样；C：40 cm处砂样；D：80 cm处砂样

图 8-3　不同滤层微生物群落结构相似性分析

8.2　广谱锰氧化菌的分离与筛选

为分离获得广谱性的锰氧化菌，从沈阳、哈尔滨和佳木斯 3 座铁、锰含量不同的地下水生物除锰水厂的生产滤池滤层的 0cm、20cm、40cm、60cm 和 80cm 处及跌水曝气池内取样，模拟高铁高锰地下水配制贫营养培养基，采用平板涂布和平板划线法相结合，进行锰氧化菌的筛选。约划线 4~5 次后分离得到纯菌，共获得 418 株纯菌。采用 TMPD 法对 418 株纯菌进行筛选。TMPD（N，N，N，N-tetrametrylp-phenylendiamine，TMPD）可用于对微生物的锰氧化性能进行量化和分析，溶液中的 Mn^{2+} 对 TMPD 的氧化速率无影响。TMPD 可与锰的高价金属氧化物 MnO_x 在自然条件下迅速发生反应，生成蓝色可溶性物质 wurster blue，每生成 1mol wurster blue 就标志着有 1mol Mn^{2+} 被氧化。因此通过测定 wurster blue 在 610nm 处的吸光度值可推知不同菌株氧化 Mn^{2+} 能力的强弱。

经 TMPD 法对菌株进行初筛，其中有 18 株菌株与 TMPD 发生明显的颜色反应，初步判断这些菌株具有锰氧化活性。对这 18 株锰氧化菌进行编号：MS601、MS604、G80-3、G20-1、G20-3、MSB-4、GB2、MB31、MB4、MB32、G80-2、MB2、GW 棕、MS602、MB5、WA、W1 白、OW2，其中菌株 WA、W1 白、OW2 是从 Murder 无机选择性培养基中筛选获得的。各菌株菌落特征及 TMPD 检测结果见表 8-2。

18 株菌的菌落特征及 TMPD 检测结果　　　　　　　　　　表 8-2

菌株编号	菌群形貌特征	TMPD 法检测结果
G20-1	辐射膜状，微蓝色	+
G20-3	圆，白，中心深色，有根	+ +
G80-2	菌落较大，有明显分层圆环	+
G80-3	较小，棕色，圆形	+
MB2	弥散膜状	+
MB31	棕色，圆，形状不规则	+ +
MB32	圆形，淡蓝色	+ +

菌株编号	菌群形貌特征	TMPD 法检测结果
MB4	棕色，圆，形状不规则	+ +
MB5	白色，圆形，个体较大，边缘不规则	+ +
MSB－4	棕色菌落，较小，边缘整齐，不透明	+ +
MS20－3	白色菌落，较大，不透明	+
MS604	乳黄色菌落，较大，边缘整齐，不透明	+ +
MS601	棕黄色菌落，较大，边缘整齐	+ +
GW 棕	棕黄色菌落，较小，中心颜色深	+ +
OW2	较大菌落、白、圆	+
WA	菌落极小、白色、圆	+ +
W1 白	不呈明显菌落，密织成带	+

注：表中"＋"表示 TMPD 检测为阳性反应。

从表 8－2 可知，所获得的锰氧化菌多数为棕黄色菌落，菌落大小不一，多呈圆形。各菌株与 TMPD 的反应速度不同，其中 G20－3、MB31、MB32、MSB－4、MS604、MB5、MS601、MB4、GW 棕和 WA 与 TMPD 的反应速度相对较快。

8.3　典型锰氧化菌的形态特征

利用扫描电子显微镜对几株代表性的锰氧化菌进行了观察，结果如图 8－4 所示。利用原子力显微镜对几株代表性的锰氧化菌进行了观察，结果如图 8－5 所示。结果显示，锰氧化菌多以短杆菌为主，多呈链状或聚集排列，菌体外披覆大量的黏液质，易形成菌胶团。

8.3.1　MSB－4 的形态特征

菌株 MSB－4 细胞单个或成簇排列生长，短杆状，两端钝圆，长 $1.5 \sim 2\mu m$，宽 $0.8 \sim 1.1\mu m$（图 8－4、图 8－5）；常多个细菌聚集，链状排列，形成菌胶团，具有共同的荚膜。

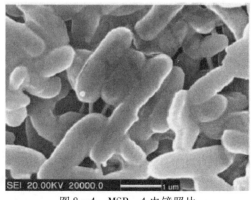

图 8－4　MSB－4 电镜照片

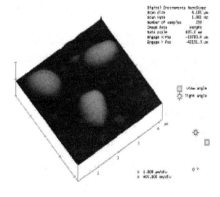

图 8－5　MSB－4 原子力显微镜照片

8.3.2　MS604 的形态特征

菌株 MS604 为革兰氏染色阴性菌，为多形态杆菌，长 $1 \sim 2 \mu m$，宽 $0.3 \sim 0.4 \mu m$，两端圆钝，单个或成簇排列（图 8-6、图 8-7）。在选择性培养基上形成乳黄色菌落，较大，菌落圆形，不透明，边缘整齐，具芽孢，具荚膜，TMPD 染色阳性。

细菌体内经常储藏有一些储能物质，如聚 β-羟丁酸（Poly-β-Hydroxybutyric acid，PHB）和异染粒等。PHB 是一种存在多种细菌细胞质内属于类脂性质的碳源类储藏物，不溶于水，而溶于氯仿，有储藏能量、碳源和降低细胞内渗透压的作用。PHB 一般在碳氮比（C/N）高的环境中更易形成，可用尼罗蓝或苏丹黑染色。异染粒是无机偏磷酸的聚合物，大小 $0.5 \sim 1.0 \mu m$，是由正磷酸通过酯键连接而形成的线状多聚体，一般在含磷丰富的环境中形成，具有储藏磷、能量、降低细胞渗透压的作用。异染粒又称迂回体，因最初在迂回螺菌中发现而得名，异染粒可被亚甲基蓝或甲胺兰染成红紫色，是用于细菌鉴定的依据之一。

细菌排列在一起呈链状，互相交错，形成假分支。其中细菌被染成绿色，异染粒被染成紫黑色。异染粒是无机偏磷酸的聚合物，大小 $0.5 \sim 1.0 \mu m$，是由正磷酸通过酯键连接而形成的线状多聚体，一般在含磷丰富的环境中形成，具有储藏磷元素和能量，降低细胞渗透压的作用。对细菌进行聚 β-羟丁酸染色，结果类脂粒呈蓝黑色，菌体其他部分呈红色。

 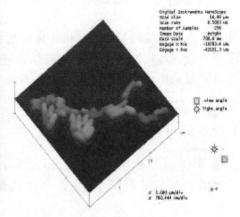

图 8-6　MS604 电镜照片　　　　图 8-7　MS604 原子力显微镜照片

细菌形态不规则，其中细菌被染成红色，聚 β-羟丁酸被染成蓝黑色。

MB604 细胞内 PHB 和异染颗粒的存在使其更适应贫营养高铁锰的地下水环境，既为菌体储存能量又可有效地缓解高盐环境引起的细胞高渗透压。

8.3.3　MB4 的形态特征

菌株 MB4 为革兰氏染色阳性菌，在选择性培养基上形成棕色菌落，不透明，中心颜色较深，四周颜色较浅，菌落圆形，细胞形态特征如图 8-8、图 8-9 所示。短杆菌，个体较小，长 $1 \sim 1.5 um$，宽 $0.5 \sim 0.8 um$，细胞两端钝圆，趋向于形成两个或更多的细胞聚集。具异染颗粒和类脂粒，无芽孢和荚膜。TMPD 染色阳性。

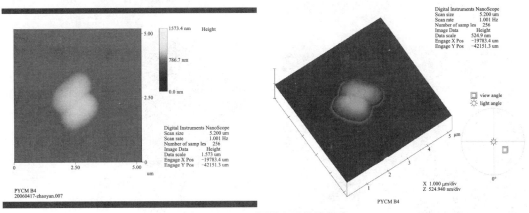

图 8-8 MB4 原子力显微镜照片

异染粒染色结果表明：细菌排列在一起呈不规则短链状，互相交错，有些还聚集在一起形成菌胶团，其中细菌被染成绿色，异染粒被染成紫黑色，MB4 菌体细胞中异染颗粒较少。

对细菌进行聚 β-羟丁酸染色，结果类脂粒呈蓝黑色，菌体其他部分呈红色。

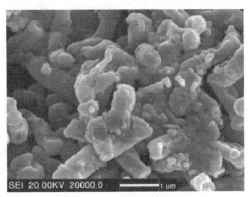

图 8-9 MB4 电镜照片

细菌形态不规则，其中细菌被染成红色，聚 β-羟丁酸被染成蓝黑色。

MB4 细胞内 PHB 和异染颗粒的存在使其更适应贫营养高铁锰的地下水环境，既为菌体储存能量又可有效地缓解高盐环境引起的细胞高渗透压。

8.3.4 MB5 的形态特征

MB5 为革兰氏阴性短杆菌，两端钝圆，长 0.8~2μm，宽 0.5~0.8μm（图 8-10、图 8-11）；常常多个细菌聚集链状排列形成菌胶团，具有共同的荚膜；具有异染颗粒（poly-P）（染色后菌体绿色，异染颗粒黑色）；具类脂粒（PHB）（菌体红色，PHB 蓝黑色染色后）；无芽孢。TMPD 染色阳性。

细菌排列在一起呈链状，互相交错，形成假分支。对细菌进行聚 β-羟丁酸染色，结果为细菌形态不规则，其中细菌被染成红色，聚 β-羟丁酸被染成蓝黑色。

MB5 细胞内 PHB 和异染颗粒的存在使其更适应贫营养高铁锰的地下水环境，既为菌体储存能量又可有效地缓解高盐环境引起的细胞高渗透压。

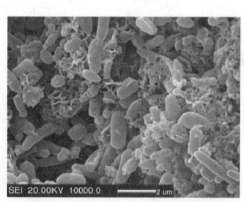

图 8 - 10　MB5 扫描电镜照片

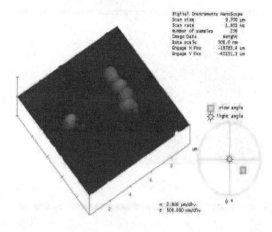

图 8 - 11　MB5 原子力显微镜照片

8.4　典型锰氧化菌功能定位

　　课题组前期研究发现：生物除锰水厂中锰的氧化去除与微生物的胞外酶有密切关系，为进一步明确锰氧化还原的生物学机理，确定锰氧化菌进行锰氧化的主要功能部位，本研究采用 TMPD 法检测 Mn^{2+} 添加前后细胞内外高价锰氧化生成物的相对含量变化，进而判断细胞不同部位锰氧化还原能力。锰氧化菌功能定位结果详见表 8 - 3。

　　MSB - 4 有 Mn^{2+} 菌悬液的吸光度值（1.113）较无 Mn^{2+} 菌悬液吸光度值（0.995）高 0.118，有 Mn^{2+} 无菌上清液吸光度值（1.993）较无 Mn^{2+} 无菌上清液吸光度值（0.915）高 1.078。这说明 MSB - 4 菌体和胞外物质均有 Mn^{2+} 氧化活性，同时细胞外明显较细胞内 Mn^{2+} 氧化活性高，因此后文主要针对胞外酶的酶活性进行了分析。

　　MS604 菌悬液无除锰活性，吸光度值虽较高，是因为细菌表面沉积有 MnO_2，离心无法去除，但对后加入的 Mn^{2+} 无任何去除功能，相比之下，无菌上清液活性较高。这是因为细胞分泌胞外活性酶，通过活性酶与 Mn^{2+} 发生作用，使 Mn^{2+} 得以去除。因此，推断该菌株的活性部位位于细胞外。

　　MB4 菌悬液除锰活性极弱，吸光度值虽较高，是因为细菌表面沉积有 MnO_2，离心无法去除，但对后加入的 Mn^{2+} 几乎无任何去除功能，相比之下，无菌上清液活性较高。MB4 的发酵上清液具有较高的除锰活性，表明 MB4 能够分泌大量的胞外活性酶，通过活性酶与 Mn^{2+} 发生作用，使 Mn^{2+} 得以去除。菌株 MB4 的活性部位位于细胞外。

　　MB5 有 Mn^{2+} 菌悬液的吸光度值（0.501）较无 Mn^{2+} 菌悬液吸光度值（0.435）相差不大。而有 Mn^{2+} 无菌上清液吸光度值（0.958）比无 Mn^{2+} 无菌上清吸光度值（0.477）高 0.481。这说明 MB5 菌体和胞外物质均有 Mn^{2+} 氧化活性，同时细胞外明显较细胞内 Mn^{2+} 氧化活性高。

　　综上，分纯的 18 株锰氧化菌的无菌上清液中加入 Mn^{2+} 后，相应的吸光度值（OD 610nm）较不加 Mn^{2+} 无菌上清液样品均明显升高，这说明所分纯的锰氧化菌株均具有较强的胞外酶锰氧化活性。同时，菌株 GW 棕、GB2、G80 - 2、MB4、MSB - 4、MB2、MB32、MB31、MS602、WA、W1 白和 OW2 的菌悬液加入 Mn^{2+} 后，吸光度值较不加 Mn^{2+} 稍有升高，表明该部分菌株还具有一定的胞内酶活性。与胞内酶相比，胞外的锰氧化酶活性更为明显，因此推测锰氧化菌的功能部位主要位于细胞外。本研究分离筛选获得的菌株全部具有锰氧化胞外酶活性，这与我们前期的研究成果吻合，也进一步证明了胞外酶在 Mn^{2+} 的去除过程中所起的重要作用。

铁锰氧化菌的功能定位　　　　　　　　　　　　表 8-3

菌名	高价锰氧化物（MnO_x）吸光度值（OD 610nm）					菌活功能定位
	无 Mn^{2+} 菌悬液	有 Mn^{2+} 菌悬液	有 Mn^{2+} 发酵液	有 Mn^{2+} 无菌上清液	无 Mn^{2+} 无菌上清	
GW 棕	1.561	1.952	1.539	1.114	0.751	较强胞外酶活性
G20-1-1	1.72	1.938	1.708	1.156	0.732	胞外酶
G20-1-2	1.86	2.041	1.723	1.311	0.76	
G80-3-1	1.984	2.008	1.739	1.364	0.74	胞外酶
G80-3-2	1.817	1.829	1.651	1.253	0.721	
GB2-1	0.943	1.032	0.748	0.981	0.642	较强胞外酶活性
GB2-2	0.948	1.136	0.51	1.079	0.555	
G23-1	1.49	1.496	1.715	1.164	0.716	胞外酶
G23-2	1.401	1.386	1.407	1.157	0.784	
G82-1	1.898	2.024	1.75	1.372	0.715	较强胞外酶活性
G82-2	1.607	1.962	1.638	1.302	0.709	
MB4-1	0.798	0.919	1.229	1.194	0.585	较强胞外酶活性
MB4-2	0.922	1.031	1.347	1.123	0.716	
MSB-4-1	0.995	1.113	1.418	1.993	0.915	较强胞外酶活性
MSB-4-2	0.825	1.062	1.608	1.238	0.993	
MB2-1	1.171	1.464	1.649	1.46	0.743	较强胞外酶活性
MB2-2	0.859	0.997	1.093	1	0.373	
M01-1	1.56	1.43	2.062	1.145	0.911	胞外酶
M01-2	0.571	0.624	1.249	1.675	1.016	
MB5-1	0.435	0.501	0.693	0.958	0.477	胞外酶
MB5-2	0.665	0.625	0.865	0.974	0.608	
MB32-1	1.069	1.398	1.309	1.447	0.708	较强胞外酶活性
MB32-2	0.943	1.209	1.173	1.215	0.69	
MB31-1	2.118	2.024	1.989	1.761	0.848	较强胞外酶活性
MB31-2	1.957	1.938	1.957	1.149	1.646	
MS602-1	1.9	1.642	2.008	2.075	0.937	较强胞外酶活性
MS602-2	2.013	2.130	2.134	2.235	1.258	
MS604-1	2.018	1.918	2.038	1.67	0.875	胞外酶
MS604-2	1.896	1.754	1.912	1.573	0.694	

续表

菌名	高价锰氧化物（MnO$_x$）吸光度值（OD 610nm）					菌活功能定位
	无 Mn^{2+} 菌悬液	有 Mn^{2+} 菌悬液	有 Mn^{2+} 发酵液	有 Mn^{2+} 无菌上清液	无 Mn^{2+} 无菌上清	
WA－1	0.019	0.218	0.552	0.581	0.041	较强胞外酶活性
WA－2	0.036	0.215	0.58	0.573	0.05	
W1 白－1	0.024	0.167	0.611	0.63	0.084	较强胞外酶活性
W1 白－2	0.027	0.204	0.619	0.624	0.077	
OW2－1	0.013	0.24	1	0.672	0.118	较强胞外酶活性
OW2－2	0.047	0.247	0.624	0.619	0.079	

8.5　典型锰氧化菌生理生化特性

对所分纯的菌株中的 15 株异养菌进行了生理生化研究，结果详见表 8－4。

MSB－4 在低温下生长良好，可能是由于其酶在低温下具有更有效的催化活性，而且其细胞膜不饱和脂肪酸含量较高，能在低温下保持膜的半流动性，从而保证了膜的通透性能，有利于微生物的生长。pH 在 6.5 以下的酸性环境不利于细菌生长，尤其对菌胶团细菌的生长不利。MSB－4 能在 pH7－10 的条件下生长繁殖，该 pH 范围内，MSB－4 能互相凝聚形成良好的絮状物，即菌胶团，对取得良好的水处理净化效果有益。MSB－4 是典型的好氧菌，氧对 MSB－4 的作用主要体现在以下两个方面：①作为 MSB－4 好氧呼吸的最终电子受体，形成相应的金属氧化物，如 MnO$_x$，FeOOH 等；同时 MSB－4 体内有相应的过氧化氢酶、过氧化物酶和超氧化物歧化酶，可以分解氧并利用过程中所产生的有毒物质，如过氧化氢、过氧化物和羟自由基（OH）等，从而使自身不致中毒。②参与甾醇类和不饱和脂肪酸的生物合成，保证低温下膜的通透性，使微生物更适于低温环境。

MS604 是好氧菌，适于在 pH6～9 的水环境生长，在 0～37℃ 的条件下均可生长，是典型的低温菌种；具脂肪酶，能将水中的脂肪分解成甘油和脂肪酸；不具有色氨酸酶、脱氨酶和淀粉酶；没有发酵葡萄糖产生乙酰四基甲醇的能力；不能在糖代谢过程中分解葡萄糖产生丙酮酸；具有将硝酸盐还原的能力。

MB4 是微好氧菌，可以在 pH4～10 的范围内生长，中性或偏碱性环境下生长更好；具淀粉酶和氧化酶；不具有脂肪酶、色氨酸酶、脱氨酶；没有发酵葡萄糖产生乙酰四基甲醇的能力；不能在糖代谢过程中分解葡萄糖产生丙酮酸；具有还原硝酸盐的能力。同时，该菌具有 PHB 和 Poly－P 等储存颗粒，这是长期适应低温、贫营养环境生长的结果，表明该菌株对不良环境的抗性较强。

MB5 是好氧菌，适于在 pH4～10 的环境生长，在 20～37℃ 的条件下生长，属常温菌种；具脂肪酶和氧化酶；不具有色氨酸酶、脱氨酶和淀粉酶；没有发酵葡萄糖产生乙酰四基甲醇的能力；不能在糖代谢过程中分解葡萄糖产生丙酮酸；具有还原硝酸盐的能力。

综上，生理生化研究结果显示，多数细菌适宜在偏碱性环境中生长，并具有还原硝酸盐的能力。锰氧化菌细胞染色结果显示，分纯的锰氧化菌株均具有聚 β－羟丁酸（Poly－

β – Hydroxybutyric acid，PHB）和异染粒（Poly – P）。由此推断部分菌株同时具有脱氮除磷的功能。若该功能被证实，则部分菌株将是多功能菌株。本研究分纯的锰氧化菌均生长在营养贫乏的水环境中，细胞体内的这些储能物质可能是对不良生长环境的一种适应。

铁锰氧化还原菌生理生化特性 表 8 - 4

试验项目\菌名	乙酰甲基甲醇试验	甲基红试验	硝酸盐还原试验	淀粉水解试验	产氨试验	油脂水解试验	氧化酶试验	产吲哚试验	硫化氢试验	明胶水解试验	生长温度（℃）	pH	需氧性的测定
MS601	-	-	+ +	无	无	-	-	-	-	-	5 ~ 37	5 ~ 10 (6 ~ 9 较好)	兼性厌氧
MS604	-	-	+	无	无	+	-	-	-	-	0 ~ 37	6 ~ 10 (8 ~ 10 较好)	好氧
G80 - 3	-	-	+ +	无	有	+	+	-	-	-	5 ~ 37	7 ~ 10 (9 最好)	好氧
G20 - 1	+	-	+ +	无	无	+	+	-	-	-	0 ~ 37	5 ~ 9 (6 ~ 8 较好)	好氧
G20 - 3	+	-	+ +	无	无	+	-	-	-	-	0 ~ 37	6 ~ 10 (7 ~ 10 较好)	兼性厌氧
MSB - 4	-	-	+ +	有	无	-	+	-	-	-	20 ~ 37	7 ~ 10 (8 ~ 9 较好)	好氧
GB2	+	-	+ +	有	无	+	-	-	-	-	5 ~ 37	4 ~ 10 (5 ~ 10 较好)	兼性厌氧
MB31	+	-	+ +	有	无	+	-	-	-	-	5 ~ 37	7 ~ 10 (7 ~ 10 较好)	兼性厌氧
MB4	-	-	+ +	有	无	-	-	-	-	-	20 ~ 37	7 ~ 10 (7 ~ 10 较好)	兼性厌氧
MB32	-	-	+ +	无	无	-	+	-	-	-	5 ~ 37	5 ~ 10 (8 较好)	兼性厌氧
G80 - 2	-	-	+ +	无	无	-	-	-	-	-	5 ~ 37	6 ~ 9 (6 ~ 9 较好)	兼性厌氧
MB2	-	-	+ +	无	有	+	-	-	-	-	0 ~ 37	5 ~ 10 (5 ~ 10 较好)	好氧
GW 棕	-	-	+ +	无	无	-	-	-	-	-	20 ~ 37	6 ~ 9	兼性厌氧
MS602	-	-	+ +	无	无	-	-	-	-	-	20 ~ 37	7 ~ 9	兼性厌氧
MB5	-	-	+ +	无	无	+	+	-	-	-	20 ~ 37	4 ~ 10 (4 ~ 10 较好)	好氧

注：淀粉水解试验中标注"有"，表示有水解淀粉的能力；"无"表示没有水解淀粉的能力。

8.6 典型锰氧化菌的 16SrDNA 系统发育分析

由于细菌的 16SrDNA 结构既具有保守性，又具有高变性。保守性能反映生物物种的亲缘关系，为系统发育重建提供线索；而高变性则能揭示出生物物种的特征核苷酸序列，是属种鉴定的分子基础。目前，16SrDNA 已成为细菌系统分类研究中最有用也是最常用的分子指标。PCR 引物 BSF8/20 和 BSR1541 能扩增分离菌株的 16SrDNA 全长基因，选择位于 8 - 27 (f)保守序列作为测序引物，可准确测定 16SrDNA 5′端部分序列。根据核糖体 16SrDNA 结构变化规律，在所测定的区域包括了 V1、V2、V3 和 V4 4 个高变区，尤其是 V3 这一高变区，由于进化速度相对较快，其中所包含的信息，可用于物种属及属以上分类单位的比较分析。

8.6.1 MSB - 4 16SrDNA 系统发育分析

通过对菌株 MSB - 4 进行 16SrDNA 序列分析，发现 MSB - 4 的序列长度为 1515bp，最相近的菌株为金黄杆菌属的 *Chryseobacterium* sp. TM3 - 8，同源性为 99%。同时，RDP 数据库分析也显示，该菌属于 *Chryseobacterium*。

菌株 MSB－4 的 16SrRNA 序列如下：

>MSB－4

GATAAGGAGGTGATCCAGCCGCACCTTCCGGTACGGCTACCTTGTTACGACTTAGCCCTAGTTACTTGTTTTACCC
TAGGCAGCTCCTGTTACGGTCACCGACTTCAGGTACCCCAAACTTCCATGGCTTGACGGGCGGTGTGTACAAGGCCCG
GGAACGTATTCACCGCATCATGGCTGATATGCGATTACTAGCGATTCCAGCTTCATAGAGTCGAGTTGCAGACTCCAA
TCCGAACTGAGACCGGCTTTCGAGATTCGCATCCTATCGCTAGGTAGCTGCCCTCTGTACCGGCCATTGTATTACGTG
TGTGGCCCAAGGCGTAAGGGCCGTGATGATTTGACGTCATCCCCACCTTCCTCTCTACTTGCGTAGGCAGTCTCACTA
GAGTCCCCAACTGAATGATGGCAACTAGTGACAGGGGTTGCGCTCGTTGCAGGACTTAACCTAACACCTCACGGCACG
AGCTGACGACAACCATGCAGCACCTTGAAAATTGTCCGAAGAAAGTCTATTTCTAAACCTGTCAATTCCCATTTAAG
CCTTGGTAAGGTTCCTCGCGTATCATCGAATTAAACCACATAATCCACCGCTTGTGCGGGCCCCCGTCAATTCCTTTG
AGTTTCATTCTTGCGAACGTACTCCCCAGGTGGCTAACTTATCACTTTCGCTTAGTCTCTGAATCCGAAGACCCAAAA
ACGAGTTAGCATCGTTTACGGCGTGGACTACCAGGGTATCTAATCCTGTTCGCTCCCCACGCTTTCGTCCATCAGCGT
CAGTTAAAACATAGTGACCTGCCTTCGCAATTGGTGTTCTAAGTAATATCTATGCATTTCACCGCTACACTACTTATT
CCAGCCACTTCTACTTTACTCAAGACCTGCAGTATCAATGGCAGTTTCATAGTTAAGCTATGAGATTTCACCACTGAC
TTACAGATCCGCCTACGGACCCTTTAAACCCAATAAATCCGGATAACGCTTGCACCCTCCGTATTACCGCGGCTGCTG
GCACGGAGTTAGCCGGTGCTTATTCGTATAGTACCTTCAGCTTTCCACACGTGGAAAGGTTTATCCCTATACAAAAGA
AGTTTACAACCCATAGGGCCGTCGTCCTTCACGCGGGATGGCTGGATCAGGCTCTCACCCATTGTCCAATATTCCTCA
CTGCTGCCTCCCGTAGGAGTCTGGTCCGTGTCTCAGTACCAGTGTGGGGGATCACCCTCTCAGGCCCCCTAAAGATCA
CTGACTTGGTAGGCCGTTACCCTACCAACTATCTAATCTTGCGCGTGCCCATCTCTATCCACCGGAGTTTTCAATAAA
AAACGATGCCGTTTCTTATATTATGGGGTATTAATCTTCCTTTCGAAAGGCTATCCCCCTGATAAAGGCAGGTTGCAC
ACGTGTTCCGCACCCGTACGCCGCTCTCTCTATTCCGAAGAATAAATACCGCTCGGCTTGCATGTGTTAGGCCTCCCG
CTAGCGTTCATCCTGAGCCAGGATCAAACTCTAAT

将该菌与曾报道的除铁除锰菌属（*Crenothrix*、*Gallionella*、*Flavobacterium*、*Bacillus*、*Pseudomonas*、*Sphingobacterium*）的 16SrDNA 序列相比对，并采用 NJ 法构建系统进化树（图 8－12）。结果显示菌株 *Chryseobacterium* sp. MSB－4 与已知除铁除锰菌群明显不属于同一类群，而与 *Sphingobacterium* sp. 具有较近的亲缘关系。

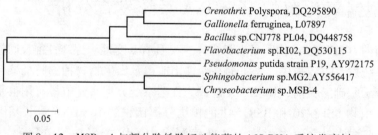

图 8－12　MSB－4 与部分除铁除锰功能菌的 16SrDNA 系统发育树

"├──┤" 表示进化距离

8.6.2　MS604 16SrDNA 系统发育分析

通过对菌株 MS604 进行 16SrDNA 序列分析，发现 MS604 的序列长度为 1522bp，通过 NCBI 中的 Blast 程序比较得出与 MS604 最相近的菌株为鞘氨醇杆菌属的 *Sphingobacterium* sp. CI01（gb｜DQ530064.1｜），同源性为 97%，具体序列如下：

> MS604

```
AAGGAGGTGATCCAGCCGCACCTTCCGGTACGGCTACCTTGTTACGACTTAGCCCCAATTATCGGTTTTACCCTAA
CACGCTCCTTGCGGTCACATGCTTTAGGTACCCCCAACTTTCATGGCTTGACGGGCGGTGTGTACAAGGCCCGGGAAC
GTATTCACCGCGTCATTGCTGATACGCGATTACTAGCGAATCCAACTTCATGGGGTCGAGTTGCAGACCCCAATCCGA
ACTGTGAATGGCTTTTAGAGATTAGCATCATATTGCTATGTAGCTGCCCGCTGTACCATCCATTGTAGCACGTGTGTA
GCCCCGGACGTAAGGGCCATGATGACTTGACGTCGCCCCCACCTTCCTCACTGTTTGCACAGGCAGTCTGTTTAGAGT
CCCCACCATTACATGCTGGCAACTAAACATAGGGGTTGCGCTCGTTGCGGGACTTAACCCAACACCTCACGGCACGAG
CTCTTCACTAACTTTCAAGCCCGGGTAAGGTTCCTCGCGTATCATCGAATTAAACCACATGCTCCTCCGCTTGTGCGG
GCCCCCGTCAATTCCTTTGAGTTTCACCCTTGCGGGCGTACTCCCCAGGTGGATAACTTAACGCTTTCGCTAAGACGC
TGGCTGTCTATCGCCAACATCGAGTTATCATCGTTTAGGGCGTGGACTACCAGGGTATCTAATCCTGTTCGATCCCCA
CGCTTTCGTGCATCAGCGTCAATACCAGCTTAGTGAGCTGCCTTCGCAATCGGAGTTCTAAGACATATCTATGCATTT
CACCGCTACTTGTCTTATTCCGCCCACTTCAAATGGATTCAAGCCCATCAGTATCAAAGGCACTGCGATGGTTGAGCC
ACCGTATTTCACCCCTGACTTAATAGGCCGCCTACGCACCCTTTAAACCCAATAAATCCGGATAACGCTCGGATCCTC
CGTATTACCGCGGCTGCTGGCACGGAGTTAGCCGATCCTTATTCTTCCAGTACATTCAGCTAAATACACGTATTTAGG
TTTATTCCTGGACAAAAGCAGTTTACAACCCATAGGGCAGTCATCCTGCACGCGGCATGGCTGGTTCAGGCTTCCGCC
CATTGACCAATATTCCTTACTGCTGCCTCCCGTAGGAGTCTGGTCCGTGTCTCAGTACCAGTGTGGGGGATTCTCCTC
TCAGAGCCCCTAGACATCGTCGCCTTGGTAAGCCGTTACCCTACCAACTAGCTAATGTCACGCGAGCCCATCTCTATC
CTATAAATATTTAATAATATCCCGATGCCGGTACATATATTATGCGGTGTTAATCTCTCTTTCGAGAGGCTATCCCC
CTGATAAAGGTAGGTTGCTCACGCGTTACGCACCCGTGCGCCACTCTCATGGAACCAGAGCAAGCTCTGATTCCAATC
CCGTCCGACTTGCATGTATTAGGCCTGCCGCTAGCGTTCATCCTGAGCCAGGATCAAACTCT
```

菌株 MS604 具异染颗粒、芽孢、类脂粒及荚膜，能够适应地下水营养贫乏、水温较低的环境，抗恶劣环境能力较强，且具有除锰功能，是一株较为理想的锰氧化菌。该菌可能为鞘氨醇杆菌属的新菌。该菌已送交中国普通微生物菌种保藏管理中心保藏。

8.6.3 MB4 16SrDNA 系统发育分析

菌株 MB4 采用 PCR – 16SrRNA 的方法进行菌种鉴定。鉴定结果显示，MB4 的 16SrDNA 全序列长度为 1554bp，RDP 数据库检索结果显示 MB4 属微小杆菌属（*Exiguobacterium* sp.）。菌株 *Exiguobacterium* sp. MB4 的 16SrDNA 全基因组序列如下：

> MB4

```
AGAGTTTGATCCTGGCTCAGGACGAACGCTGGCGGCGTGCCTAATACATGCAAGTCGAGCGCTGGAAACTGACGGA
ACTCTTCGGAGGGAAGGTAGCGAAATGAGCGGCGGACGGGTGAGTAACACGTAAGGAACCTGCCTCAAGGATTGGGAT
AACTCCGAGAAATCGGAGCTAATACCGGATAGTTCATCGGACCGCATGGTCCGTTGATGAAAGGCGCTTCGGCGTCAC
CTTGAGATGGCCTTGCGGTGCATTAGCTAGTTGGTGGGGTAACGGCCCACCAAGGCGACGATGCATAGCCGACCTGAG
AGGGTGATCGGCCACACTGGGACTGAGACACGGCCCAGACTCCTACGGGAGGCAGCAGTAGGGAATCTTCCACAATGG
ACGAAAGTCTGATGGAGCAACGCCGCGTGAGTGATGAAGGTTTTCGGATCGTAAAACTCTGTTGTAAGGGAAGAACAC
GTACGAGAGGGAATGCTCGTACCTTGACGGTACCTTACGAGAAAGCCACGGCTAACTACGTGCCAGCAGCCGCGGTAA
TACGTAGGTGGCAAGCGTTGTCCGGAATTATTGGGCGTAAAGCGCGCGCAGGCGGCCTTTTAAGTCTGATGTGAAAGC
CCCCGGCTCAACCGGGGAGGGCCATTGGAAACTGGAAGGCTTGAGTACAGAAGAGAAGAGTGGAATTCCACGTGTAGC
GGTGAAATGCGTAGAGATGTGGAGGAACACCAGTGGCGAAGGCGACTCTTTGGTCTGTAACTGACGCTGAGGCGCGAA
AGCGTGGGGAGCAAACAGGATTAGATACCCTGGTAGTCCACGCCGTAAACGATGAGTGCTAGGTGTTGGGGGGTTTCC
GCCCCTCAGTGCTGAAGCTAACGCATTAAGCACTCCGCCTGGGGAGTACGGCCGCAAGGCTGAAACTCAAAGGAATTG
ACGGGGACCCGCACAAGCGGTGGAGCATGTGGTTTAATTCGAAGCAACGCGAAGAACCTTACCAACTCTTGACATCCC
```

ATTGACCGCTTGAGAGATCAAGTTTTCCCTTCGGGGACAATGGTGACAGGTGGTGCATGGTTGTCGTCAGCTCGTGTC
GTGAGATGTTGGGTTAAGTCCCGCAACGAGCGCAACCCCTATCCTTAGTTGCCAGCATTCAGTTGGGCACTCTAGGGA
GACTGCCGGTGACAAACCGGAGGAAGGTGGGGATGACGTCAAATCATCATGCCCCTTATGAGTTGGGCTACACACGTG
CTACAATGGACGGTACAAAGGGCAGCGAGACCGCGAGGTGGAGCCAATCCCATAAAGCCGTTCCCAGTTCGGATTGCA
GGCTGCAACTCGCCTGCATGAAGTCGGAATCGCTAGTAATCGCAGGTCAGCATACTGCGGTGAATACGTTCCCGGGTC
TTGTACACACCGCCCGTCACACCACGAGAGTTTGCAACACCCGAAGCCGGTGAGGTAACCGCAAGGAGCCAGCCGTCG
AAGGTGGGGTAGATGATTGGGGTGAAGTCGTAACAAGGTAGCCGTATCGGAAGGTGCGGCTGGATCACCTCCTT

　　通过 NCBI 中的 Blast 程序比较得出：与 *Exiguobacterium* sp. MB4 最相近的菌株为微小杆菌属的 *Exiguobacterium acetylicum*（gb｜DQ019167.1｜），同源性为 99%。采用 NJ 法构建 MB4 与其相近菌株及常见锰氧化菌间的系统发育进化树（图 8-13）。

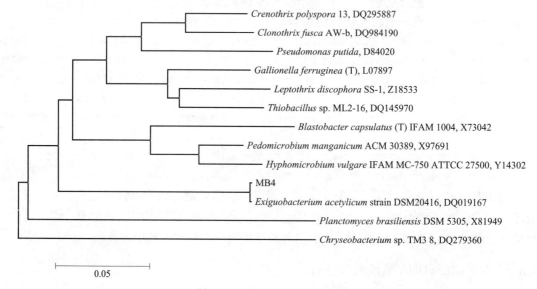

图 8-13　MB4 的系统进化树

　　从图 8-13 中可以看出，*Exiguobacterium* sp. MB4 与常见的锰氧化菌属均有较近的亲缘关系。最相近的是泉发菌属（*Crenothrix*）和细枝发菌属（*Clonothrix*）。泉发菌属和细枝发菌属的共同特征是二者均形成胞外鞘，有假分支，生殖方式均有二分裂和分生孢子产生，少部分有出芽现象。

　　菌株 MB4 具异染颗粒、类脂粒，抗恶劣环境能力较强，且具有除锰功能，是一株较为理想的锰氧化菌。该菌为微小杆菌属的除锰功能菌。该菌已送交中国普通微生物菌种保藏管理中心保藏。

　　综上，采用 PCR-16SrDNA 对锰氧化菌菌种鉴定的结果见表 8-5。锰氧化菌的 16SrDNA 分析结果表明：分纯的菌种分属于 *Pseudomonas*、*Exiguobacterium*、*Bacillus*、*Chryseobacterium*、*Sphingobacterium*、*Klebsiella*、*Burkholderia* 和 *Delftia* 八个属，其中所分菌株的 40% 属于 *Pseudomonas* 属细菌。菌株 MS604 与 *Sphingobacterium* 的 16SrDNA 保守序列相似性为 97%，推测 MS604 很可能为该属的一个新种。

锰氧化还原菌 16S rDNA 序列分析结果（1500bp）　　　　表 8 - 5

菌名	测序结果	最相近种属	相似性
G20 - 1	*Pseudomonas*	*Pseudomonas* fluorescens，DQ146946	99%
G20 - 3	*Pseudomonas*	*Pseudomonas* fluorescens，DQ146946	99%
G80 - 2	*Pseudomonas*	*Pseudomonas* fluorescens，DQ146946	99%
G80 - 3	*Pseudomonas*	*seudomonas* fluorescens，DQ146946	99%
MB2	*Pseudomonas*	*Pseudomonas* fluorescens，DQ146946	99%
MB31	*Exiguobacterium*	*Exiguobacterium* acetylicum，DQ019167	99%
MB32	*Pseudomonas*	*Pseudomonas* putida，D84020	99%
MB4	*Exiguobacterium*	*Exiguobacterium* acetylicum，DQ019167	99%
MB5	*Bacillus*	*Bacillus* sp.，DQ448758	99%
MSB - 4	*Chryseobacterium*	*Chryseobacterium* sp.，DQ279360	98%
MS20 - 3	*Pseudomonas*	*Pseudomonas* migulae，AY047218	99%
MS604	*Sphingobacterium*	Bacterium B8，DQ298766	97%
MS601	*chryseobacterium*	*Chryseobacterium* sp.，DQ279360	99%
GW 棕	*Pseudomonas*	Uncultured organism clone，DQ395781	100%
OW2	*Klebsiella*	*Klebsiella* sp. strain zmvsy，U31076	99%
WA	*Burkholderia*	*Burkholderia* sp.，DQ835011	98%
W1 白	*Delftia*	*Delftia acidovorans*，AM180725	99%

分纯的锰氧化菌与已报道的锰氧化菌之间的亲缘关系见图 8 - 14。通过纯菌进化系统发育分析可知，菌种 MB32、MS20 - 3、GW 棕和 G80 - 2 具有较近的亲缘关系，同属于 *Pseudomonas*；MB4 和 MB31 具有较近的亲缘关系，同属于 *Exiguobacterium*；MS604、G20 - 1 和 G80 - 3 有较大相似性，分属于 *Sphingobacterium* 和 *Pseudomonas*，MS601 和 MSB - 4 相似性较大，同属于 *Chryseobacterium*。本研究中所获得的纯菌与 *Crenothrix*、*Clonothrix*、*Pedomicrobium*、*Blastobacter*、*Gallionella*、*Hyphomicrobium* 和 *Thiobacillus* 等已报道的锰氧化菌关系均较远。

由于 OW2、W1 白和 WA 均为化能自养菌，较难培养，试验周期长，因此将在后续进行研究。

我们所说的具有锰氧化和还原活性的细菌并不是分类学上的概念。它实际上包括了许多科、属的细菌。尽管铁细菌和锰氧化菌是不同类群的细菌，但它们都能在细胞外（有时在细胞内）氧化沉积铁和（或）锰的氧化物。近十几年来，地质学家和海洋生物学家在对海洋中及陆地铁、锰矿床形成过程进行研究时发现了大量的锰氧化菌，伴随着锰氧化菌的发现，有研究人员对微生物在锰的氧化富集过程中的作用进行了大量的研究。其中 *Leptothrix*、*Crenothrix*、*Clonothrix*、*Pedomicrobium*、*Blastobacter*、*Gallionella*、*Hyphomicrobium* 和 *Thiobacillus* 等属的锰氧化菌研究较多。这些菌属中的锰氧化菌大小不一，可形成不同厚度的鞘，有假分支，形成菌丝体，生殖方式均有不同程度的出芽生殖或产生分生孢子，该分生孢子与真菌形成的真正的分生孢子并不相同。均易在胞外产生大量的黏液，形成菌胶

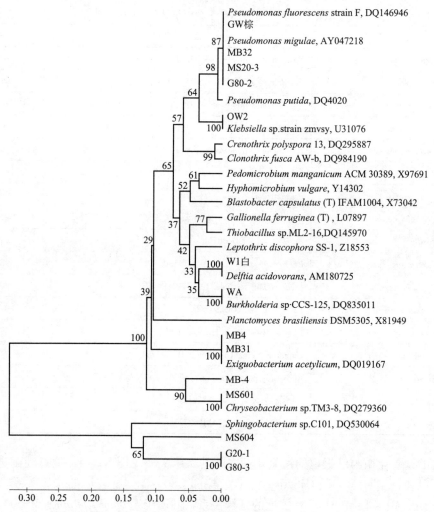

图 8－14　铁锰氧化菌纯菌系统进化树

图下标尺代表 10% 的核酸变化；分支处数字为 100 次重复的支持率

团。本研究中所获得的锰氧化菌 MB32、MS20 － 3、GW 棕、G80 － 2、MB4、MB31、MS604、G20 － 1、MSB － 4 和 G80 － 3 虽与上述已报道的 *Leptothrix*、*Crenothrix*、*Clonothrix* 等属亲缘关系较远，但它们在鞘的形成、生殖方式等方面都很相似。*Pseudomonas*、*Exiguobacterium*、*Sphingobacterium* 和 *Chryseobacterium* 中锰氧化菌胞外黏液物质丰富，易形成菌胶团，具有较强的胞外酶活性，并且部分菌种中含有聚 β － 羟丁酸（PHB），对该部分菌种生理生态及酶学特性的深入研究必将推动生物除锰技术在水处理中的应用。

8.7　典型锰氧化菌锰代谢特征分析

生物固锰除锰理论从生物学角度揭示了生物滤池中锰的去除机制，但是其除锰的机理尚不完全明确。关于锰的氧化还原对于细菌的生理意义目前有如下几种观点：①有些化能自养菌利用 Fe^{2+} 的氧化来获得能量和同化 CO_2 所需的还原力，如 *T. ferrooxidans*；②有些异养菌利用 Mn^{2+} 的氧化获得部分能量，如 *Vibrio* sp. 和 *Oceanospirillum* sp.；③非 SOD、非过氧化酶的铁、锰用于清除 O_2、H_2O_2，如 *M. personatum* 和 *L. plantrum*；④氧化 Mn^{2+} 以获得备用的电子受体，如 *Bacillus* sp. 和 *S. putrefaciens*；⑤Fe^{2+}、Mn^{3+}、Mn^{4+} 作为电子受体以支持无氧呼吸，如 *T. ferroocidans* 和 *S. putrefaciens*。基本上分为与能量代谢有关或与解毒有关，也有研究发现铁锰离子可以作为酶促反应的激活剂。Hoshino 等在 1999 年发现，Mn^{2+} 还可以作为一种酶促系列反应的促进剂，促进 *Chryseobacterium* sp. 胞内酶系将 1 – 脱氧 – D – 苏氨酸戊糖酮 （1 – deoxy – D – threo – pentulose，DTP）和 4 – 羟基 – L – 苏氨酸 （4 – hydroxy – L – threonine，HT）转化为机体内重要的营养物质——维生素 B6。除锰机理的明确将为生物除锰工艺运行调控提供理论指导，推动其进一步的推广和应用。

本节以典型锰氧化菌 *Chryseobacterium* sp. MSB – 4 为代表菌株进行了生物固锰除锰能力的研究，分析了锰氧化酶活性的影响因素和功能酶蛋白，并对锰氧化酶的制备进行了初探。

8.7.1 MSB – 4 锰代谢特征分析

MSB – 4 为短杆菌，见图 8 – 15。细胞间存在大量的黏液质，黏液质使细胞聚集，形成菌胶团。同时，细胞表面有芽体，这些芽体能够产生新的子细胞。细胞之间有菌丝体连接，这种菌丝体是遗传物质传递的通道，同时如图中白色实线箭头所指示，衰老死亡的细胞并不会自行溶解，而是细胞内物质溢出后，细胞残体仍存在，通过黏液性物质与活体细胞相连。

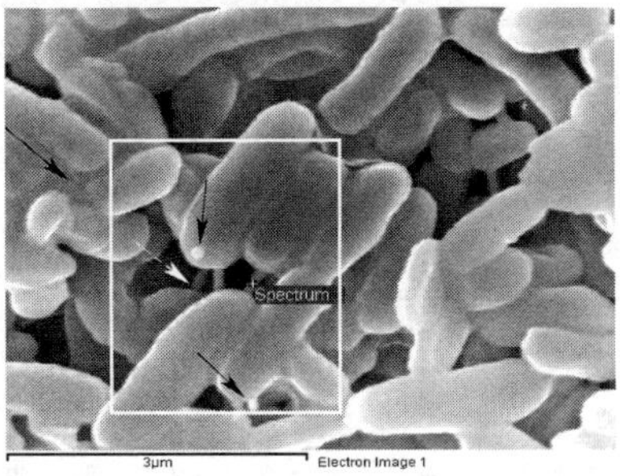

黑色虚线箭头指示"细胞间的黏液质"，黑色实线箭头指示"细胞产生的芽体"，白色虚线箭头指示"菌体细胞间菌丝体"，白色实线箭头指示"衰老死亡的细胞"，白色方框内为"能谱分析区域"

图 8 – 15　菌株 MSB – 4 扫描电镜照片

1. MSB – 4 表面锰分布

MSB – 4 在液体培养基中培养 48h 后，取样进行扫描电镜 X 射线能谱分析（图 8 – 16）。

图 8 – 15 中 " + " 为进行能谱微区分析区域中心，能谱分析范围为沿该中心向四周辐射约 1.5μm，分析结果见表 8 – 6。菌体表面由 C、O、P、Na、K、Mg、Ca、Fe 和 Mn 元素组成。C、P、Na、K、Mg 和 Ca 是微生物生长不可缺少的生命元素，其中，C 是构成细胞骨架的必需元素，Na 和 K 维持细胞内外稳定

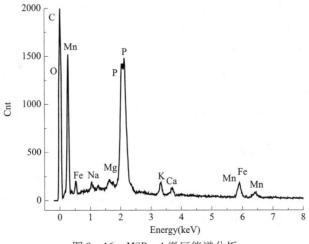

图 8 – 16　MSB – 4 微区能谱分析

的渗透压，P 是细胞膜磷脂的重要组成元素，Mg 是微生物代谢过程中某些酶的激活剂，Ca 可促进细胞膜的形成。在初始培养基中，P 元素是以 K_2HPO_4 的形式加入的，其中 K:P 的原子比为 2:1，而表 8-6 显示，在 MSB-4 表面 K:P 的原子比约为 1:3.1，这说明细胞膜中磷脂是极为丰富的，丰富的磷脂增大了细胞膜的流动性和膜的半通透性，更有利于低温条件下 MSB-4 的生长和对铁锰的利用。细胞表层含 Fe 和 Mn 元素，并且 Mn 元素的含量较高，这进一步证实了 Mn^{2+} 的氧化与锰氧化菌胞外黏液物质，即胞外酶有关，在细胞表层 Fe 可能是锰催化氧化反应的激活因子。

MSB-4 表面元素组成　　　　　　　　　　　　　　　　　　表 8-6

元　　素	质　量（%）	原子数（%）
C	68.97	82.06
O	12.59	11.25
Na	1.07	0.67
Mg	0.47	0.27
P	5.02	2.32
K	2.05	0.75
Ca	1.39	0.50
Mn	6.25	1.63
Fe	2.18	0.56
合计	100.00	

2. MSB-4 的 Mn^{2+} 代谢能力分析

锰是生物体中很重要的痕量元素，在生物体的酶系中是辅因子的一部分，能促使蛋白质和辅因子牢固地结合在一起，并以化学价的变化来催化氧化还原反应。但高浓度的锰对微生物的生长有害无益，锰氧化菌是如何适应高锰溶液环境，并将其吸附—氧化的呢？笔者通过研究 MSB-4 细胞不同部位 Mn^{2+} 代谢能力，对上述问题进行分析和探讨。

试验将培养 36h 的 MSB-4 的含 Mn^{2+} 发酵液 150mL 分成等量的 3 份（各 50mL），其中两份分别进行好氧和厌氧培养 12h，另一份放入 4℃冰箱中，作为原始对照。采用过硫酸铵法测好氧、厌氧和对照中 MSB-4 细胞各部分锰含量，以此分析 MSB-4 对 Mn^{2+} 的代谢能力。*Chryseobacterium* sp. MSB-4 不同部位 Mn^{2+} 和 MnO_x 含量见图 8-17。

（1）MSB-4 胞外酶对 Mn^{2+} 具有很强的吸附作用，该吸附能力与胞外酶量直接相关

MSB-4 的生理生化研究显示，该菌为专性好氧菌，在厌氧环境中不能生存，而 MSB-4 经过厌氧培养后，细胞膜上吸附的 Mn^{2+} 量由 43.63μM 增至 56.46μM，这说明菌体细胞死亡后胞外酶并未立即失活，对 Mn^{2+} 仍有很强的吸附作用。这与图 8-15 中 MSB-4 的电镜分析结果相吻合，细胞死亡后胞内物质溢出，细胞残体并未溶解，仍有大量铁锰吸附在其表面。好氧条件下，MSB-4 生长条件良好，代谢活跃，则胞外黏液质分泌增多，即胞外酶量增大，使得细胞膜上吸附的 Mn^{2+} 量由 43.63μM 增至 82.13μM。

（2）MSB-4 具有发达的 Mn^{2+} 胞内磷脂蛋白运输系统，该运输系统机能与细胞活性呈正相关

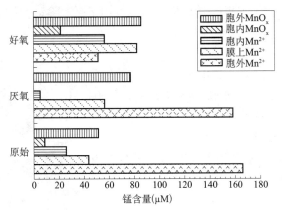

图 8-17 *Chryseobacterium* sp. MSB-4 不同部位 Mn^{2+} 和 MnO_x 含量

如图 8-17 所示，不同条件下，MSB-4 胞内均含有 Mn^{2+}，则细胞膜上必然存在 Mn^{2+} 胞内运输系统。在前述能谱分析（图 8-16）中显示，细胞表面含有很高的 P 元素，该元素是磷脂蛋白的重要组成部分，细胞膜上丰富的磷脂蛋白既增加了细胞膜在低温下的流动性，又可作为金属离子等进入细胞内的载体，增加了膜的通透性。该磷脂蛋白运输系统机能与细胞活性有直接关系，厌氧条件下，磷脂蛋白运输系统机能减弱，胞内 Mn^{2+} 量由 $25.67\mu M$ 降至 $5.13\mu M$；好氧条件下，该运输系统机能显著增强，胞内 Mn^{2+} 量由 $25.67\mu M$ 增至 $56.46\mu M$。

（3）MSB-4 对 Mn^{2+} 的氧化既是一种生理性解毒，也是一种能量储备方式

MSB-4 是一株生活在贫营养环境中的低温菌种，胞外分泌大量的黏液是对高浓度 Mn^{2+} 的一种生理防御，通过胞外酶对 Mn^{2+} 进行吸附—氧化成 MnO_x，将大部分的 Mn^{2+} 抵御在细胞之外。同时，通过主动运输进入细胞内的 Mn^{2+} 被胞内酶系部分氧化成 MnO_x 固体化合物，胞内 MnO_x 的生成既减轻了 Mn^{2+} 对细胞体的毒害，又为细胞提供了有效的能源储备。图 8-17 显示，厌氧条件下，MSB-4 进行内源性呼吸，将储存在体内的 MnO_x 全部分解以获得能量。好氧条件下，细胞运输机能强，MnO_x 含量由 $8.56\mu M$ 升高到 $21.39\mu M$。

（4）当微生物体内 Mn^{2+} 达到一定浓度后，必将对微生物产生毒害

如图 8-17 所示，好氧条件下胞外 Mn^{2+} 部分被吸附氧化，在胞外形成 MnO_x；部分被运输至胞内，被胞内酶氧化成 MnO_x。根据酶活定位研究试验显示，MSB-4 胞内酶有一定的 Mn^{2+} 氧化活性，但较胞外酶弱得多，因此，当胞内酶对 Mn^{2+} 氧化能力饱和时，细胞内 Mn^{2+} 会持续升高，必然对细胞产生毒害，导致其死亡。死亡后的菌体细胞溶胀破裂，将细胞内游离的 Mn^{2+} 重新释放到生境中，同时，细胞残体相互黏结在一起，吸附氧化 Mn^{2+}。

综上，MSB-4 对 Mn^{2+} 的去除是细胞酶参与下的吸附—氧化过程。MSB-4 对 Mn^{2+} 的利用既是一种生理性解毒又是能量储备的一种方式。当酶对 Mn^{2+} 饱和时，Mn^{2+} 对菌体的毒害作用逐渐显现，最终导致菌体死亡。本试验中，MSB-4 生长的初始 Mn^{2+} 浓度为 0.7mM，即 38.5mg/L，远高于地下水中 Mn^{2+} 浓度（一般最高为几毫克/升）。

菌株 *Chryseobacterium* sp. MSB-4 是从常年低温的地下水环境中分离获得，易形成菌胶团；具有异染颗粒、类脂粒等能源储藏结构；具有硝酸盐还原能力；细胞酶系发达，具有

较强的 Mn^{2+} 氧化能力，是理想的锰氧化菌种，可用于高效除锰菌群的构建和酶固定化。

8.7.2　MS604 锰代谢特征分析

本研究对 MS604 进行了 X 光电子能谱和不同细胞部位锰代谢能力分析，对 *Sphingobacterium* sp. MS604 的 Mn^{2+} 氧化机理进行了初步研究。

1. MS604 表面锰分布

红色方框内为"能谱微区分析区域"

图 8-18　菌株 MS604 扫描电镜照片

MS604 在 PYCM 培养基中培养 48h 后，进行 X 光电子能谱分析。MS604 的扫描电镜能谱见图 8-18 和图 8-19。

由图 8-18 可知，MS604 为短杆菌，细胞分泌大量的黏液质，细胞聚集形成菌胶团。细胞间菌丝体明显，这种菌丝体为遗传物质传递的通道；细胞会产生芽体，这些芽体能够产生新的子细胞。细胞之间通过丝状体连接形成密织的网状，衰老的细胞死亡后，细胞内物质溢出，细胞残体并不自行溶解，而是通过黏液质与活体细胞相连。

图 8-19 中，P 较 Na、Ca 等元素的吸收峰突出，这说明细胞膜中磷脂是极为丰富的，丰富的磷脂增大了细胞膜的流动性和膜的半通透性，更有利于低温条件下 MS604 的生长和对铁锰的利用。同时，能谱结果显示，在细胞表面吸附一定量的 Fe 和 Mn。鞘脂杆菌 MS604 胞外丰富的黏液质对 Fe 和 Mn 的吸附氧化起重要作用。

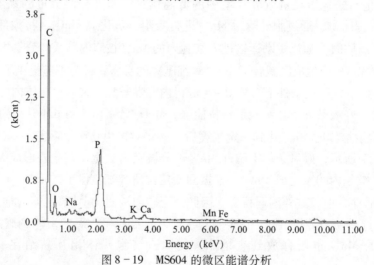

图 8-19　MS604 的微区能谱分析

2. MS604 Mn^{2+} 代谢能力分析

多数微生物在高锰溶液中，会产生明显的生理毒害现象。MS604 是如何解除 Mn^{2+} 的毒害作用的呢？细胞吸附和氧化 Mn^{2+} 与 MnO_x 是否都是在胞外进行的呢？通过研究 MS604 细胞内外 Mn^{2+} 和 MnO_x 含量，以及氧气对 MS604 锰代谢的影响，对上述问题进行了分析。

本试验将培养 36h 的 MS604 含 Mn^{2+} 发酵液 150mL 分成等量的 3 份（各 50mL），其中两份分别进行好氧和厌氧培养 12h，另一份放入 4℃ 冰箱中，作为原始对照。采用过硫酸铵法测好氧、厌氧和对照中 MS604 细胞各部分锰含量，进而分析 MS604 对 Mn^{2+} 的代谢能力。通过对图 8-20 的分析可知：

（1）MS604 胞外酶对 Mn^{2+} 具有吸附作用

图 8-20 显示，MS604 在原始、好氧和厌氧状态下，细胞膜上均有一定量的 Mn^{2+}，由此进一步肯定 MS604 对 Mn^{2+} 有一定的吸附作用。

（2）MS604 对 Mn^{2+} 的氧化既是一种生理性解毒，也是一种能量储备方式

MS604 是一株生活在贫营养环境中的低温菌种，胞外分泌大量的黏液可有效防御高浓度锰离子对细胞产生的毒害。通过胞外酶对 Mn^{2+} 进行吸附—氧化成 MnO_x，将大部分的 Mn^{2+} 抵御在细胞之外。同时，Mn^{2+} 通过主动运输进入细胞内，并在细胞内转化成 MnO_x 固体化合物，胞内 MnO_x 的生成既缓解了 Mn^{2+} 对细胞的毒害，又为菌体提供了有效的能源储备。如图 8-20 所示，厌氧条件下，MS604 进行内源呼吸，将储存在细胞内的 MnO_x 全部分解以获得代谢所需能量。

（3）MS604 在好氧条件下固锰，厌氧条件下释锰

好氧条件下，胞外 Mn^{2+} 大部分在胞外酶作用下吸附氧化，形成 MnO_x，使得胞外 MnO_x 量由 $124.05\mu M$ 升高到 $162.55\mu M$，胞外 Mn^{2+} 浓度下降；少部分 Mn^{2+} 被运输至胞内，在细胞内酶系的作用下氧化成 MnO_x。厌氧条件下，出于对氧的需求，胞内 MnO_x 被还原，释放出 Mn^{2+}，当胞内 Mn^{2+} 达到一定浓度时，必然对细胞产生毒害，导致其死亡。死亡后的菌体细胞溶胀破裂，将细胞内游离的 Mn^{2+} 重新释放到生境中，使胞外环境中的 Mn^{2+} 浓度升高。

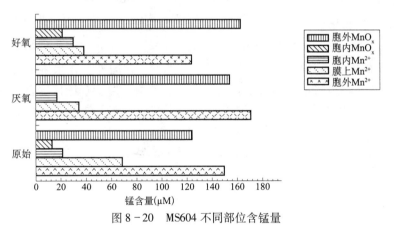

图 8-20 MS604 不同部位含锰量

此外，*Sphingobacterium* sp. MS604 是一株同步氧化铁锰的细菌，并且对 Fe^{2+} 的去除能力高于对 Mn^{2+} 的去除。Mn^{2+} 的去除是细胞酶参与下的吸附—氧化过程。MS604 对 Mn^{2+} 的利用既是一种生理解毒又是能量储备的一种方式。当酶对 Mn^{2+} 饱和时，Mn^{2+} 对菌体的毒害作用逐渐显现，最终导致菌体死亡。

氧气是 MS604 进行 Mn^{2+} 氧化的重要因子。好氧条件下，MS604 通过胞外酶固锰；厌氧条件下，菌体向环境中释锰，导致 Mn^{2+} 浓度升高。

MS604 为 *Sphingobacterium* 属，其胞外酶活性较强，是好氧低温除铁除锰功能菌种。

8.7.3　MB4 锰代谢特征分析

Exiguobacterium 属的细菌个体微小，在不良环境中生存能力强，可利用一些难降解物质为其营养底物。胡江等分离获得一株微小杆菌纯菌 *Exiguobacterium* sp. BTAHI，该菌可以降解阿特拉津，对阿特拉津污染的生物修复起重要作用。尚未有 *Exiguobacterium* 属中具锰氧化能力菌种的报道，菌种 MB4 很可能是该属的一个新种。

1. MB4 表面锰分布

MB4 在 PYCM 培养基中培养 48h 后，进行 X 光电子能谱分析。MB4 的电镜照片见图8-21。

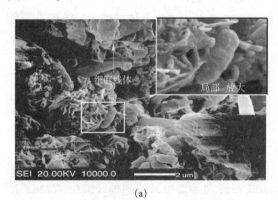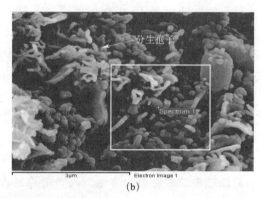

(a)　　　　　　　　　　　　　　　　　(b)

图 8-21　*Exiguobacterium* sp. MB4 电镜照片

(a)、(b) 均为 MB4 表面形貌放大 10000 倍的电镜照片，其中 (b) 图方框内为"能谱分析区域"

由图 8-21 可以看到，MB4 为短杆菌，细胞呈链状或聚集成团，细胞残体相互交织呈网状。(a) 中放大区域显示，MB4 细胞表面不光滑，并向外生长出多个管状分支，通过管状分支与其他细胞或细胞残体相连。管状结构可能内部携带有遗传信息，当细胞生长到一定阶段即生成分生孢子，分生孢子数量远多于 MB4 细胞。分生孢子散落在细胞表面或在胞外黏液质作用下相互聚集，如图 8-21 (b) 所示。

图 8-21 方框内为能谱微区分析区域，能谱分析显示 MB4 表面主要由 C、O、P、Na、K、Mg、Ca、Fe 和 Mn 元素组成。P 较 Na、K 等元素的吸收峰更突出，这说明细胞膜中磷脂是极为丰富的，丰富的磷脂增大了细胞膜的流动性和膜的半通透性，更有利于 MB4 在低温条件下的生长及对铁锰的运输和利用。

MB4 的能谱分析结果如图 8-22 所示。能谱显示，Fe 和 Mn 的结合能均发生明显的化学位移，这表明 MB4 细胞表面铁锰是以不同价态存在的，即在细胞表面的铁是以 Fe^{2+} 和 Fe^{3+} 的形式共存，Mn 也是 Mn^{2+} 和高价 Mn 并存的。已有的研究表明，在 pH 中性的自然条件下，Fe^{2+} 的去除机制是自催化氧化反应，生成的含水氧化铁是 Fe^{2+} 氧化的催化剂。Mn^{2+} 的氧化是在锰氧化菌胞外酶的作用下进行的，只有在生物滤层中的微生物数量达到一定程度之上，Mn^{2+} 才能很好地被去除。由能谱分析显示，Mn^{2+} 的去除过程是吸附—氧化的过程。

2. MB4 锰代谢能力分析

试验将培养 36h 的 MB4 的 Mn^{2+} 发酵液 150mL 分成等量的 3 份（各 50mL），其中两份

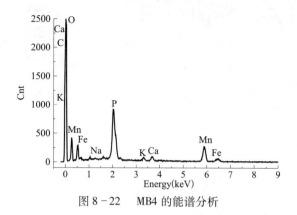

图 8-22　MB4 的能谱分析

分别进行好氧和厌氧培养 12h，另一份放入 4℃冰箱中，作原始对照。采用过硫酸铵法测好氧、厌氧和对照中 MB4 细胞各部分锰含量，进而分析 MB4 对 Mn^{2+} 的代谢能力。

Exiguobacterium sp. MB4 不同部位 Mn^{2+} 和 MnO_x 含量如图 8-23 所示。通过对图 8-23 的分析可知：

（1）MB4 胞外酶对 Mn^{2+} 具有一定的吸附作用

MB4 的生理生化研究显示，该菌为微好氧菌，在好氧和缺氧环境中皆生存。MB4 在厌氧和好氧环境中均能吸附 Mn^{2+}，好氧状态下膜上 Mn^{2+} 浓度为 47.05μM，厌氧状态下膜上 Mn^{2+} 浓度为 55.60μM。

（2）MB4 具有发达的 Mn^{2+} 胞内磷脂蛋白运输系统，该运输系统机能与细胞活性呈正相关

如图 8-23 所示，不同条件下，MB4 胞内均含有 Mn^{2+}，则细胞膜上必然存在 Mn^{2+} 胞内运输系统。在前述能谱分析中显示，细胞表面含有很高的 P 元素，该元素是磷脂蛋白的重要组成部分，细胞膜上丰富的磷脂蛋白既增加了细胞膜在低温下的流动性，又可作为金属离子等进入细胞内的载体，增加了膜的通透性。该磷脂蛋白运输系统机能与细胞活性有直接关系，厌氧条件下，磷脂蛋白运输系统机能减弱，胞内 Mn^{2+} 量由 21.39μM 降至 8.56μM；好氧条件下，该运输系统机能显著增强，胞内 Mn^{2+} 量由 21.39μM 增至 29.94μM。

（3）对 Mn^{2+} 的氧化既是一种生理解毒，也是一种能量储备方式

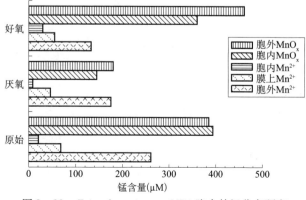

图 8-23　*Exiguobacterium* sp. MB4 胞内外锰分布研究

　　MB4 是一株生活在贫营养环境中的除锰菌种，通过胞外酶对 Mn^{2+} 进行吸附—氧化成 MnO_x，将大部分的 Mn^{2+} 抵御在细胞之外。同时，通过主动运输进入细胞内的 Mn^{2+} 被胞内酶系部分氧化成 MnO_x 固体化合物，胞内 MnO_x 的生成既减轻了 Mn^{2+} 对细胞体的毒害，又为细胞提供了有效的能源储备。MB4 好氧时以呼吸为主，胞外酶氧化 Mn^{2+} 生成 MnO_x；厌氧时，MB4 还原胞内 MnO_x，满足菌体对氧的需求，获得能量。因而厌氧时胞内 MnO_x 由最初的 393.53μM 降至 145.44μM。

　　（4）MB4 产生孢子是对不良环境的一种生理性防御

　　图 8-23 中，厌氧、好氧和原始对照样品中的总锰量不同，厌氧状态下胞内外锰总量降至原始对照样品中的总锰量的 50% 左右。MB4 有两种生殖方式，即二分裂生殖和产生分生孢子，这里的分生孢子类似芽体，和真菌产生的分生孢子并不同。分析认为，厌氧时 MB4 会产生大量的分生孢子，减少菌体的能量需求，在该过程中，菌体内的 MnO_x 被部分转移至孢子中。孢子壁极厚，不易超声破碎，并耐高温，因此孢子内的 MnO_x 可能用过硫酸铵法无法检测，因此厌氧条件下锰总量会明显下降。

　　因此 MB4 对 Mn^{2+} 的去除是细胞酶参与下的吸附—氧化过程。MB4 在厌氧和好氧条件下均可除锰，并且可产生分生孢子，生命力顽强，是一株理想的地下水生物除锰菌种。

8.7.4　MB5 锰代谢特征分析

　　MB5 在 PYCM 培养基中培养 48h 后，进行 X 光电子能谱分析。MB5 的电镜照片见图 8-24。

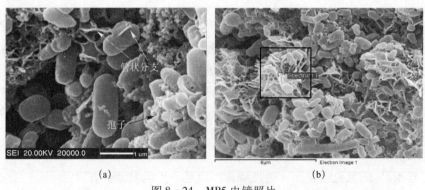

图 8-24　MB5 电镜照片

　　由图 8-24 可以看到，MB5 为短杆菌，大小不规则，常聚集成团。图 8-24（a）显示，MB5 细胞向外生长出多个管状分支，通过管状分支与其他细胞或细胞残体相连。管状分支离体后可形成分生孢子，分生孢子数量远多于 MB5 细胞。分生孢子散落在细胞表面或在胞外黏液质作用下相互聚集。

　　MB5 的能谱分析结果如图 8-25 所示。图 8-24（b）方框内为能谱微区分析区域，能谱分析显示 MB5 表面主要由 C、O、P、K、Mg、Al、Ca、Fe 和 Mn 元素组成。P 较 Na、K 等元素的吸收峰更突出，这说明细胞膜中磷脂是极为丰富的，丰富的磷脂增大了细胞膜的流动性和膜的半通透性，更有利于 MB5 在低温条件下的生长及对铁锰的运输和利用。

　　同时，能谱显示，Fe 和 Mn 的结合能均发生明显的化学位移，这表明 MB5 细胞表面

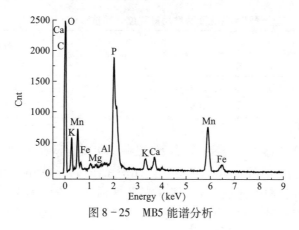

图 8 - 25　MB5 能谱分析

铁、锰是以不同价态存在的，即在细胞表面的铁是以 Fe^{2+} 和 Fe^{3+} 形式共存，Mn 也是 Mn^{2+} 和高价 Mn 并存的。

8.8　典型锰氧化菌酶学特性

8.8.1　酶活性功能定位

　　水中的 Mn^{2+} 在锰氧化菌的作用下转化为锰的氧化物 MnO_x，生成的 MnO_x 可被 TMPD（NNNN - tetrametrylp - phenylendiamine，TMPD）氧化成蓝色物质 wurster blue，每生成 1 mol wurster blue 就有 1 mol Mn^{2+} 被氧化。因此 TMPD 可作为铁锰氧化物出现的指示剂。刮取少许菌落，滴加 TMPD（1.9mM），观察菌落颜色变化，设空白对照。若菌落迅速变蓝，则初步判断该菌在含 Mn^{2+} 环境中生成了锰氧化物，即具有 Mn^{2+} 氧化能力，则为 TMPD 反应阳性（＋），反之为阴性（－），菌落颜色变化越明显氧化能力越强。通过 TMPD 法检测 Mn^{2+} 添加前后的溶液中高价锰氧化物的相对含量变化，确定发生 Mn^{2+} 氧化的部位。MS604 和 MB4 菌株活性功能定位均采用 TMPD 法。酶活测定采用过硫酸铵法。酶活力单位（IU/mL）定义为单位时间单位体积酶液氧化 $1\mu M$ Mn^{2+} 所相当的酶量。结果见表 8 - 7、表 8 - 8 所示。

		MS604 菌酶活性功能定位（单位：IU/mL）		表 8 - 7
项目 菌名	无 Mn^{2+} 菌悬液	有 Mn^{2+} 菌悬液	有 Mn^{2+} 发酵液	有 Mn^{2+} 无菌上清液	无 Mn^{2+} 无菌上清液
MS604 - 1	1.901	1.912	2.008	2.075	0.937
MS604 - 2	2.018	1.918	2.038	1.67	0.875

　　表 8 - 7 说明，MS604 菌株悬液无除锰活性，OD 值虽较高，是因为细菌表面沉积有 MnO_2，离心无法去除，但对后加入的 Mn^{2+}，无任何去除能力，相比之下，无菌上清液活性较高。这是因为细胞分泌胞外活性酶，通过活性酶与 Mn^{2+} 发生作用，使 Mn^{2+} 得以去除。因此，该菌株的活性部位位于细胞外。

MB4 菌株酶活性功能定位（单位：IU/mL）　　　　　　表 8 - 8

项目\n菌名	有 Mn^{2+} 菌悬液	无 Mn^{2+} 菌悬液	有 Mn^{2+} 发酵液	有 Mn^{2+} 无菌上清	无 Mn^{2+} 无菌上清
MB4 - 1	0.919	0.798	1.229	1.194	0.585
MB4 - 2	1.031	0.922	1.347	1.123	0.716

表 8 - 8 说明，MB4 菌株菌悬液除锰活性极弱，OD 值虽较高，是因为细菌表面沉积有 MnO_2，离心无法去除，但对后加入的 Mn^{2+}，几乎无任何去除功能，相比之下，无菌上清液活性较高。MB4 的发酵上清液具有较高的的除锰活性，表明 MB4 能够分泌大量的胞外蛋白酶，通过活性酶与 Mn^{2+} 发生作用，使 Mn^{2+} 得以去除。菌株 MB4 的活性部位位于细胞外。

选择生长良好的 MB5 菌落，分别取无 Mn^{2+} 菌悬液、有 Mn^{2+} 菌悬液、有 Mn^{2+} 发酵液、有 Mn^{2+} 无菌上清、无 Mn^{2+} 无菌上清 3mL 加入 TMPD 溶液 0.3mL，反应 20min 后在 610nm 波长下测其 OD 值，测定结果见表 8 - 9。为了使试验数据更加可靠，设置了两组平行的试验样品。如表 8 - 9 所示，菌株 MB5 具有较强的胞外酶活性。有 Mn^{2+} 菌悬液的吸光度值（0.501）较无 Mn^{2+} 菌悬液吸光度值（0.435）相差不大。有 Mn^{2+} 无菌上清液吸光度值（0.958）比无 Mn^{2+} 无菌上清吸光度值（0.477）高 0.481。这说明 MB5 菌体和胞外物质均有 Mn^{2+} 氧化活性，同时细胞外明显较细胞内 Mn^{2+} 氧化活性高。

分光光度计检测菌活力的测定数据（OD_{610}）　　　　　　表 8 - 9

组别	无锰菌悬液	有锰菌悬液	有锰发酵液	有锰无菌上清液	无锰无菌上清液
第一组	0.435	0.501	0.693	0.958	0.477
第二组	0.665	0.645	0.865	0.974	0.608

8.8.2　温度对胞外酶活性的影响

温度对酶促反应速率的影响表现在两个方面：①当温度升高时，与一般化学反应一样，反应速率加快；②由于酶是蛋白质，随着温度的升高，酶逐渐变性而失活，引起酶反应速率下降。酶表现出来的最适温度是这两种影响的综合结果。最适温度不是酶的特征物理常数，常受到其他条件如底物种类、作用时间、pH 和离子强度等因素的影响。本试验将 10mL MS604、MB4 培养液进行超声振荡后，离心取上清液，获得粗酶液。向粗酶液中加入 1.7mM Mn^{2+}，分别在 4℃、9℃、15℃、23.5℃、35℃ 条件下培养 150min，过滤，取 8mL 培养液测反应后 Mn^{2+} 含量，由此推知胞外酶活力。MS604 的酶活力随温度的变化如图 8 - 26 所示。

菌株 MS604 的胞外酶除锰活性在 15℃ 左右最高，随着温度的升高酶活下降，酶活由 10.9U/mL 降至 9.7U/mL。在 4 ~ 25℃ 范围内，尽管酶活力随温度升高有一定波动，但酶活力变化不大，MS604 的酶活力 在 15℃ 与 4℃ 仅差 0.6U/mL。

MSB - 4 的酶活力随温度的变化如图 8 - 27 所示。菌株 MSB - 4 的胞外酶除锰活性在 10 ~ 15℃ 最高，随着温度的升高酶活下降，酶活力由 10.2U/mL 降至 8.7U/mL。

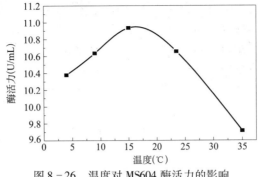

图 8-26 温度对 MS604 酶活力的影响

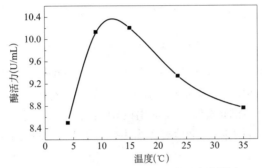

图 8-27 温度对 MSB-4 的酶活力的影响

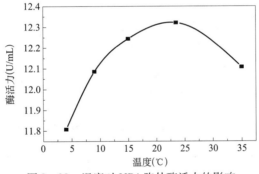

图 8-28 温度对 MB4 胞外酶活力的影响

温度对除锰菌 MB4 胞外酶活性影响结果如图 8-28 所示。胞外酶活力随温度升高而增大，在 23℃相对酶活力最高，为 12.32U/mL。应注意的是，在 4~35℃温度区间内酶活力相差并不大，仅相差 0.52U/mL，其原因有待进一步研究。

8.8.3 pH 对胞外酶活性的影响

pH 对酶的活性有显著影响。每一种酶只有在一定限度的 pH 范围内才表现活性，超过这个范围酶即失活。即便是在这有限的范围内，酶的活力也随着环境 pH 的改变而有所不同。本试验研究 pH 对酶活力影响的方法如下：10mL 菌体培养液进行超声振荡后，离心取上清液，获得粗酶液。将粗酶液的 pH 分别调至 5、6、7、8 和 9。向各酶液中加入 0.6mM Mn^{2+}，混匀，8℃条件下培养 30min，过滤，采用过硫酸铵法测酶液 Mn^{2+} 含量，分析不同 pH 条件下酶活力变化。

MSB－4 的酶活力随 pH 变化如图 8－29 所示。菌株 MSB－4 的胞外酶除锰活性在中性偏碱环境中最高，当 pH 为 8 时，MSB－4 的胞外酶活性最高，为 19.68U/mL。菌株 MSB－4 在 pH 为 8 时除锰效果最好，该 pH 略高于天然地下水的 pH。

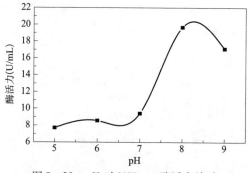

图 8－29　pH 对 MSB－4 酶活力关系

MS604 的酶活力随 pH 变化如图 8－30 所示。菌株 MS604 的胞外酶除锰活性在中性 pH 环境中最高，为 10.27U/mL。菌株 MS604 在 pH 为 8.0 时表现出较高的酶活力，此后随着 pH 的升高出现下降趋势，然而该处所表现出的酶活力并不是真正的 MS604 胞外酶活力，因为在 pH 为 8 时，Mn^{2+} 的去除以化学氧化为主，并不是胞外酶的作用。

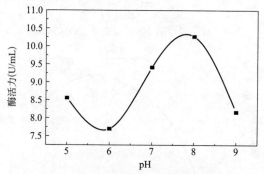

图 8－30　pH 对 MS604 酶活力的影响

MB4 的酶活力随 pH 变化如图 8－31 所示。在 pH 6.0 ~ 7.0 范围内，酶活力随 pH 升高而提高，在 pH 7.0 ~ 9.0 范围内，酶活力随 pH 升高而逐渐降低，在 pH 为 7.0 时，相对酶活力最高，菌株 MB4 的胞外酶除锰活性在中性 pH 环境中最高，为 12.53U/mL。

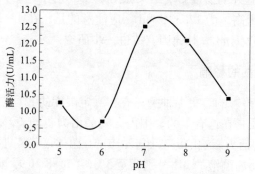

图 8－31　pH 对 MB4 胞外酶活力的影响

MB5 的酶活力随 pH 变化如图 8-32 所示。菌株 MB5 的胞外酶除锰活性在中性 pH 环境中最高，为 12.53U/mL。随着 pH 的升高酶活力出现明显的无规律的波动。

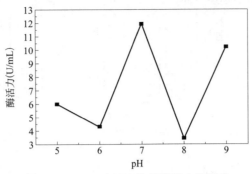

图 8-32 pH 对 MB5 胞外酶活力的影响

8.8.4 金属离子对胞外酶活性的影响

一些重金属离子是微生物细胞的组成成分，这些重金属离子在低浓度时对微生物生长有促进作用，反之则产生毒害作用；但更多的重金属离子，不管浓度大小，对微生物的生长均会产生毒害作用。其中毒害作用最强的是 Hg、Ag 和 Cu。它们的杀菌作用，有的是容易与细胞蛋白质结合而使之变性，有的是进入细胞后与酶上的 -SH 基结合而使酶失去活性，从而抑制微生物的生长或导致其死亡。因而，研究金属离子对锰氧化菌酶活性的影响是非常必要的。本节研究了金属离子与 MSB-4、MS604、MB4、MB5 酶活性的关系。

取 7 管酶液各 10mL，加入 $200\mu M$ Mn^{2+} 后，分别加入 5mM 的各金属离子，即 Cu^{2+}、Fe^{2+}、Zn^{2+}、Al^{3+}、Mg^{2+} 和 Hg^{2+}，同时，设正常培养对照，在 pH7.5、12℃条件下培养 30min 后离心取上清液，测酶液中 Mn^{2+} 含量。

金属离子对 MSB-4 酶活的影响试验结果如图 8-33 所示，含 Zn^{2+} 和 Hg^{2+} 的酶液培养 30min 后，Mn^{2+} 浓度与对照相比没有明显变化。由此推知，Zn^{2+} 和 Hg^{2+} 对 Mn^{2+} 的去除基本无影响。同时，含 Cu^{2+}、Fe^{2+}、Al^{3+} 和 Mg^{2+} 的酶液与对照相比，Mn^{2+} 浓度均明显下降，去除率升高，表明 Cu^{2+}、Fe^{2+}、Al^{3+} 和 Mg^{2+} 对 MSB-4 酶活有不同程度促进作用，其中 Fe^{2+} 的促进作用最为明显。在我们进行该菌的纯培养时也发现，在培养液中加入痕量的 Fe^{2+} 可明显提高 Mn^{2+} 的去除率。这可能是由于 Fe^{2+} 与胞外酶形成某种金属螯合蛋白，一方面对酶蛋白有激活作用，另一方面增大了 Mn^{2+} 与该金属蛋白的接触几率和接触面积，进而提高了 Mn^{2+} 的去除率。

金属离子对 MS604 酶活的影响试验结果如图 8-34 所示，含 Cu^{2+} 和 Hg^{2+} 的酶液培养 30min 后，Mn^{2+} 浓度与对照相比没有明显变化，由此推知，Cu^{2+} 和 Hg^{2+} 对 Mn^{2+} 去除基本无影响。同时，含 Zn^{2+}、Fe^{2+}、Al^{3+} 和 Mg^{2+} 的酶液与对照相比，Mn^{2+} 浓度均明显下降，去除率升高，表明 Cu^{2+}、Fe^{2+}、Al^{3+} 和 Mg^{2+} 对 MS604 酶活有不同程度促进作用，其中 Fe^{2+} 和 Al^{3+} 的促进作用最为明显。因而在 Mn^{2+} 氧化过程中可在培养液中加入适量的 Fe^{2+} 和 Al^{3+}，以增大酶活力。

对于 MB4，试验结果如图 8-35 所示，Fe^{2+}、Cu^{2+}、Zn^{2+}、Al^{3+} 和 Mg^{2+} 对酶有促进

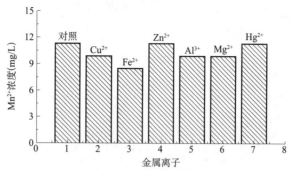

图 8-33　金属离子对 MSB-4 酶活的影响

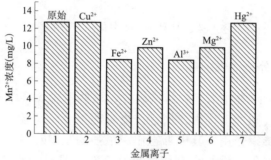

图 8-34　金属离子对 MS604 胞外酶活的影响

作用,其中 Cu^{2+}、Zn^{2+}、Al^{3+} 对 Mn^{2+} 氧化的促进作用最明显。Hg^{2+} 对 Mn^{2+} 的氧化起抑制作用。金属离子 Cu^{2+}、Zn^{2+}、Al^{3+} 和 Mg^{2+} 可能通过影响底物——酶复合物的电荷而对酶的活性起促进作用,Hg^{2+} 是重金属离子,可能影响酶的活性部位从而抑制酶活。

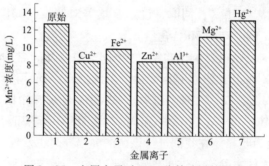

图 8-35　金属离子对 MB4 胞外酶活的影响

　　而对于 MB5,试验结果如图 8-36 所示,含 Cu^{2+}、Zn^{2+}、Fe^{2+}、Al^{3+} 和 Mg^{2+} 的酶液培养 30min 后,与对照相比的酶液 Mn^{2+} 浓度均明显下降,Mn^{2+} 去除率升高,表明 Cu^{2+}、Zn^{2+}、Fe^{2+}、Al^{3+} 和 Mg^{2+} 对 MB5 酶活有不同程度促进作用,其中 Fe^{2+} 和 Mg^{2+} 的促进作用最为明显。因而在 Mn^{2+} 氧化过程中可在培养液中加入适量的 Fe^{2+} 和 Mg^{2+},以增大酶活力。Hg^{2+} 对 MB5 的锰氧化过程无明显影响。

　　综上,研究结果表明:Fe^{2+}、Al^{3+} 和 Mg^{2+} 都能不同程度地增大上述 4 种菌的胞外酶活力,这也从生物学角度深刻解释了 4.4 节 Fe^{2+} 对生物除锰滤层作用的根本原因。

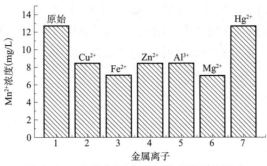

图 8-36 金属离子对 MB5 胞外酶活性影响

8.8.5 胞外酶 K_m 和 v_{max} 的确定

1. MB4

根据 Michaelis – Menten 方程（又称米氏方程）：

$$v = \frac{v_{max}[S]}{[S] + K_m}$$

其中 v 代表反应速度，v_{max} 代表最大反应速度，$[S]$ 代表底物浓度，K_m 代表米氏常数。

以 Lineweaver Burk 双倒数法作图：

$$\frac{1}{v} = \frac{K_m}{v_{max}} \frac{1}{[S]} + \frac{1}{v_{max}}$$

即一个酶促反应速度的倒数（$1/v$）对底物浓度的倒数（$1/[S]$）作图。X 和 Y 轴上的截距分别代表米氏常数（K_m）和最大反应速度（V_{max}）的倒数。

MB4 胞外酶 K_m 和 v_{max} 计算方法如下：取 7 管 8mL 的 MB4 粗酶液，分别加入不同浓度梯度的 Mn^{2+}（0.05%、0.10%、0.15%、0.20%、0.25%、0.30%、0.35%）溶液，反应 10min，采用过硫酸铵法测 Mn^{2+} 浓度，进一步计算得出 Mn^{2+} 的去除量、去除速率。利用双倒数作图法求得 K_m 和 v_{max}，如图 8-37 所示。

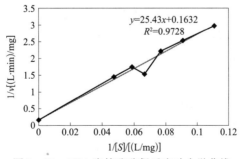

图 8-37 MB4 胞外酶酶促反应动力学曲线

由图 8-37 可知酶对锰的去除基本符合米氏方程，由

$$K_m/v_m = 25.43$$

$$1/v_m = 0.1632$$

解得 $v_m = 6.13mg/(L \cdot min)$，$K_m = 155.8mg/L$。

即锰氧化菌胞外酶最大反应速率为 6.13mg/（L·min），表观米氏常数为 155.8mg/L。

米氏常数 K_m 反映了酶与底物亲和力的大小，K_m 越小，表示达到最大反应速度一半时所需的底物浓度就越小。试验得到锰氧化菌胞外酶的表观 K_m 为 155.8mg/L，说明底物与酶有较高的亲和力。

2. MS604

用 8mL 的上清液与不同浓度 Mn^{2+}（0.05%、0.10%、0.15%、0.20%、0.25%、0.30%、0.35%）溶液于最适温度反应 10min 后，测量 Mn^{2+} 浓度后分别计算 Mn^{2+} 的去除量、去除速率，见表 8-10。利用双倒数作图法求得 K_m 和 v_{max}，见图 8-38。底物 Mn^{2+} 的浓度与反应速度的关系见图 8-39。

不同 Mn^{2+} 浓度试验结果　　　　　　　　表 8-10

初始锰离子浓度 S（mg/L）	5.0	7.0	9.0	11.0	13.0	15.0	17.0	19.0
反应后锰离子浓度（mg/L）	0	0.726	2.010	3.529	4.941	6.352	7.764	9.881
去除量（mg/L）	5.0	6.274	6.090	7.471	8.059	8.648	9.236	9.119
去除速率 v [mg/（L·min）]	0.500	0.627	0.609	0.747	0.806	0.865	0.924	0.912
$1/S$	0.200	0.143	0.111	0.091	0.077	0.067	0.059	0.053
$1/v$	2.000	1.594	1.429	1.339	1.241	1.156	1.083	1.097

双倒数法求 K_m，该直线斜率为：

$$\frac{K_m}{v_{max}} = 6.3276$$

直线与纵轴的截距为：$1/v_{max} = 0.7306$

因此求得：$v_{max} = 1.3689mg/(L·min)$　　　$K_m = 8.5376mmol/L$

K_m 表示在温度为 9℃，pH 值为 7 左右时，胞外酶反应速度达到最大反应速度的一半时，底物 Mn^{2+} 浓度为 8.5376mmol/L。与其他酶类比较而言，该菌胞外酶的 K_m 值较小，说明它达到最大反应速度一半时所需底物 Mn^{2+} 的浓度较小，说明这种胞外酶与 Mn^{2+} 的亲和力较大，能够在 Mn^{2+} 浓度较低时发挥催化作用，属于高效、高灵敏度的酶。需要注意的是，K_m 是胞外酶的特征常数之一，只与酶的性质有关，而与酶的浓度无关。

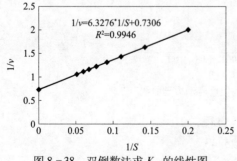

图 8-38　双倒数法求 K_m 的线性图

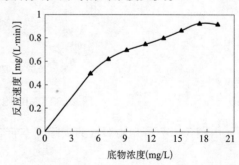

图 8-39　底物 Mn^{2+} 的浓度与反应速度的关系

在酶浓度恒定的条件下，当底物 Mn^{2+} 浓度很小时，酶未被底物完全结合，未达到饱和，反应速度随底物 Mn^{2+} 浓度的增大而升高，属于一级反应。随着底物 Mn^{2+} 浓度变大，越来越多的酶被底物结合，ES 生成也越多，而反应速率取决于 ES 的浓度，因此反应速度也随之增高，但是增长速率越来越小，这一阶段属于混合级反应。当底物 Mn^{2+} 浓度达到 20mg/L 以上时，反应速度达到最大值，不再随底物 Mn^{2+} 浓度增加而增大，因为此时酶已经全部被底物饱和，溶液中几乎没有自由状态的酶，增加底物浓度也不会有更多的 ES 生成，此时的反应速度与底物 Mn^{2+} 浓度无关，这一阶段属于零级反应。该图也证明了亨利（Henri）关于中间络合物的学说：

$$E + S \underset{K_{-1}}{\overset{K_1}{\rightleftharpoons}} ES \overset{K_2}{\longrightarrow} E + P$$

8.9 典型锰氧化菌铁锰同步去除特征

《生活饮用水卫生标准》（GB 5749 – 2006）中规定 Mn^{2+} 浓度为 0.1mg/L，Fe^{2+} 浓度为 0.3mg/L。本节模拟天然地下水，考察 MSB – 4 和 MS604 对铁锰的去除特性。

8.9.1 MSB – 4 铁锰同步去除特征

将 MSB – 4 在低温（12℃）、中性偏碱、贫营养选择培养基（pH7.5）培养 48h 后，分别向培养液中加入初始浓度为 5.6mg/L Mn^{2+} 和初始浓度为 14mg/L Fe^{2+}，每隔 12h 取样，监测 72h 内 MSB – 4 对 Fe^{2+}、Mn^{2+} 的去除情况。

由图 8 – 40 可知，随着培养时间的延长，MSB – 4 菌株对 Mn^{2+} 的去除率不断升高，至 24h 时对 Mn^{2+} 的去除率达 80% 左右；培养 48h 后 Mn^{2+} 去除率趋于稳定（最高去除率达 94.44%）。由图 8 – 41 可知，在 12h 内，MSB – 4 对 Fe^{2+} 的去除率迅速升高（Fe^{2+} 去除率高达 81%），Fe^{2+} 浓度由 14mg/L 降至 2.66mg/L；培养 48h 时，对 Fe^{2+} 的去除率达到最高（90% 左右）；而后随着培养时间的延长，对 Fe^{2+} 的去除率却不断降低。分析认为此时培养体系中营养消耗殆尽，细胞生长整体处于衰退期，细菌的繁殖能力和活性均较差，同时，铁、锰氧化形成的沉淀物像"壳"一样将细菌包裹起来，阻碍了细菌对溶解氧的摄入，使壳内细菌生长环境呈缺氧状态，从而导致细菌分解部分含铁氧化物，以获取所需的氧。

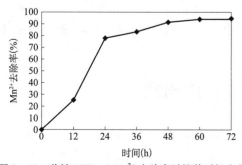

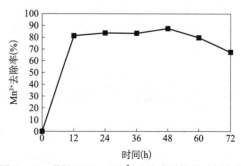

图 8 – 40 菌株 MSB – 4 Mn^{2+} 去除率随培养时间变化   图 8 – 41 菌株 MSB – 4 Fe^{2+} 去除率随培养时间变化

前期试验结果表明，细菌对 Fe^{2+} 的利用先于 Mn^{2+}，此时若在培养体系中加入新鲜培养液，则菌体繁殖速率加快，除铁活性会迅速恢复。试验过程中曾向幼龄菌培养液中直接加入高浓度的铁、锰离子，结果发现该幼龄菌对 Fe^{2+}、Mn^{2+} 的去除效果并不理想。分析认为，这可能是因为幼龄菌的菌体胞外黏液层尚未形成，对高浓度铁、锰的抵抗性能较差，导致铁、锰离子直接侵入细胞内部，对菌体细胞的生长产生毒害所致。因此在培养初期通常加入较低浓度的铁、锰离子以刺激相应黏液层的分泌，36~48h 菌体生长基本成熟后再加入高浓度的铁、锰离子，则可获得满意的去除效果。

8.9.2　MS604 铁锰同步去除特征

一般地下水中的 Mn^{2+} 浓度均在 2mg/L 以内，为考察 MS604 的铁锰去除性能，将 MS604 100mL 在模拟高铁高锰地下水环境条件下（pH7.5，12℃）培养，培养液中 Mn^{2+} 初始浓度为 9mg/L，Fe^{2+} 初始浓度为 14mg/L，培养 48h。培养过程中，每小时取样测铁锰含量。Mn^{2+} 去除率如图 8-42 所示，在 12~24h 内 Mn^{2+} 浓度有大幅度消减，由 8.47mg/L 降至 2.98mg/L。24h 后消减程度略趋平缓，直到 48h 后趋于稳定（2.35mg/L），而后维持在 2mg/L 左右，到 72h 时 Mn^{2+} 去除率达到 79.08%。如图 8-43 所示，在 12h 内 Fe^{2+} 去除率迅速增高，去除率高达 72.69%，Fe^{2+} 浓度由 14mg/L 降至 6.56mg/L。24h 后去除率趋于稳定，Fe^{2+} 去除率维持在 90% 左右。MS604 培养 12h 时，Fe^{2+} 的去除率达到 70% 以上，而 Mn^{2+} 去除率则一直低于 10%，这说明 MS604 对 Fe^{2+} 的去除优先于 Mn^{2+}，同时表明 MS604 具有铁锰同时去除的能力。

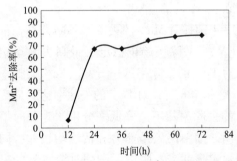
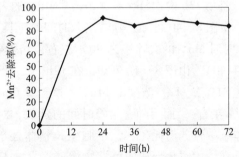

图 8-42　MS604 培养时间与 Mn^{2+} 去除率关系曲线　　图 8-43　MS604 培养时间与 Fe^{2+} 去除率关系

分析认为，在铁、锰共存的环境中，Fe^{2+} 和 Mn^{2+} 可以同时去除。Fe^{2+} 对 Mn^{2+} 的去除有两方面的作用：一方面，Fe^{2+} 可作为 Mn^{2+} 氧化酶系的激活剂，促进 Mn^{2+} 氧化；另一方面，高浓度的 Fe^{2+} 可将 Mn^{2+} 氧化生成的固态化合物 MnO_x 重新还原成 Mn^{2+}，降低了水体中 Mn^{2+} 的去除速度。

8.10　高效锰氧化菌群的构筑与工程应用研究

生物除锰技术虽具有化学除锰不可比拟的优势，但也存在不足，如遇水质恶劣生物滤池的培养周期就相对延长，生态系统较脆弱，抗冲击能力差，生化能力一经破坏，不易恢复等，因此采用固定化微生物技术建立高效锰氧化菌群为上述问题的解决提供了技术支持。

固定化微生物技术是在固定化酶技术的基础上发展起来的新技术，应用较为广泛，常用的微生物固定方法有吸附法、包埋法和交联法。交联法和包埋法相似，都是靠化学结合的方法使生物细胞固定，化学试剂的使用不仅增加了工程运行成本，而且也会为水体产生二次污染，增加后续处理的难度。同时，由于水处理系统是个十分复杂的混合体系，用单一菌种处理一般很难达到要求。因此，本研究根据哈尔滨市松北水厂地处寒冷地区及高铁高锰的水质特点，选择由该水厂分离获得的金黄杆菌属 *Chryseobacterium* sp. MSB–4、*Chryseobacterium* sp. MS601 和鞘氨醇杆菌属 *Sphingobacterium* sp. MS604（以下简称 MSB–4、MS601、MS604）三株具有较强的胞外活性，附着性能良好的纯菌为出发菌株，通过正交试验构筑高效锰氧化菌群；采用自然吸附挂膜法，以锰砂为载体，水厂原水为试验用水，将高效锰氧化菌群接种到试验滤柱中，考察其除锰效能。

8.10.1 高效锰氧化菌群的构筑

高效锰氧化菌群的构建采用五因素五水平正交试验对菌种进行复配。

采用五因素五水平正交试验对前期试验分离得到的高效锰氧化菌种（MS601、MS604 和 MSB–4）进行复配，具体方案见表 8–11。

正交试验配比表　　　　　　　　　　　　　　表 8–11

水平	因素				
	铁（mg/L）	锰（mg/L）	MS601（%）	MS604（%）	MSB–4（%）
水平 1	0	0	0	0	0
水平 2	0.0056	1.4	10%	10%	10%
水平 3	0.056	2.8	20%	20%	20%
水平 4	0.56	4.2	30%	30%	30%
水平 5	12	5.6	40%	40%	40%

根据正交试验表将三种分离出来的纯菌（MS601、MS604 和 MSB–4）进行配制，并放入摇床在室温下培养，72h 后测其除锰率，以此筛选优化复配比例。并将优化的复配菌液富集培养，以吸附挂膜的方式固定在滤柱的锰砂滤料中，通入含铁锰天然地下水考察滤柱的除锰能力。

正交试验结果见表 8–12。根据正交试验设计结果，共进行了 25 组试验。从 25 组试验结果可以看出，第 3、4、9、10、20、24、25 组试验均有较好的效果。其中，第 9、10、20、24 组试验均由两种菌种组成，考虑到构成优势菌群的菌种数量相对单一，生态系统较脆弱，抗不良环境冲击能力较差，因此，在后文的试验研究中没有采用；第 3 组试验中各菌种等比分配，虽有较高的除锰率，但因加入的锰量相对较低，除锰量不高而且未考察对 Fe^{2+} 的同时去除效果；第 4 组试验 Mn^{2+} 去除率最高，但所用菌量较大，如投入生产性滤池，将会提高经济投入；第 25 组试验中 MS601、MS604、MSB–4 三株菌以 3∶2∶1 的比例进行投加，投菌量相对较小，且对高铁高锰（Fe^{2+} 12mg/L，Mn^{2+} 5.6mg/L）均有较好的去除效果（锰去除率为 95.96%，铁去除率为 97.28%），适合应用于哈尔滨市松北高铁高锰地下水的净化，因此，第 25 组试验的复配方案被采用，将 MS601，MS604，MSB–4 三株菌以 3∶2∶1 的比例进行富集培养扩增，采用自然挂膜法循环接种到滤柱后考察其对铁锰的净化效能。

正交试验结果

表 8 - 12

试验	Fe^{2+} (mg/L)	Mn^{2+} (mg/L)	MS601 (%)	MS604 (%)	MSB-4 (%)	Mn^{2+} 去除率 (%)	Fe^{2+} 去除率 (%)
1	0	0	0	0	0	0	
2	0	1.4	10	10	10	71.77	
3	0	2.8	20	20	20	97.98	
4	0	4.2	30	30	30	100	
5	0	5.6	33.3	33.3	33.3	93.45	
6	0.0056	0	10	20	30	0	
7	0.0056	1.4	20	30	33.3	100	
8	0.0056	2.8	30	33.3	0	97.98	
9	0.0056	4.2	33.3	0	10	97.31	
10	0.0056	5.6	0	10	20	95.97	
11	0.056	0	20	33.3	10	0	
12	0.056	1.4	30	0	20	95.97	
13	0.056	2.8	33.3	10	30	92.94	
14	0.056	4.2	0	20	33.3	99.33	
15	0.056	5.6	10	30	0	85.88	
16	0.56	0	30	10	33.3	0	
17	0.56	1.4	33.3	20	0	89.92	
18	0.56	2.8	0	30	10	83.87	
19	0.56	4.2	10	33.3	20	85.21	
20	0.56	5.6	20	0	30	97.98	
21	12	0	33.3	30	20	0	97.68
22	12	1.4	0	33.3	0.3	57.8	97.96
23	12	2.8	10	0	33.3	87.9	98.13
24	12	4.2	20	10	0	93.28	98.42
25	12	5.6	30	20	10	95.96	97.28
均值1	0.726	0	0.674	0.758	0.734		
均值2	0.783	0.831	0.662	0.708	0.698		
均值3	0.748	0.921	0.778	0.766	0.75		
均值4	0.714	0.95	0.78	0.739	0.697		
均值5	0.67	0.938	0.747	0.669	0.761		
极差	0.113	0.95	0.118	0.097	0.064		

注：表中第4、5、6列中数字0、10、20、30、33.3代表各菌液占复配菌液体积百分比。

8.10.2　固定化微生物滤柱的启动与工艺运行

由于锰砂对 Mn^{2+} 具有较强的吸附能力，为了避免因物理吸附作用而对锰的生物氧化产生影响，新柱接种前，采用高铁高锰天然地下水以滤速 20m/h 运行 10d，反冲洗强度 12L/（s·m^2），反冲洗周期为 24h。如图 8-44 所示，在运行第 10d 时，出水锰浓度为 0.12mg/L 已超出国家饮用水标准（0.1mg/L），表明单纯锰砂的吸附作用已经不能使出水达标，此时采用自然挂膜法进行微生物复配菌剂的接种。复配菌剂以 1.5m/h 的滤速循环流加入滤柱。滤柱接种 3d 后，通入天然地下水，以滤速 2m/h，反冲洗强度 11L/（s·m^2），反冲洗时间 5min，反冲洗周期 36h 运行。滤柱接种运行后，锰氧化菌群立刻表现出明显的除锰能力（图 8-45），沿滤层各取样口水质逐渐好转，最终滤柱出水锰浓度达标，运行 4d 后，4 号取样口出水 Mn^{2+} 也已达标。但滤柱各层除锰能力有波动。分析认为，滤柱采用自然接种的方式，一部分菌种随着水的过滤而流失，还有一部分菌种由于不适应新环境而逐渐衰亡，只有部分适应能力和附着能力强的菌种黏附在滤料表面形成生物膜，生物膜形成初期滤柱的除锰能力由两部分构成：其一为锰砂的吸附能力，其二为滤层中锰氧化菌的生物氧化作用。滤层中的微生物也同样经历了微生物的 4 个生长阶段，本研究中滤柱中微生物的潜伏适应期持续了 17d，从运行后第 17d 开始，各取样口出水锰浓度逐渐下降，除锰层（Mn^{2+} 达标层）上移，由此表明菌群进入对数生长期，微生物大量生长繁殖，逐渐表现出生物氧化的作用。运行 44d 时，2 号取样口出水锰已达标，此后滤柱一直稳定运行，表明滤柱成功接种。

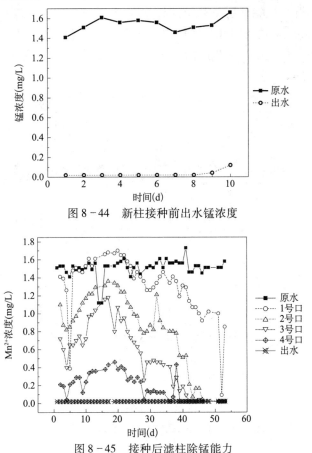

图 8-44 新柱接种前出水锰浓度

图 8-45 接种后滤柱除锰能力

接种成功后，不断提高滤速，考察滤速变化对微生物群落除锰性能的影响（图 8 -
46）。运行 52d 后滤速提至 3m/h，反冲洗强度 11L/（s·m²），反冲洗时间 10min，反冲洗
周期 24h。受反冲洗时间及滤速变化的影响，提高滤速初期只有一号取样口锰浓度变化较
大（0.5～1.1mg/L）。经过 2 个星期的运行调整，生物膜表现出稳定的除锰能力，提高滤
速 14d 后，滤柱表现得比较稳定，2、3、4 号取样口出水锰浓度均保持在 0.02mg/L 以下，
1 号取样口处除锰率也达 60% 以上，整体表现出较大除锰潜力。运行 67d 后，滤速提至
4m/h，同时适当提高反冲洗强度至 12L/（s·m²），反冲洗时间 10min，反冲洗周期 24h。
由图 8 - 46 可看出，滤速 4m/h 运行 8d 内，也只有 1 号取样口（300mm）出水锰呈现出小
幅度波动，8d 后趋于稳定。经分析认为可能是滤速的提高减少了功能微生物与 Mn²⁺ 的接
触时间，原有的微生物与含锰水之间的除锰动态平衡被打破，导致滤层上层出水锰离子浓
度上升，同时滤柱除锰层下移至滤柱 600mm（2 号取样口）处。2 号取样口出水锰浓度稳
定在 0.14mg/L 左右，3 号和 4 号取样口出水锰浓度不受滤速提高的影响，始终保持在
0.02mg/L 以下。滤柱以 4m/h 滤速稳定运行 7d 后，滤速提至 5m/h，其他运行参数不变。
随着滤速的提升，3 号和 4 号取样口出水锰浓度始终为痕量。只有 1 号和 2 号取样口出水
锰浓度均有小幅度的升高，但滤柱内生物系统经过 7d 的适应期，很快恢复稳定状态。为
进一步考察滤柱的抗冲击能力，将滤速直接由 5m/h 提高到 8m/h，其他运行参数不变。结
果表明随着滤速的升高，除锰层下移至滤柱 900mm 处（3 号取样口），3 号取样口出水锰
浓度在 0.05mg/L 左右。这表明此时滤柱内生态系统的生化能力和抗冲击能力均很强。整
个滤速提高过程中，4 号出水口的锰浓度一直为痕量，表明该固定化微生物滤柱滤速提至
8m/h 后仍有较大的除锰潜力。

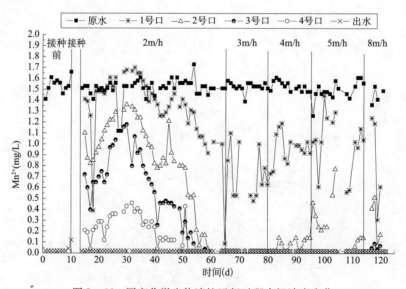

图 8 - 46　固定化微生物滤柱运行过程中锰浓度变化

采用固定化微生物技术的滤柱从接种到以设计滤速 5m/h 稳定运行历经 104d，出水锰
一直为痕量，生物滤柱生化能力及抗冲击能力均很强，滤柱仍有很大的除锰潜力。

8.10.3 反应器运行过程中微生物系统动态研究

1. 生物滤柱运行期间微生物相观察

图 8-47~图 8-49 揭示了滤柱不同运行条件下滤砂表面微生物形貌变化。图 8-47 为接种前不同滤层深度滤料表面形貌，图 8-48 为接种 5d 后不同滤层深度滤料表面形貌，图 8-49 为滤柱在接种运行后不同滤层深度滤料表面形貌，以上样品均取自反应器 1~4 号取样口。

锰氧化菌群接种前，滤柱内锰砂对 Mn^{2+} 有较强的吸附作用，成熟的微生物系统尚未建立，如图 8-47 所示，接种前，滤料表面无明显细菌，未形成生物膜，滤料清晰可见；锰砂表面披覆细碎颗粒，滤层 600mm 处出现网叶状结构，沿着滤层深度增加，滤砂表面形貌凌乱，无明显的形貌演替规律。

图 8-47 反应器接种前不同滤层深度滤料表面形貌

接种初期，滤料表面密布杆菌，沿滤层向下，滤料表面菌量逐渐减少。在滤层 600mm（3 号取样口）和 900mm（4 号取样口）处滤料表面形成大小规则的颗粒结构。接种后，滤柱出水锰就达标，说明接种的微生物对锰的去除起了一定作用，但大量接种微生物裸露在滤料表面，一旦滤速提高，微生物必将会部分流失。

接种 3 个月后，滤料表面的微生物被黏液质和铁锰化合物所包裹，菌体之间相互交织，形成稳定的生物膜，滤层已经成熟。运行数据显示，虽然滤速高达 5m/h，滤柱运行仍然稳定。

2. 滤料表面铁、锰化合物形态研究

为进一步揭示锰氧化还原菌对生物滤柱铁、锰去除效能的影响，试验采用扫描电镜—能谱技术（SEM-EDX）、X 射线衍射技术，分别对滤柱接种前、接种初期及滤柱运行稳定期（滤速 5m/h）的滤料表面铁锰相对含量，以及铁、锰的化合物形态进行了比对分析。

图 8-50 和表 8-13 能谱分析表明，微生物接种前锰砂对 Fe^{2+} 和 Mn^{2+} 也有一定的去除作用，从能谱中 Fe 和 Mn 结合能的变化来看，滤料表面的 Fe 和 Mn 均有化合价的变化，

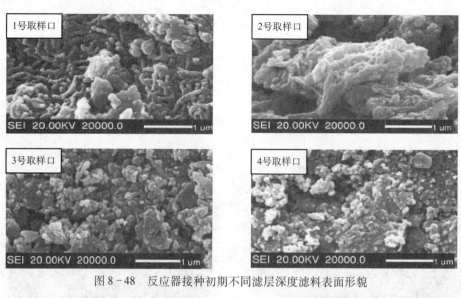

图 8-48　反应器接种初期不同滤层深度滤料表面形貌

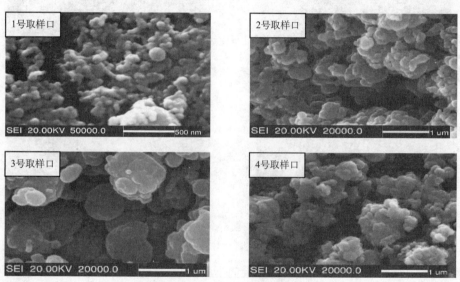

图 8-49　反应器运行 95d 不同滤层深度微生物表面形貌

Fe 的化合价变化主要是由空气氧化作用引起的，而 Mn 在中性 pH 条件下，不能进行空气氧化，因此可推测未接种前 Mn^{2+} 的去除并非是锰砂单纯的吸附作用引起的，可能存在微生物的氧化还原作用。

反应器运行过程中滤料表面化学成分变化　　　　　　　　表 8-13

元素	原子数（%）		
	接种前	接种后	滤柱成熟期
O	48.84	54.74	66.06
Al	0.62	2.97	10.18
Si	2.14	2.47	8.28

元素	原子数 （%）		
	接种前	接种后	滤柱成熟期
K	0.51	0.63	0.45
Mn	1.96	10.16 ↑	13.26 ↑
Fe	20.96	28.78 ↑	38.80 ↑

 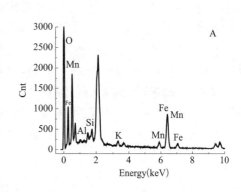

（a）接种前

 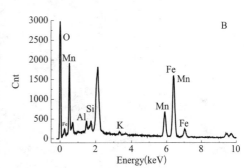

（b）接种初期

 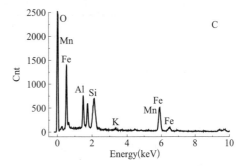

（c）滤柱运行稳定后

图 8-50 反应器运行过程中滤料表面能谱分析

微生物接种后，滤料表面 Fe 和 Mn 相对含量均有上升，其中 Mn 含量上升明显，说明接种到滤柱内的锰氧化菌对 Mn^{2+} 的去除发挥了作用，将 Mn^{2+} 吸附或氧化，使得出水中的 Mn^{2+} 降低到国家标准。这一点与前述接种后固定化微生物滤柱的运行结果相吻合。当滤柱运行 95d 进入稳定状态后，锰砂表面微生物不再裸露，外面披覆较厚的包含大量铁、锰等物质的黏液质，其中铁、锰的含量均明显升高，表明系统运行稳定，微生物系统成熟，已具有良好的铁锰去除能力。

XRD 技术分析表明，锰砂表面的锰化合物均呈非晶型状态，因此锰砂表面形成的高价锰化合物具有一定的不稳定性，在某些特定环境下较易发生逆反应。

3. 微生物系统演替规律

为进一步研究锰氧化菌接种前、后反应器内微生物系统的变化，揭示接种的锰氧化菌在反应器启动过程中的作用，分别对反应器在微生物接种前、接种初期和接种 95d 取样，采用真细菌 16SrRNA 基因 V3 区通用引物 BSF338/BSR534，进行 DGGE 分析，并对其中的部分条带（图中"▲"）进行了测序，结果如图 8-51 所示。由图 8-51 可见，微生物接种前后至启动成功固定化生物滤柱中的微生物发生了明显的群落生态演替。优势菌群系统发育分析如图 8-52 所示。

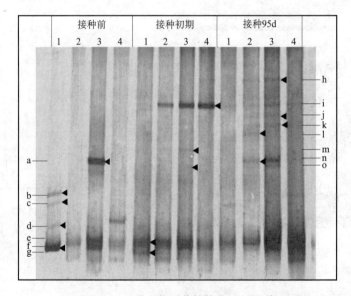

图 8-51　微生物群落结构 DGGE 图谱

图中前四条泳道为接种前样品，中间四条泳道为接种初期样品，后四条泳道为接种 95d 样品；数字 1~4 分别代表
1~4 号取样口样品；▲表示测序条带；字母 a~o 代表测序条带名称

DGGE 指纹图谱中的条带信号强弱可反映相应菌群的兴衰，在微生物接种前，反应器中存在一些土著微生物（对应条带 a、b、c、d、e、f），测序结果显示（表 8-14），该部分土著菌群以铁细菌 *Ferribacterium*，*Gallionella Clonothrix* 为主，并且反应器内不同深度滤层，即滤层 0cm、30cm、60cm 和 90cm，所形成的微生物群落结构各不相同，没有相似性，由上至下没有微生物群落演替现象，表明反应器生物处理系统尚不稳定，没有形成稳定的生态系统，此时如果系统受到冲击，将有崩溃的危险。

微生物接种初期 DGGE 结果显示，人为投加的锰氧化菌对生物滤柱内原有生态系统有较大冲击，锰氧化菌对原有生态系统属于外来强势菌群，接种后微生物系统内发生了明显的生物选择作用，原有土著菌群（对应条带 a、b、c、d）在种间竞争中被淘汰，接种的锰氧化菌 *Chryseobacterium* sp. 和 *Sphingobacterium*（对应条带 m、i）和竞争中幸存的土著菌种（对应条带 e、f）共同形成优势菌群。由接种初期不同滤池深度微生物群落演替规律来看，复配的锰氧化菌剂能够迅速适应环境。接种后 1 号取样口滤料中微生物量极小，由上至下，铁锰离子浓度逐渐降低，沿滤层微生物数量呈增加的趋势，说明原水中高浓度的铁锰离子在某种程度上抑制了锰氧化菌群的大量繁殖。也由此说明，该复配菌剂应进行进一步的驯化，使其适应更高的铁锰离子浓度。

本研究中复配菌剂采用自然挂膜循环流投加的方法接种，接种后，多数菌体裸露在滤料表面，在反应器运行及反冲洗过程中，势必造成菌种的流失。同时，种间竞争原理指出，外来的强势菌种并不能一直占据优势地位，稳定的生态系统中功能微生物菌群均通过自然选择产生，接种后 95d 的微生物群落结构证实了这一点。接种后 95d，反应器在 5m/h 滤速稳定运行，此时的微生物群落多样性明显增加，*Chryseobacterium* sp. 逐渐衰退，共有至少 9 个 OTUs（对应条带 e、g、h、i、j、k、l、n、o），形成了由 *Sulfuricurvum*、*Sphingobacterium*、*Exiguobacterium*、*Flavobacterium*、*Clonothrix*、*Crenothrix* 共同组成的微生物生态系统。在该过程中投加的菌种 *Chryseobacterium* sp. 被逐渐淘汰。

通过 BLASTn 和 SeqMatch 对 15 个 OTU 进行相似性检索结果　　　　表 8-14

条带	最相近序列，序列号	相似度	最相近属
a	*Clonothrix* fusca strain AW-b, DQ984190.1	94%	Clonothrix
b	Uncultured bacterium, EU340160.1	100%	Uncultured bacterium
c	Uncultured *Ferribacterium* sp., AJ890202.1	96%	Ferribacterium
d	Uncultured bacterium, DQ452498.1	96%	Gallionella
e	*Zoogloea* sp., EMB43, DQ413148.1	98%	Zoogloea
f	Uncultured betaproteobacterium, AF431300.1	99%	Denitratisoma
g	Uncultured bacterium, EU263722.1	98%	Uncultured bacterium
h	Uncultured *Thiomicrospira* sp., DQ167044.1	100%	Sulfuricurvum
i	*Sphingomonadales* bacterium, AM931094.1	97%	Sphingobacterium
j	Uncultured bacterium, EU340160.1	98%	Uncultured bacterium
k	*Exiguobacterium* acetylicum, DQ019167	99%	Exiguobacterium
l	*Flavobacterium* sp. RI02, DQ530115.1	97%	Flavobacterium
m	*Chryseobacterium* sp., DQ279360.1	98%	Chryseobacterium
n	*Clonothrix* fusca strain AW-b, DQ984190.1	94%	Clonothrix
o	*Crenothrix* polyspora, DQ295890.1	97%	Crenothrix

生物滤柱经过锰氧化菌剂的固定化后具有较强的生化能力和抗冲击能力，当滤速由 5m/h 直接提高至 8m/h 时，虽然滤柱内除锰区域稍有下移，但滤柱出水锰一直为痕量。由

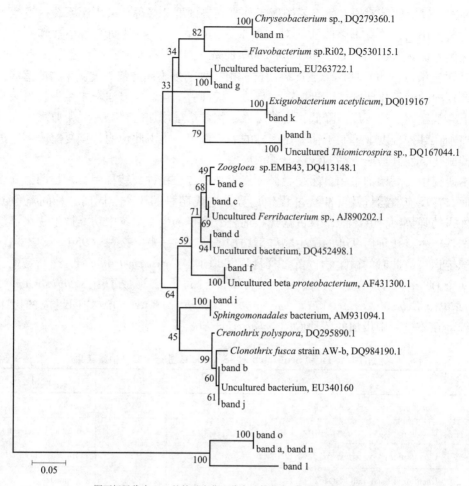

图下标尺代表 10% 的核酸变化，分支处数字为 100 次重复的支持率

图 8-52 固定化微生物滤柱内微生物 16S rDNA 系统发育进化树

此可知，采用微生物接种的方法虽不能在生物滤柱内迅速形成以复配菌种为优势菌群的稳定的生态系统，但却可以大大缩短功能菌群形成稳定生态系统的时间，为稳定的功能菌群生长提供良好的生境，最终实现生物除锰滤柱（池）的快速启动。

综上，现场滤柱试验及微生物群落监测结果表明，高效铁锰氧化菌群的构筑是成功的。复配功能菌种的投加大大缩短了生物滤柱的成熟期，提高了滤池的生化能力和抗冲击性，实现了生物除锰滤柱的快速启动。

第9章 高浓度铁锰地下水供水系统规划与设计

在高铁锰地下水净化工艺和生物固锰除锰滤池理论模型建立的基础上，本章将讨论这种特殊水质供水系统的规划与设计运行方案。

9.1 供水系统规划

以高铁高锰地下水为水源的供水系统规划包括水源及水源地选择、取水井群、输水管、净水厂和输配水管网的总体布局等系统工程规划。

生物除铁除锰水厂是以生物固锰除锰理论为基础的水质净化系统，它不同于地表水源以除浊除藻为主要矛盾的供水系统，也有别于采用化学氧化机理的传统地下水除铁水厂。生物除铁除锰水厂尤其是高铁高锰水质的生物除铁除锰水厂及与其相关联的供水系统的设计都有其独特性。该系统在设计方面除了遵循国家和地方有关技术法规和参照一般给水系统的设计运行经验之外，同时还要摒弃与生物技术相悖的部分，针对原水水质的特性和地方条件赋予其独特的内涵。

9.1.1 水源地选择与井群布置

含铁含锰地下水水质千差万别，不但各流域各地区水质差别很大，即使是同一地区，不同水源地，甚或同一水源地不同深井的水质也大相径庭。这主要是由于各地区地层天然的地质构造、水文地质条件及人类活动的影响不同所致。所以某一个城市的水源地选择，应经水文地质勘探和调查，选择水量充沛、水质相对良好的水源地。尽量避开人类活动的有机污染和 NH_4^+、H_2S 的天然污染地段。

井群可按一排或多排交错布置，井群的排列应与地下水水流方向相垂直，井距与排距应充分考虑长期抽取地下水所引起的水位下降，一般干扰系数要在 0.25 以下。水源区域内尤其是井群上游应禁止各种人类活动如修建房屋、放牧、农耕和旅游，并相应布置树林与草原，以利水源保护，使城市水源地成为城市近郊的森林和草原。

9.1.2 高浓度铁锰地下水供水系统的总体布局

以含铁锰地下水为水源的给水系统设计除了遵守现行规范之外，特别应该注意的是在取水及输水过程中不可曝气，不可充入溶解氧。因为 Fe^{2+} 极易被水中的溶解氧所氧化，地下水在地层径流过程中处于无溶解氧的还原状态，一旦溶入空气，地下水中 Fe^{2+} 很快就被氧化成 Fe^{3+} 的微小胶体颗粒，造成给水系统运行中诸多困难。

在含铁锰地下水的取水环节上，我们在工程上习惯使用的取水形式是管井取水。若在管井井管中出现充氧现象，大量的 Fe^{2+} 也会在这一过程中发生氧化形成胶体颗粒，结果造成人工填料层、井壁管过滤器的堵塞，减少出水量，同时减少设备和管井的使用寿命。

若在原水的输水管线中混入溶解氧，Fe^{3+} 氧化物在管壁形成沉积，大量铁泥的沉积会减小输水管线的过水面积，浪费电能。同时，大量铁泥的产生和溶解氧的存在使输水管线中形成了适宜铁细菌生长繁殖的条件。铁细菌的大量繁殖，不但导致输水管线输水能力的减弱，而且更大的危险是细菌在铁泥底层接触管壁的一面，形成了厌氧区，引发厌氧化学腐蚀和电化学腐蚀，大大缩短了输水管线的使用寿命。

地下水生物除铁除锰技术要求在工艺流程中铁要以 Fe^{2+} 的形式进入滤池滤层，若取、输水过程中形成的 Fe^{3+} 的胶体颗粒进入净水厂的滤池后就会穿透滤层使出厂水的总铁含量增高。

为此，在工程设计中应尽量避免含铁锰地下水在取水、输水过程中的充氧机会，在总体布局规划和设计上切实做到以下几点：

1）净水厂的位置应尽量靠近水源地，减少水源水输水管长度；

2）深井泵取水滤管和深井进水滤管均不可露出水面，以免在取水过程中吸入空气，取水泵真空吸水管不要漏气，一旦漏气会大量吸进溶解氧；

3）输水管全程都应埋设于最小水动压线之下，避免产生真空管段，并且输水管道全线应作气密试验，这是不混入空气的保证；

4）禁止向含铁锰输水管道中投入氯、高锰酸钾等氧化剂，减少 Fe^{2+}、Mn^{2+} 在进入处理系统前的氧化。

9.2　生物除铁除锰水厂流程设计

9.2.1　标准流程

生物固锰除锰理论指出，在 pH 中性条件下，生物滤层中 Mn^{2+} 的氧化去除是以锰氧化菌为主的生物氧化，与 Mn^{2+} 共存的 Fe^{2+} 参与了锰氧化菌的代谢过程，并且是维系以锰氧化菌为主的微生物群系平衡的重要因素。以生物氧化机制建立的除铁除锰滤层能够实现铁、锰的同池深度去除。在这一理论的基础上，改变传统的两级过滤除铁除锰工艺，建立了"弱曝气 + 一级生物除铁除锰滤池"的简捷工艺，经过多次生产实践均获得成功，因此确立了生物除铁除锰工艺的标准流程，如图 9 - 1 所示。

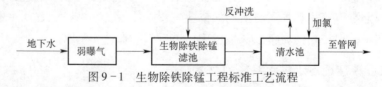

图 9 - 1　生物除铁除锰工程标准工艺流程

该标准流程的主要特点：

1）采用生物滤池。菌种的采集、接种和培养是生物除铁除锰滤池投入正常运行的关键。滤池和滤层的结构应适应生物的代谢和增殖。

2）采用一级过滤流程，Fe^{2+}、Mn^{2+} 可以在同一滤层中去除。

3）采用跌水等弱曝气形式。由于该流程中曝气只是为了充氧，跌水高度和单宽流量的设定以满足 Fe^{2+}、Mn^{2+} 氧化的需求为限。就绝大多数地区的含铁锰地下水而言，含铁量在15mg/L 之下，含锰量不超过 2mg/L，溶解氧只需 4mg/L 左右。过强的曝气不但徒劳耗能，同时会使更多的 Fe^{2+} 在进入滤层之前氧化成 Fe^{3+} 的微小颗粒而穿透滤层，导致出水总铁浓度增大。

4）为了使曝气水能尽快进入滤层，减少 Fe^{3+} 的生成，曝气装置应尽量靠近滤池，曝气后到滤池的流达时间应小于 5min。

5）该流程可以实现 Fe^{2+}、Mn^{2+} 的彻底去除，出厂水中 Mn^{2+} 含量可保证在0.05mg/L之下，总铁小于 0.1mg/L。

9.2.2　高铁锰地下水生物净化流程

诚然，生物除铁除锰标准流程可适应大多数地区含铁锰水的净化，经济而有效。但当 $Fe^{2+} > 20mg/L$，$Mn^{2+} > 2mg/L$，Fe^{2+} 接触氧化和 Mn^{2+} 生物氧化的需氧量增加，弱曝气难以满足铁锰氧化的需氧量时，标准流程的弱曝气就应改为中强曝气，使曝气水的溶解氧达 5mg/L 之上。可以通过采取降低跌水曝气池的单宽流量或选用多级跌水来实现。

9.2.3　伴生氨氮高铁锰地下水生物净化流程

1mg/L 氨氮硝化要消耗 4.57mg/L 溶解氧，其他还原物质 H_2S 和有机物的耗氧量都很高。因此当含铁锰水中伴生氨氮时，一般跌水曝气难以满足生物滤池对进水中溶解氧的需求。必须采取加强曝气。一般选用喷淋曝气系统或者表面叶轮曝气，还可选用压缩空气充氧或曝气塔、曝气架等强曝气装置。

9.2.4　两级曝气 + 两级过滤流程

如原水中 Fe^{2+}、Mn^{2+} 和其他还原物质的需氧量大于水中溶解氧的饱和度，无论何种强曝气装置都不能满足要求。此时就应该采用两级曝气两级过滤流程。在第一级曝气过滤中去除 Fe^{2+} 和部分氨氮等还原物质，第二级曝气过滤去除 Mn^{2+} 和剩余的氨氮等物质。其流程如图 9-2 所示。

图 9-2　生物除铁除锰两级工艺流程

一级和二级曝气后水的溶解氧一般需要达到 6~8mg/L 之上，以保障生物滤池的需氧量。

9.3　单体构筑物设计

9.3.1　曝气装置

在近百年的地下水除铁除锰工程实践中，曝气单元与装置有着显著的变化。早期我国引进的空气自然氧化除铁工艺中，为了充分散除 CO_2，提高 pH 以及得到较高的溶解氧饱和度，曝气单元是一些庞大的构筑物，大多修建高大的机械通风、自然通风的曝气塔和曝气架。原水由塔顶倾流而下，经过数道接触曝气层（板），形成薄薄的水膜以利于曝气充氧。随着接触氧化过滤除铁技术的应用，相继出现了较为简单的曝气装置，如压缩空气曝气、射流泵曝气、跌水曝气、叶轮表面曝气以及各种喷淋式曝气。

各种曝气形式，按气体的传质方式可分为：气泡式、喷淋式、薄膜式和综合式。这些曝气装置在以化学氧化为基础的接触过滤除铁除锰工程中应用广泛。它们也都可以应用到生物除铁除锰水厂中。

溶解氧是锰氧化菌代谢的基础，是 Fe^{2+}、Mn^{2+} 氧化的电子受体。被抽升上来的含铁锰地下水不含溶解氧，但饱和 CO_2 和还原物质。在进入生物除铁除锰滤池前应进行曝气充氧。对于大多数地区含铁锰地下水而言，由于 Fe^{2+}、Mn^{2+} 浓度在 15mg/L 和 2mg/L 之下，生物氧化消耗的溶解氧量有限，并且不要求散失 CO_2 和提高 pH，因而只要求曝气后水的溶解氧达到 4~5mg/L 即可。所以采用简易的跌水曝气或莲蓬头喷淋曝气就能满足要求。而伴生氨氮等还原物质的含铁锰地下水对生物滤池进水的溶解氧需求大，需要加强曝气。根据不同含铁锰地下水水质对溶解氧的要求，采取相应的弱、中、强曝气装置。

1. 跌水曝气

可利用接受水源地来水的调节池进行跌水曝气，原水从池周边跌入集水渠，因水帘与空气接触而充氧。通常跌水曝气高度在 0.5~1m 之内。曝气水在集水渠内的停留时间越短越好，因此其断面与水深按结构需要设计即可。跌水曝气池结构如图 9-3 所示。跌水曝气的生产实际数据见表 9-1。

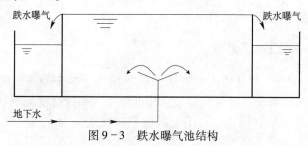

图 9-3　跌水曝气池结构

跌水曝气的生产实际数据

表 9-1

水厂编号	流量（m³/h）	跌水高度（m）	堰单宽流量 [m³/（h·m）]	溶解氧（mg/L） 跌水前	溶解氧（mg/L） 跌水后	pH 跌水前	pH 跌水后
1	417	0.5	45	—	5.4	6.2	6.2
2	51	0.87	93	—	5.53	6.5	6.7
3	417	0.7	—	0	3.6	—	—
4	417	1.3	—	0	4.6	—	—

建议跌水曝气池设计参数跌水高度 0.3~1.5m，单宽流量 20~40m³/（h·m），集水渠停留时间小于 2min，曝气池至滤池的输水时间应小于 3min，地下水曝气后至滤层的总流达时间（含集水和输水时间）应小于 5min，而且越短越好。

2. 喷淋曝气

常用的喷淋曝气形式为莲蓬头曝气，莲蓬头距水面高度一般为 0.5~2.0m，如图 9-4 所示。喷淋高度与曝气后水中 DO 的关系如图 9-5 所示。由图中可见，采用很小高度的喷淋曝气，就可以得到除铁所需的溶解氧浓度。

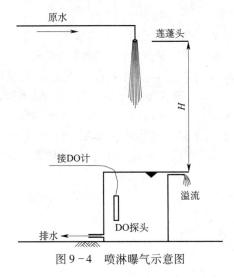

图 9-4 喷淋曝气示意图

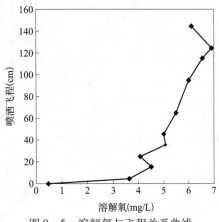

图 9-5 溶解氧与飞程关系曲线

在实际工程中，许多喷淋头排列在一起，共同进行喷淋的情况与单一喷淋头的试验结果是不同的，这将恶化溶氧过程，减少氧的溶解度。因为地下水释放出来的 CO_2，使空气中的 CO_2 分压上升，而相对的氧分压要比单一喷淋头的情况低。氧分压下降的程度和地下水水质，特别是 CO_2、天然气（主要是甲烷）的含量直接相关。这些问题可以通过加强曝气室的换气条件来解决。

莲蓬头喷淋曝气装置设计参数：喷淋高度 $0.5 \sim 1.2\text{m}$，莲蓬头直径 $D = 150 \sim 300\text{mm}$，孔眼直径 $d = 4 \sim 6\text{mm}$，孔口流速 $v = 1.5 \sim 3.0\text{m/s}$，孔隙率 $\varPhi = 0.15 \sim 0.25$，单个莲蓬头出水流量 $q = 3 \sim 5\text{L/s}$，喷淋密度 $1.5 \sim 3.0\text{m}^3 / (\text{h} \cdot \text{m}^2)$。

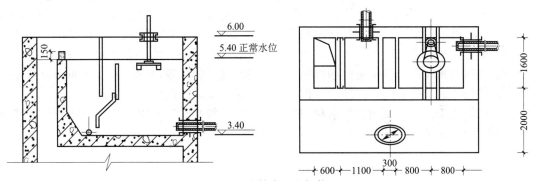

图 9-6 叶轮表面曝气装置

3. 表面曝气

叶轮表面曝气装置如图 9-6 所示。在曝气池的中心装有曝气叶轮，叶轮由电动机带动旋转，叶轮周边的水便在离心力的作用下高速向四周流动。由于叶轮安装在水的表面上，叶轮的急速转动能使表层的水与空气剧烈混合，将大量空气卷带入水中，并以气泡的形式随水流向四周。表层水流遇到池壁便转而螺旋向下运动，同时也将部分气泡带向池的深处。池中心的水向上流向叶轮以补充螺旋向下运动的水流。这样，在池内便形成了水的循环运动。由于循环水流的流量很大，所以水能在池内经循环曝气多次，然后流出池外。水在池内反复循环进行曝气，不仅能使氧溶于水中，而且也能充分去除水中的 CO_2，可以获得较高的 DO 饱和度。

163

4. 压缩空气曝气

压缩空气曝气是利用空压机将压缩空气注入原水中。在压力式除铁装置中，进水管上应设置水和空气的混合器，来增大接触面积，否则溶氧效率会降低。喷嘴式气水混合器就是一种常用的形式（图 9-7）。喷嘴的直径为管径的一半，当进水管中的水流速度为 0.5~1.0m/s 时，喷嘴出口的水流速度可达 2~4m/s。若在喷嘴出口处设置弧形挡板，从喷嘴流出的高速水流遇到挡板的阻拦会形成强烈的紊流，从而可将随水流流出的空气破碎为小的气泡。但是能耗较高，曝气后的水压力不利于驱散进水中溶解的 CO_2 和 H_2S 等气体。压缩空气曝气也可用在重力式除铁装置中，但是在机械费用和电费方面与喷洒曝气相比没有任何优点，所以除了特别的情况之外，一般而言利用价值不大。

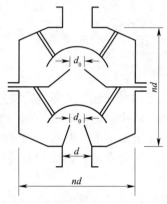

图 9-7 喷嘴式气水混合器

5. 射流曝气

图 9-8 为射流泵的构造示意。通常用于压力除铁设备。高压水经喷嘴以高速喷出，由于势能转变成动能，使射流的压力降至大气压以下，从而在吸入室中形成真空。空气在压力差的作用下经空气吸入口进入吸入室，并在高速射流的紊动携带作用下随水流进入混合管。空气与水在混合管中进行剧烈的掺混，将空气粉碎成极小的气泡，从而形成均匀的气水乳浊液进入扩散管中，扩散管的作用是将高速水流的动能转变为势能。

射流泵由于高速射流的剧烈紊动和摩擦，能量损耗甚大，所以一般效率比较低，特别是当射流泵的构造设计不合理时，效率会更低。

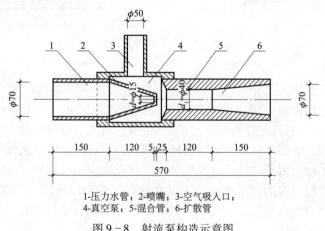

1-压力水管；2-喷嘴；3-空气吸入口；
4-真空泵；5-混合管；6-扩散管

图 9-8 射流泵构造示意图

6. 接触式曝气塔

接触式曝气塔是应用较广的一种敞开式曝气装置，如图9-9所示。

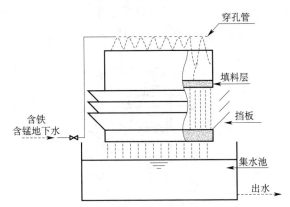

图9-9 接触式曝气塔的构造示意图

曝气塔中填料粒径一般为30~50mm或50~100mm的焦炭块，填料层厚度为0.3~0.4m，填料设2~5层，填料层间的高度为0.3~1.5m。常用焦炭或矿渣作填料。含铁锰地下水抽升到曝气塔顶经穿孔管均匀分布后，沿填料层逐层淋下，汇集于下部的集水池中。水在填料中主要以薄膜形式流动，得以和空气充分接触曝气。在填料层之间，水则以水滴形式淋下，既能起曝气作用，又能驱动空气流动，使之不断更新。塔的平面形状，小型的可为圆形或方形，大型的为长方形。塔的宽度一般为2~4m，宽度过大会影响塔内外空气的对流，降低曝气效果。曝气塔四周设倾斜挡板，既不妨碍空气流通，又可防止水滴溅出塔外。

接触式曝气塔由于能使水和空气有较长的接触时间，所以曝气效果较好。此外，当含铁锰地下水流经填料层时，水中部分的铁将沉积于填料表面，能对水中二价铁的氧化起接触催化作用，所以称为接触式曝气塔。

在设计接触式曝气塔时，一般采用淋水密度为5~20m³/（h·m²），但实际常选用较低值，以便获得较高的曝气效果。当塔中淋水密度为5~20m³/（h·m²）时，水中溶解氧浓度饱和值可达75%~85%，溶解氧浓度达9.0mg/L。

接触式曝气塔中的填料因铁质沉积会逐渐堵塞，需每年清洗和更换一至数次，是一项十分繁重的工作。在我国北方地区，接触式曝气塔一般都设于室内，在冬季由于门窗紧闭，空气流通不畅，曝气效果会受到一定影响。此外，由于水滴飞溅，所以具有和莲蓬头曝气装置相同的缺点。

7. 板条式曝气塔

图9-10为5层板条式曝气塔，每层板条之间有空隙，当含铁锰地下水自上而下淋洒时，水流在板条上溅开形成细小水滴，在板条表面也形成薄的水膜，然后由上一层板条落至下一层板条。由于水能以很大表面与空气进行较长时间的接触，所以可以获得较好的曝气效果。一般，板条式曝气塔的板条层数可采取4~10层，淋水密度为5~20m³/（h·m²），水中CO_2的去除率约为30%~60%。由于板条式曝气塔不易为铁质所堵塞，所以可用于处理含铁量很高的地下水。

上述曝气装置的能耗有很大区别。其顺序是：跌水曝气＜喷淋曝气＜表面曝气＜板条

曝气塔 < 接触式曝气塔 < 压缩空气曝气 < 射流曝气。

跌水曝气在跌水高度 0.5 ~ 0.8m 的条件下，溶解氧可达 4 ~ 5mg/L，能满足含铁量小于 20mg/L 和锰含量小于 2.0mg/L 的大多数地区的地下水净化需氧量的要求，而且装置简洁，适于各种规模的净水厂。只有遇到高浓度铁锰并伴有氨氮等还原物质的水质条件时，才考虑其他的曝气形式。

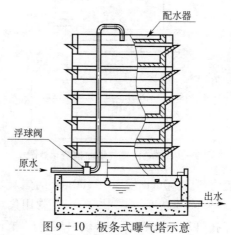

图 9 - 10　板条式曝气塔示意

9.3.2　生物除铁除锰滤池设计

从表观上看生物固锰除锰滤池与除浊以及接触氧化除铁滤池没有多大的区别。常用的重力式和压力式滤池都可以用作生物除铁除锰滤池，但就其启动、运行操作与功能而言有着本质的区别和丰富的内涵。

1. 滤料

作为一般滤池的截滤滤料，应满足以下要求：

1）滤料应具有良好的机械强度。由于滤料在经常的反冲洗过程中相互碰撞摩擦，会部分地变成细碎的颗粒随水流失，在滤池中使用机械强度低的滤料，会增加滤料的损耗。

2）滤料应具有良好的化学稳定性。滤料应该不溶于水，若滤料溶于水，不仅损耗大，而且还有可能污染水质。

生物除铁除锰滤池的滤料不是或不仅仅是截留杂质的过滤层，而是 Fe^{2+} 氧化触媒和锰氧化菌的载体。在滤层上部 20cm 或 30cm 之上，滤砂是 Fe^{2+} 氧化生成物 $Fe_2O_3 \cdot nH_2O$（FeOOH）的载体，其表面披覆着 FeOOH 粉末状物质，滤砂仅仅是 FeOOH 微细结晶的晶核和结晶成长的载体。在滤层 20 ~ 30cm 之下，滤砂是锰氧化菌的载体，其表面披覆着由以锰氧化菌为核心的生物群系及其分泌物和铁、锰氧化生成物所组成的生物膜，为锰氧化菌提供代谢空间。

在生物除铁除锰滤池中，滤料是生物活性物质的载体，本身并不起接触催化作用。原则上说，只要表面粗糙，表面积大，化学性质稳定和有一定机械强度的砂粒均可作为除铁除锰滤池的滤料。一般可以采用天然锰砂、石英砂、无烟煤等。但由于生物滤层存在成熟期，所以培养期滤料对铁、锰的吸附能力和容量在工程实践中意义重大，如果滤料的吸附容量足够大就可以在培养期中使吸附活性和生物活性衔接起来，实现培养期内水质的稳定达标。而且由于滤料表面性质的差异，对微生物的黏附与挂膜影响也有所不同。锰砂滤料特别是马山锰砂，具有很高的铁、锰离子吸附容量，成熟期相对较短，因此一直被认为是生物除铁除锰滤池的首选滤料。天然开采的锰矿石粒径大小不一，冶金工业所需要的主要是粒径大于 40~50mm 的块状矿石，而小于此粒径的细碎石（粉矿）则十分适于作为滤料，因此除铁除锰所需的滤料与冶金工业的需要并无矛盾，而且还能充分利用锰矿资源。作为饮用水处理滤料的锰砂，要有严格的生产工艺技术和卫生质量鉴定标准，而且要经过长期考察。采用锰砂的生物除铁除锰滤池如果运行参数控制得当，可以将锰砂固有的吸附容量与除锰滤层的成熟过程衔接起来，使生物除铁除锰滤层在吸附容量饱和之前成熟，那么该生产滤池投产初期出厂水中铁、锰含量就没有超标之患，特别是对于含锰量高的地下水。若水厂投产初期就要求水质达标，则一定要选用锰砂作为生物除铁除锰滤池的滤料。当然锰砂也不是完美无缺的，其价格高、强度低、比重大，从这一角度考虑作为滤料和载体不如石英砂和无烟煤等普通滤料。所以在选择滤料时，一定要根据实际情况，通过综合分析和经济评价来决定。

化学接触氧化除铁除锰理论认为，锰砂的主要成分二氧化锰有接触氧化除铁和除锰的触媒作用，吸附容量大，所以以该理论指导的现行除铁除锰水厂多采用锰砂作为滤料。生物除铁除锰理论认为地下水中锰的去除是以锰氧化菌为主的生物氧化作用，滤料仅作为生物的载体，因此完全可以寻找、开发过滤性能比锰砂更好的滤料用于生物除铁除锰工艺。石英砂作为传统滤料，在运行上具有成熟的经验，如果采取适宜的培养方式，石英砂滤池完全可以用于生物除铁除锰滤层的滤料，笔者已经有一些成功的生产实例。无烟煤用于煤—砂双层滤池已有几十年的历史，它质轻，孔隙率高，截污能力强。从滤料的性能来考虑，石英砂和无烟煤都可用于生物除铁除锰生产滤池。近年来单层无烟煤滤池用于给水除浊日益增多。

以下从滤料表面粗糙度、孔隙率等有利于生物附着和繁殖的角度出发，选择无烟煤、石英砂、沸石作为滤料与马山锰砂作对照试验来分析各自的优劣。

（1）试验材料和方法

1）试验滤料为锰砂、石英砂、无烟煤、沸石，其粒径如下：

①马山锰砂：粒径 0.6~2.0mm 和 1.0~1.2mm；

②石英砂：粒径 0.6~1.2mm；

③无烟煤：粒径 0.6~1.2mm；

④沸石：粒径 0.6~1.2mm。

原水为含铁锰的地下水（TFe0.5~1.0mg/L，Mn^{+2}1.0~1.2mg/L）。采用跌水曝气充氧，曝气后 DO=4.2mg/L。

2）试验方法：

将未使用过的 4 种滤料装入滤柱，滤层厚 1200mm，接种后通水强化培养直至成熟。试验滤速 7.64m/h，定期取样分析进出水铁、锰浓度。

3）各种滤料滤柱的运行参数：

①反冲洗强渡：反冲洗膨胀率为 15%，锰砂的反冲洗强度为 14~16L/（s·m²），石英砂和沸石为 12~14L/（s·m²），无烟煤为 8~10 L/（s·m²）。

②工作周期：以滤层水头损失为 1m 时作为一个工作周期的结束。在试验水质条件下

滤速为 7m/h 时，无烟煤的工作周期为 3 ~ 4d，锰砂 1d，石英砂和沸石 1 ~ 2d。另外，在滤速为 10m/h 条件下，无烟煤滤料的稳定工作时间可达 30h，而锰砂仅为 20h。

（2）试验结果与分析

1）投产初期运行效果与成熟期：

试验结果如图 9 - 11、图 9 - 12 所示。试验最初几天内，各滤柱出水总铁很快达到 0.3mg/L 以下，锰砂滤柱一开始就有明显的除锰效果，这是锰砂吸附容量大的结果。而且锰砂表面粗糙，孔隙率大，加速了锰氧化生物膜披覆的速度。大吸附容量和快速挂膜的协同作用成就了 Mn^{2+} 的吸附去除与生物氧化去除的平稳衔接，使得投入运行开始到成熟期结束，锰砂滤柱出水 Mn^{2+} 浓度都基本合格。其他几种滤料滤柱都经过 2 周后才显出除锰效果，此后除锰效率逐渐增高，最终达到成熟。

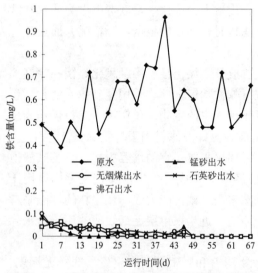 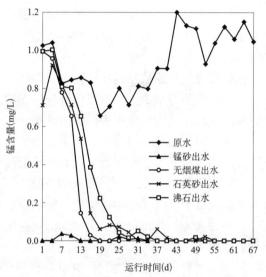

图 9 - 11　不同滤料生物滤层成熟期的除铁曲线图　　图 9 - 12　不同滤料生物滤层成熟期的除锰曲线

就总体效果而言，在试验水质条件下，各种滤料最终都能形成稳定的除铁除锰活性。出水中铁、锰浓度达到痕量。所以原则上不同滤料都可以作为微生物繁殖的载体，只是滤砂介质不同，滤层的成熟期不同。在生物量未达到稳定之前，对除锰效果有一定的影响，但这种影响是短暂的，一旦生物量稳定之后，滤层对铁、锰都会具有稳定而高效的去除能力。各滤层成熟期因滤料表面性质（粗糙程度、孔隙率等）的不同而有所差异。以滤柱出水中铁、锰含量稳定在 0.1mg/L 以下，滤砂表面细菌数量达到 10 万个/mL 滤砂以上及镜检三方面综合确定的 4 种滤料的成熟期分别为：锰砂 25d，无烟煤 38d，石英砂 60d，沸石 65d。与生产滤池的成熟期相比都有大幅度降低，这是由于滤层接种后采取适当的培养措施，几种滤料的成熟期才大大缩短。实际工程中，锰砂滤层的成熟期一般为 50d 以上，有时达 2 ~ 3 个月。从本试验来看，只要合理调控运行参数，能够为细菌的附着和繁殖创造良好的条件，在实际生产中，滤池的成熟期完全可以缩短。

2）石英砂生产滤池成熟过程分析：

某石英砂除铁除锰生产滤池，石英砂滤料粒径 0.6 ~ 1.2mm，滤层厚 1200mm。地下水 Fe^{2+} 0.05 ~ 0.2mg/L，Mn^{2+} 1.79 ~ 3.04 mg/L，由于 Fe^{2+} 含量非常低，而 Mn^{2+} 含量偏高，这对生物滤层的培养不利，通过采用适宜的培养和运行方式，滤池由初期基本无除锰能力

至成熟后出水 Mn^{2+} 达到痕量，实现了石英砂滤层在较短时间内成熟并长期稳定运行，成熟过程如图 9-13 所示。由图可知，该石英砂生产滤池成熟时间为 80d，成熟后滤速为 6m/h，此时滤层深 40cm 处生物量达 10^5 个/mL 湿砂，镜检发现，半透明的石英砂表面被大量黑色的锰氧化生成物、锰氧化菌及其分泌物所组成的生物膜所包裹。

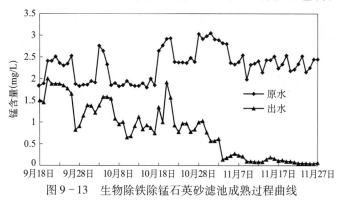

图 9-13 生物除铁除锰石英砂滤池成熟过程曲线

各种滤料特性 表 9-2

滤料种类	密度（kg/m³）	堆积密度（kg/m³）	孔隙率（%）
无烟煤	1400～1900	700～1000	55
石英砂	2600～2650	1600	41
马山锰砂	3600	1800	50

各种滤料特性列于表 9-2。作为生物除铁除锰滤料，锰砂在保证运行初期水质达标和滤层成熟期方面有明显的优势。从滤料的过滤性能来看，无烟煤和石英砂也各具优势。

众所周知，石英砂的强度和耐磨性都比较好，而且石英砂比重小，在反冲洗方面也占有优势，可以节省大量反冲洗水及能耗。我们也成功地完成了石英砂滤池用于生物除铁除锰的生产调试，这足以说明石英砂可以替代锰砂。与石英砂相比，无烟煤又具有很多优势，它密度小，通过加工能得到较粗颗粒，可以实现粗粒径滤料过滤和深滤层过滤，这些对生物除铁除锰滤池非常有利。而且无烟煤表面粗糙度和孔隙率都较高，更利于微生物的附着和繁殖，所以成熟期应比石英砂短。鉴于无烟煤在多方面的性能优于石英砂，在今后的试验中我们将着手考虑无烟煤的实际应用，以取代石英砂。不同滤料运行参数建议值见表 9-3。

各种滤料运行参数 表 9-3

滤料种类	反冲洗强度[L/(m²·s)]		极限滤速（m/h）	运行周期（h）
	气冲	水冲		
无烟煤	—	8～10	15	45～50
锰砂	—	12～14	9.5	32～48
石英砂	—	10～12	8	35～40

除此之外，轻质页岩也可用作生物除铁除锰滤池的滤料。轻质页岩主要产于黑龙江省嫩江、讷河一带，是一种多孔硅质矿物，其化学成分为：SiO_2 84.52%，Al_2O_3 4.79%，

Fe_2O_3 1.38%，CaO 0.57%，MgO 0.29%，Na_2O 0.12%，K_2O 0.45%，TiO_2 0.20%，MnO 0.01%。在电子显微镜下观察，其颗粒内部存在着大量微孔，呈巢状（似蜂窝状），所以比重和堆密度小，体轻。经测试其堆密度为 $0.49 \sim 0.69g/cm^3$，密度为 $1.1 \sim 1.3g/cm^3$，孔容 $0.40 \sim 0.58cm^3/g$，比表面积为 $88 \sim 110m^2/g$，具有较强的吸附能力。与锰砂相比（在同样粒度下），单位重量轻质页岩的体积是锰砂的 2 倍还多，滤料比表面积大，从而与水的接触面积大，又是多孔物质，具有较强的吸附能力，因此有利于净化水中的杂质。轻质页岩硬度较小，可以加工成具有一定强度、大小不同的颗粒作为滤料。所以，利用轻质页岩作为生物除铁除锰的滤料在技术上是可行的，而且具有储量较大，易开采，价格便宜等特点，是天然的良好滤料，有待研究开发。

2. 滤层结构

（1）单层滤料

滤层结构应与滤层进水水质相适宜。在地下水 $Fe^{2+} \leqslant 3 \sim 5mg/L$，$Mn^{2+} < 2mg/L$ 的水质条件下，采用均质单层滤池（滤层厚度 $700 \sim 900mm$）就可以满足要求。

（2）双层滤料

当地下水 $Fe^{2+} > 5mg/L$，$Mn^{2+} \geqslant 1mg/L$ 时，如滤层进水与高价锰氧化物（Mn^{4+}）相遇，就能发生 Fe^{2+} 和 Mn^{4+} 的氧化还原反应，其反应式为：

$$2Fe(HCO_3)_2 + 2MnO_2 + H_2O \longrightarrow Fe_2O_3 + 2Mn(HCO_3)_2 + 2OH^- \tag{9-1}$$

生物氧化生成物高价锰被还原成 Mn^{2+} 重新溶入水中，势必延长滤层的培养时间。因此应采用双层滤料滤池。

由比重不同的滤料所组成的双层滤层，能够在反冲洗水力的分级作用下互不混杂而保持各自的分层状态。试验表明，只有在一定的粒径配比条件下，才能使各滤层在反冲洗时不致混杂而保持分层状态。双层滤料滤池粒径的配比设计，是以等降粒子概念为理论基础的。双层滤料的粒径配比，应按等降粒子原则确定。即当轻质滤料颗粒的自由沉速远远小于重质滤料颗粒的自由沉速时，两种滤料在反冲洗时才不会产生混杂，而保持各自的良好分层状态。锰砂、石英砂和无烟煤的密度、堆积密度和孔隙率见表 9-2。一般生物除铁除锰双滤层可由锰砂和无烟煤或由石英砂和无烟煤组成。无烟煤层厚度为 $20 \sim 30cm$，粒径为 $3 \sim 5mm$；锰砂（或石英砂）层厚为 $700 \sim 1500cm$，粒径为 $0.8 \sim 1.2mm$。对于不同地域不同水质的含铁锰地下水应在设计之前进行滤层结构试验而确定。

3. 集水系统

集水系统的功能之一是收集滤后水，排出池外通过清水干管而汇入清水池；功能之二是均匀地分配反冲洗水。为防止滤层平面上反冲洗强度不均造成局部板结，建议生物除铁除锰滤池采用大阻力穿孔管集水系统，可以较好地均布反冲洗水。

9.4　生物除铁除锰滤池的培养与运行

9.4.1　除铁除锰生物滤层的建立

生物滤层的建立是生物除铁除锰工艺启动运行的首要环节。只有在滤层内建立一个以锰氧化菌为优势菌群的稳定而复杂的生态系统，滤池才能保证高效稳定的除铁除锰能力。由于锰氧化菌是贫营养微生物，其代谢速率和生长速率都非常低，因此除铁除锰生物滤层的建立与去除碳、氮污染物的生物膜滤池有着显著的区别。

1. 贫营养微生物的生态特性

在自然水体中溶解性的有机物浓度都很低，在这种低营养条件下仍然能够生存的微生物称为贫营养微生物。由于贫营养微生物所处生活环境中的有机物浓度非常低，因而迫使一种贫营养微生物通常能够吸收和利用几种或几十种不同类型的有机物。为了更加有效地捕捉有机物，贫营养细菌细胞的比表面积与体积之比都非常大，例如细菌能够借助柄和丝状体来增加细胞面积并且吸收有机物和低浓度的营养元素氮和磷。

贫营养微生物通常以生物膜的形式存在。生物膜是附着在固体表面的层状积聚体。在自然生态系统中，尤其是在具有较大比表面积及较低营养浓度的环境中，生物膜占生物总量的 99% ~ 99.9%。在自然界河边、地下水层、湖泊岸边及动物体表面等都有生物膜的生长。

一般微生物的生长类型是 μ-生长战略，即增加最大比生长速率系数。而贫营养微生物采取的是 K-生长战略，即通过降低半饱和系数 K，以尽可能多地吸收不同类型的基质，而不是采用高 μ，即高生长率途径。贫营养细菌一般可分为以下 4 种类型：

1）某些贫营养细菌只能在第一次接触的培养基上生长，而不能在转接培养基上生长，无论是贫营养性的还是富营养性的。这种类型的细菌往往具有独特的菌落形态。

2）某些贫营养细菌虽然不能在富集培养基上生长或生长得很慢，但却能够在转接培养基上生长。

3）某些贫营养细菌只能通过特殊的方法才能分离得到。这种细菌不仅具有独特的形态，而且具有独特的生理特征。

4）某些贫营养细菌只能够在显微镜下观察到，目前还没有发现合适的方法使其能够得到分离或富集。

贫营养细菌的世代周期比较长。研究发现，在湖泊水体中其世代时间在 2 ~ 200h 之间，远远长于一般微生物 20min 左右的世代时间。由于基质浓度非常低，贫营养微生物不仅仅通过被动的扩散渗透和主动运输收集有用的基质，而且通过一些特殊的附件结构，如菌丝，像树根根须吸水一样最大限度地收集基质，用以维持生存和进一步生长。此功能增加了微生物菌落的比表面积。通过生物化学和酶成分的分析发现，细胞附件的成分不同于微生物细胞的其他成分。它不含有核糖蛋白、DNA、RNA、NADH 氧化酶和脱氢酶，但是含有与传质和氧化相关的酶类，包括细胞色素、碱基磷酸酶等。这说明，细胞附件包含与传质和能量生产相关的过程。这种进化有利于贫营养微生物在极低浓度基质环境中的生存和繁殖。贫营养细菌的能量转化动力学也比较独特。研究发现，多聚糖和高聚磷酸盐在贫营养微生物的能量转换中起着重要作用。

地下水中能够催化氧化锰的微生物属于贫营养微生物。在氧化过程中，微生物以锰为电子供体，以氧为电子受体，以二氧化碳为碳源，在获得生长所需的能量同时进行生长。能够催化氧化锰的微生物包括 *Sphaerotilus*、*Leptothrix*、*Pseudomonas*、*Citrobacter*、*Metallogenium*、*Gallionella* 以及一些真菌类。所有这些微生物的代谢速率和生长速率都非常低。欲取得比较高的过程效率，就需要积累足够的生物量，或者比较成熟的生物膜和比较长的停留时间。

2. 细菌的选择和接种

生物滤池的建立除了需要适宜的滤层结构外，还涉及细菌菌种的筛选培育与扩增培养问题。生物除铁除锰滤层其细菌的选择不仅要满足试验室研究的需要，更重要的是满足广大地区工程实践的需求。自然界中锰氧化菌的种类很多，对除锰过程而言，所选择的细菌应该有很好的特异生化能力和较强的适应性。从多年的研究和调查工作中我们知道，含铁锰地下水分布广泛，不同地区的地下水性质相差较大。锰氧化菌的种别相应于区域地质、地下水水质成分必然会有区域性的差别。

从生物除铁除锰水厂的运行实践中发现，不同地域的含铁锰地下水中都含有适合本地水环境特点的锰氧化菌。在生物滤层建立的过程中，利用本地区地下水域中所含有的土著菌进行扩增培养后接种到滤池中，会表现出很强的适应性，可以促使生物滤层尽早成熟，大大地缩短培养期。

从我们已有的研究工作中知道，对于细菌的接种和培养，若都采用一种从试验室分离获得的菌株去应用于不同地域所建立的生物除铁除锰滤池中，这样接种的生物滤层是很难培养成功的，即使成功也难以长期稳定运行。其原因是从分离纯化环境到培养驯化环境的变化，引起接种细菌的代谢行为发生变化。在新的环境下菌种的除铁除锰能力可能会大大降低，甚至完全丧失，因而导致接种培养的失败。试验已经证明，生物除铁除锰滤层的生化能力是多种锰氧化菌协同作用的结果。如果利用上述方式得到的细菌对滤层接种，从长期运行来看，一定是不稳定的。实践证明当地除铁除锰水厂的反冲洗铁泥中，曝气池壁的黏泥里，含铁锰地下水的输水管的沉积物中都含有适应当地水质的锰氧化菌群。

基于上述原因，我们认为应当从试验现场或水厂当地采集菌种经过扩增、培养和功能强化后再接种到滤池中。

常规的生物学接种方式，一般是采用含高浓度菌种的菌液浸泡待接种的载体，这一过程往往要循环往复多次。对于一个实际生产滤池，其容积庞大，若采用这种接种方式，接种量很大，所以不现实。另外采用常规的生物接种，自始至终需要培养基即营养物质的跟随。锰氧化菌多为化能自养菌，在实际滤池这样一个开放系统中，营养物质的大量加入往往会导致异养菌的大量繁殖，无法建立以锰氧化菌为优势的生态系统。"八五"期间，笔者与吉林大学合作曾对锰氧化菌的固定化进行研究。结果表明，单一菌种（从某水厂除锰滤砂分离得到的一株鞘铁菌）和混合菌种（以成熟锰砂直接作为细菌来源）的人工固定化接种都没有达到预期的固锰效果，接种细菌长时间不能形成优势菌落，或者不能很好地固定在滤砂表面。

在工程实际中，生物滤池的接种培养，应采用高浓度的菌液一次性接入滤池的接种方式，并通过一些运行手段使大量细菌进入滤池内部，然后在低滤速下进行滤池的正常运行培养。在无培养基、低营养源的条件下，利用地下水所带来的营养进行直接培养。这种培养方式虽然在培养初期细菌增殖较慢，但可以充分利用天然地下水所固有的物理、化学及生物学之间的平衡关系，有利于在滤层内进一步扩增培养适合原地下水特点的生物群体，使生物滤池在启动之初就为贫营养生态系统的建立创造适宜的条件。一旦细菌度过适应期之后，马上就进入对数生长期，这样培养起来的细菌适应性好，整个生物滤池稳定性也相当好。这种接种培养方法，通过我们的小试、中试、生产性试验，直至不同地域的实际应用和验证，效果很好。

3. 培养过程的调控

细菌接种后，在滤层中有一个以锰氧化菌为核心的菌群增殖、固定于滤砂表面形成稳定生物膜系统的过程，即生物滤层的培养成熟阶段。菌种接种后一定要创造有利于细菌生长繁殖的环境，包括营养元素、水温、pH以及适宜微生物增殖和固定化的水动力学环境。滤层的成熟是与细菌数量密切相关的，其成熟过程基本上可以分为4个时期：即适应期（0~15d）；第一活性增长期（15~30d），在适宜微生物繁殖代谢的条件下滤层内细菌快速增长，除锰率不断提高；第二活性增长期（30~50d），微生物群体趋于平衡，出水 Mn^{2+} 达标并趋于稳定；稳定期（50d以后），滤层完全成熟而且运行稳定，并有一定的抗冲击能力。微生物种群接种于一个特定的生存环境中，其繁殖过程实质上是对周围环境的一种适应过程。如果在除铁除锰滤层中能创造适合锰氧化菌群的代谢繁殖条件，那么微生物种群就会较快地适应生长环境，缩短适应期（迟缓期、延滞期），因而能较快地进入后续生长阶段。这样，微生物在适宜的环境条件下，不断吸收营养物质，按照自己的方式进行新陈代谢活动。此时合成代谢（同化作用）大于分解代谢（异化作用），合成代谢合成了自身所需的物质，随着自身结构的不断发展，微生物细胞质量迅速增加，短则一周长则一个多月就可以完成生物的培养与繁殖，使滤层成熟并达到稳定。反之，微生物繁殖太慢，甚至生物滤层长时期不能成熟，最终接种培养宣告失败。在特定的地下水除铁除锰水厂的条件下，地下水固有的水质和特有的许多物理化学条件几乎是确定的，而运行工况是可调控的。所以要针对不同的地下水水质情况，对过滤速度、反冲洗等参数进行合理的调控。实际工程中生物滤层的成熟期一般比试验滤层的成熟期长，有时甚至不能建立有效的除铁除锰生物滤层。究其原因就是在实际培养过程中运行条件控制不当，不能为微生物的固定和增殖创造良好的水力环境。

（1）培养过程中滤速的控制

在滤层培养初期，滤层中的细菌数量有限，并且由于生存环境的变化，细菌活性降低，有一个适应期，此时滤池应该低滤速运行。在低滤速工况下，滤砂空隙间的水流速度慢，剪切力小，这样能减少水流对滤砂间隙中和滤砂表面上微生物群落的冲刷，促进铁泥中细菌和水中游离细菌在滤料表面的附着和固定，有利于生物滤层的成熟。同时也增加了滤层中稀少的微生物群落与水流中的贫乏营养物质包括 Fe^{2+}、Mn^{2+} 的接触时间，利于微生物的驯化与增殖。相反，过高的滤速，强劲的剪切力与冲刷使微生物难以在滤层中积存和附着固定。低滤速是除铁除锰生物滤层培养的基本条件。滤砂表面都有吸附 Fe^{2+}、Mn^{2+} 的特性，尤其是锰砂的吸附容量相当大。因此，低滤速不仅促进滤层的成熟，同时也减缓了滤砂表面吸附容量的消耗。生产滤池在投产运行的最初时期内大都出水水质合格，正是由于滤层存在吸附容量的缘故。低滤速可以延长滤层的吸附期，又可以促进滤层中生物量的增长，有可能在生物滤层培养成熟之时，滤砂的吸附能力尚未完全耗尽，实现滤层中生物除铁除锰效能与吸附能力的衔接，即吸附期与成熟期的最佳配合，因此避免了试运行期出水水质超标的问题，可以提前向管网供水，具有深远的工程实践意义。

随着滤层中微生物数量的不断增加，滤砂表面附着与固定的微生物量也不断增加。滤速可以逐渐提高，一般初始滤速应控制在3m/h之下，每次增加的滤速幅度应不大于0.5m/h，某一滤速下至少要运行一周，在保证一定的稳定运行时间后才能继续增加滤速直至设计滤速（5~7m/h）。在培养过程中如果滤速增幅过大，稳定运行时间过短，出水水质往往会恶化。这是因为在运行初期滤层截留的物质很少，滤层生物量有限，形成的微生态系统耐冲击负荷能力低，加大滤速会使附着在滤料表面松散的生物膜脱落。因此，在初始滤速下，待滤层出水合格以后，再逐渐提高滤速方能逐步提高滤料表面的生物数量和滤层的耐冲击能力，同时也保证了滤池运行初期的出水水质。

（2）反冲洗的控制

从我们的试验研究中发现，生物滤层中细菌的分布，不单单附着在滤料表面，也大量地存于滤层空隙的铁泥中。这一部分细菌是滤层培养期除铁除锰能力的主要来源。在滤层培养期，尤其是初期，细菌绝大多数以游离状态存在于滤层空间，附着在滤料表面的细菌数量相当少，而此时滤料表面附着的细菌数量的增长正是取决于这些游离状态的细菌的数量。但随着过滤时间的延续铁泥不断增长滤层会因此而阻塞，造成过滤水头损失过大，所以在过滤周期末又不得不进行反冲洗，以便去除滤层中的污物。由此可见，生物滤层的培养和反冲洗是两个矛盾的过程。为了保证滤层内细菌的培养和正常运行，应寻求两者的平衡。在培养期采取弱反冲洗，尽量减少滤层中的细菌损失，同时滤砂表面也受到较少的水力摩擦作用，这有利于生物的稳定附着。随着滤层中细菌由适应期进入对数生长期，细菌活性增强，并产生分泌物使细菌较牢固地附着在滤料表面。由此滤层渐渐成熟后，滤料表面附着的细菌数量达到一定的程度，滤层的处理能力和抗冲击负荷能力大有提高时，再相应提高反冲洗强度。一是由于滤层中细菌有数量级的增长，代谢能力增强，会有较多的代谢物质沉积在滤料表面，需要通过加强反冲洗来有效清除这些物质，保证生物代谢的顺畅；二是培养初期的弱反冲洗导致一部分铁泥长期滞留在滤层中，不但会增大滤层的水头损失，还有使滤料产生板结的隐患。需要加强反冲洗使滤层冲洗更彻底；此外，反冲洗的适当增强能够促进细菌在滤料表面的牢固附着，这样培养驯化的生物滤层会适应较强的水力冲击，有利于正常运行时稳定性的维持。稳定地附着在滤层滤砂表面的锰氧化菌是滤层活性的中坚力量，除了对整个滤层当中的生产能力具有很重要的作用之外，同时还肩负着更重要的作用，即维持滤层当中细菌的基本数量。在一个稳定的生态系统中，某一种群数量的维持需要有一定的基本个体数量，否则在这一生态系统中，该种类就会丧失种群优势，造成生态系统性质的改变。在生物滤层中，附着在滤料表面的细菌除生化能力外，另一个关键作用就是保证在滤层空间细菌代谢繁殖所需的个体基数。

滤层培养期和稳定运行期的适宜反冲洗是保障生物除铁除锰滤池生物活性增强和维系的重要因素，是除铁除锰水厂设计与维护的重要参数。由于各地域含铁含锰地下水的固有性质不同，反冲洗操作参数应有所区别。据多年试验室及在各地的工程实践研究结果，笔者建议的反冲洗参数可参考表9-4。

反冲洗操作参数　　　　　　　　　　　　　　　　　　　　　表9-4

序号	原水水质（mg/L）		过滤周期（h）		反冲洗时间（min）		反冲洗强度 [L/(s·m²)]	
	TFe	Mn^{2+}	培养期	稳定期	培养期	稳定期	培养期	稳定期
1	10 ~ 15	1 ~ 2	36	24	8 ~ 10	10 ~ 12	10 ~ 12	14 ~ 16
2	5 ~ 10	0.5 ~ 1	48	36	6 ~ 8	8 ~ 10	9 ~ 10	12 ~ 15
3	0.3 ~ 5	0.2 ~ 0.5	60	48	4 ~ 6	6 ~ 8	8 ~ 9	10 ~ 12
4	0 ~ 0.3	0 ~ 0.2	72	72	4 ~ 6	6 ~ 8	6 ~ 8	8 ~ 10

综上所述，在生物除铁除锰水厂的培养与运行过程中，菌种尽量选用当地含铁锰地下水中以锰氧化菌为核心的土著菌群，经纯化和扩增后接种于滤层中，然后进行动态培养。培养期采用低滤速、长过滤周期和弱反冲洗强度，以不产生滤层板结为限。

生物滤池正常运行时滤速以 $5 \sim 7m/h$ 为限，过高的滤速会缩短工作周期，导致反冲洗频繁和生物量的流失。

生物滤层的反冲洗，其目的不是洗净滤层中和滤料表面的全部铁泥，而是要降低滤层阻力，防止滤层板结，维持过滤的正常进行，所以反冲洗操可以适当减弱。

（3）pH

每一种细菌生长时都要求环境中一定的 pH，大多数细菌在 pH 为 6.5 ~ 7.5 之间生长最好，少数细菌能在较高和较低的 pH 环境中生长。pH 对细菌生长的影响，主要是可以改变底物和菌体酶蛋白的带电状态。当底物为蛋白质、肽类或氨基酸等两性电解质时，随着 pH 的变化表现出不同的解离状态，而菌体内酶的活性部位只能作用于底物的某一种解离状态，由于多数锰氧化菌是以 Mn^{2+} 作为氧化底物的化能自养菌，因此不会出现底物在不同 pH 条件下存在不同解离状态的问题。pH 对细菌的另一方面重要影响是酶蛋白具有两性解离性，pH 的变化会改变酶活性部位上有关基团的解离状态，从而影响酶与底物的结合。试验表明：pH 的变化范围为 6.67 ~ 7.20 时，对锰氧化菌酶蛋白无明显影响，对锰氧化菌的生长也无明显影响。锰氧化菌生长对 pH 的要求，符合普通细菌生长的 pH 范围（6.5 ~ 7.5）。

（4）DO

由前面关于生物除铁除锰所需溶解氧的分析可知，大多数地区含铁锰水质采用简单的弱曝气就可以满足溶解氧要求，一般维持 DO 在 4 ~ 5mg/L 即可。伴生氨氮高铁锰地下水需要将 DO 提高到 6 ~ 9mg/L。

（5）ORP

由物理化学知识可知 ORP 是控制铁、锰氧化还原的重要参数。这在传统除铁除锰技术中已有详述。由于 ORP 与介导水环境中氧化还原反应的细菌活性有关，所以对于锰的生物氧化其作用也不可忽视。ORP 与生物活性相关，利用 ORP 来控制生物系统早已应用于废水生物处理系统，因此 ORP 也可应用于生物除铁除锰滤层的控制，这比 DO 作为氧化还原状况的指示参数更优越，尤其是当 DO 趋近于零时。

（6）温度

环境温度对细菌有广泛的影响，大多数细菌生长适宜的温度为 20 ~ 40℃。按照温度的不同，可将细菌分为低温、中温和高温三类，见表 9 - 5。

微生物对温度的适应性

表 9 - 5

类别	生长温度（℃）			备注
	最低	最适	最高	
低温性微生物	−5 ~ 0	10 ~ 20	25 ~ 30	水生微生物
中温性微生物	5 ~ 10	20 ~ 40	45 ~ 50	大多数腐生性及所有寄生性微生物
高温性微生物	25 ~ 45	50 ~ 60	70 ~ 80	土壤、堆肥、温泉中的微生物

经测定，地下水水温一年四季变化不大，常年温度稳定在 5 ~ 10℃，这种温度的稳定性为生物滤层中锰氧化菌的生长繁殖提供了极为有利的条件。研究表明：锰氧化菌在试验室培养基中 20℃ 的条件下生长较快。有些试验表明：滤层中锰氧化菌在 5 ~ 10℃ 的温度较低的环境中也能够正常生长繁殖，这说明锰氧化菌属低温性微生物，其对低温的适应性也是生物除铁除锰技术得以实现的一个重要条件。我们在试验过程中温度变化范围控制在 7 ~ 10℃，因此完全可以实现生物滤层的培养成熟与稳定运行。

9.4.2　伴生氨氮高铁锰地下水生物滤层的快速启动

伴生氨氮高铁锰地下水启动缓慢的原因分析如下：①如 5.2 节所述，高浓度 Fe^{2+} 对锰的生物氧化物的还原作用，导致 Mn^{2+} 的溶出以及滤砂表面生物膜的破坏。解决方法就是采用双层滤料，防止下部已经披覆生物膜的滤砂在反冲洗过程中混入上部滤层，避免高价锰和高浓度 Fe^{2+} 的接触而发生氧化还原反应。②氨氮硝化生成的亚硝酸盐对于生物除锰的抑制作用。而其解决方法就是快速培养滤层中的硝化菌，将亚硝酸盐转化为硝酸盐。③地下水中高浓度的 Fe^{2+} 在氧化去除过程中会产生大量的铁泥，容易造成生物滤层的堵塞，缩短滤池的反冲洗周期，频繁的反冲洗势必抑制硝化菌与锰氧化菌的积累，进而延缓了滤层的成熟。

为克服伴生氨氮高铁锰地下水生物除锰滤层启动过程中硝化菌与锰氧化菌的流失，进行了双层滤料循环接种的快速启动研究。

1. 伴生氨氮高铁锰地下水生物除锰滤层的循环培养试验研究

试验采用有机玻璃滤柱，直径 150mm，高 2500mm，填入石英砂 800mm，无烟煤 500mm 组成双层滤层。试验用水来自松北水厂深井水，滤柱出水由循环水箱收集后循环回用。滤速 10m/h，反冲洗周期为 2 ~ 3d，反冲洗时间 5min。

滤层的培养过程如图 9 - 14 所示，滤柱接种后，采用循环过滤（出水100%回流），经过 5d 的运行后直接通原水过滤，结果发现滤柱除锰能力微弱；遂再度开始循环培养，循环回流比为 4：1（循环水：原水），滤柱出水 Mn^{2+} 浓度逐步降低，一个星期后，滤柱出水 Mn^{2+} 浓度即开始达标。达标运行几天后全部采用新鲜地下水直接过滤，滤速 2m/h，发现出水 Mn^{2+} 浓度不受影响，仍然维持在 0.05mg/L 以下，说明生物除锰滤层已近成熟。半个月后滤速从 2m/h 直接提高到 5m/h，出水水质竟然未受到影响，并且长期稳定。这可能由于循环培养并采用了 10m/h 的高速运行，才使后续的提速培养过程中水质异常稳定。

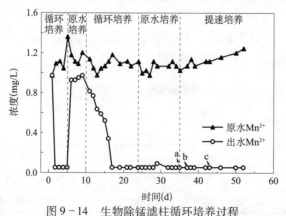

图 9 - 14　生物除锰滤柱循环培养过程

　　循环培养法成功地将伴生氨氮高铁锰地下水的生物除锰滤层的培养周期缩短到一个月之内。

　　滤层培养提速过程中，进行了滤柱分层取水分析，考察了滤柱提速过程中生物滤柱沿层 Mn^{2+} 和 $NH_4^+ - N$ 浓度的变化，结果如图 9 - 15 所示。不同滤速的滤柱氨氮沿层浓度曲线基本重合，说明了滤柱滤层在提速前硝化活性已稳定，并有较强的抗冲击能力。然而锰的沿层浓度曲线却有明显变化，刚提速至 5m/h 之时， Mn^{2+} 的去除空间由滤层表面下 20 ~ 80cm 下移到 60 ~ 120cm，下移了近 40cm。这主要是高滤速使更多的 Fe^{2+} 抢占了更大的上部空间，导致了滤柱除铁层的延伸，迫使 Mn^{2+} 的氧化空间下移。但当高速运行稳定后，除铁层积累了更多的自触媒（FeOOH），使除铁带活性增强并回缩之后，下部生物除锰层又向上回移了近 20cm。

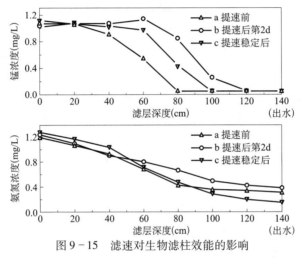

图 9 - 15　滤速对生物滤柱效能的影响

　　生物除锰滤柱循环培养过程中 Mn^{2+} 的氧化去除与氨氮的逐日变化如图 9 - 16 所示。从图 9 - 16 可以发现在除锰生物滤层的整个培养过程中，在滤层的除锰能力迅速增长的同时，滤层的硝化活性也在迅速增加。随着 $NH_4^+ - N$ 浓度下降的同时 $NO_3^- - N$ 浓度稳步上升，几乎没有发现亚硝酸盐积累的现象，表明滤柱的循环培养有利于硝化菌和锰氧化菌的积累，因此大大缩短了除锰滤层的培养周期，在不到 20d 的时间里 Mn^{2+} 和 $NH_4^+ - N$ 浓度已稳步达标。

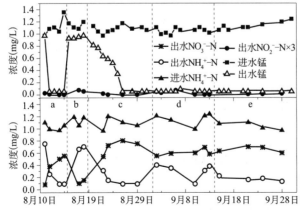

a—循环培养；b—原水培养2m/h；c—循环培养(循环水：原水=4：1)；d—原水培养2m/h；e—原水培养5m/h

图 9 - 16　循环培养中生物除锰滤柱进出水水质

2. 循环培养在工程上的应用

生物除铁除锰水厂在投入试运行后，生物滤层的成熟期过长，尤其是高铁锰水质需半年的时间，给厂方的正常生产运行带来一定的困难，这一点是生物除铁除锰技术的遗憾。首先水厂建立后可能长达半年时间不能生产锰达标的水，影响居民生活质量；其次如果水厂的出厂水不能在短期内向管网供水而直接排放，这也是一种巨大的资源浪费。前述的研究表明，为避免高浓度 Fe^{2+} 对除锰生物膜的破坏可以采用双层滤料滤池结构，避免硝化菌和锰氧化菌的流失采用循环培养法。为将研究成果用于生产实际，设计了图 9-17 所示的循环接种培养流程。一般而言，为节省水资源和能源，除铁除锰水厂都设反冲洗水回收水池。在滤池试运行滤层培养时，可将回收水池作为接种培养循环水池。在此期间滤池出水、反冲水都进入回收水池（接种培养循环水池），作为滤池进水的重要部分。按设计比例混入含铁锰地下水，一并进入滤池。如此循环不已直到滤层成熟。

由于生物滤层培养初期滤层中微生物量少，因此循环过程中滤池出水中的锰、氨氮等营养物质能够部分满足生物滤层培养期的需求，在循环培养过程中再加入一定量的新鲜原水，以弥补循环水中不断消耗的营养物质，维持生物滤层中微生物的营养需求。新鲜原水占循环水量的比例根据生物滤层的培养效果可以分阶段逐步提升，在循环过程中，多余的水量由反冲洗水池溢流排出，这样就可以防止生物滤层培养过程中大量的水资源浪费。

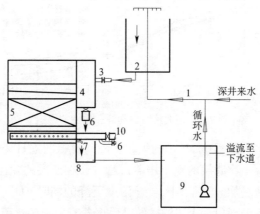

1—输水管；　2—曝气池；　3—进水管；　4—配水渠；
5—滤层；　6—清水管；　7—放空阀；　8—排水渠；
9—反冲洗废水池；　10—反冲洗进水管
图 9-17　生物除锰滤层循环培养法

伴生氨氮高铁锰地下水的循环培养法有以下优点：①循环水对于新鲜原水中的高浓度 Fe^{2+} 具有极大的稀释作用，可使滤池进水 Fe^{2+} 浓度有所下降，从而缓解高浓度 Fe^{2+} 对于生物除锰滤层净化能力的影响；②循环培养法能减少微生物量的流失，有利于世代周期较长的硝化细菌和锰氧化菌在滤层中的富集，从而缩短亚硝酸盐积累过程，减缓氨氮硝化过程对于除锰生物滤层成熟的影响，加速生物滤层的启动。

9.4.3　生物除铁除锰滤池运行中的维护和管理

1. 滤速

习惯上以整个滤池过滤面积为过水断面来计算过滤速度，单位多采用 m/h。实际上，它的物理意义并不明确，并不是滤层空隙间液流的真实速度。真实速度还应除以滤层孔隙率。俗称的过滤速度其实是过流断面的水力负荷，其物理意义是单位滤池面积上单位时间过滤的水量，单位为 $m^3/(m^2 \cdot h)$。

在生物除铁除锰滤柱的反复试验中，成熟滤层滤速可以达 10～19m/h，但滤池在高滤速下工作，其生物滤层活性的稳定性差，难以长期保持稳定运行。加之反冲洗频繁，水厂自用水量增大，制水成本高且浪费水资源。与此同时滤池失去了水量增长的发展余地，因此实际工程中的设计滤速只采用 5～7m/h。

2. 滤池工作周期

生物除铁除锰滤池在运行中，水质越来越好，没有过滤周期末水质突然变坏的忧患。其过滤周期取决于滤层的水头损失，当滤层的滤抗达到预定的过滤作用水头时，过滤周期结束，应进行反冲洗。而滤层滤抗的增长直接与原水中铁、锰含量以及过滤速度有关。据原水水质和滤速，过滤周期可为 24～72h。

3. 反冲洗

反冲洗过程中，滤层被水流冲动而成悬浮膨胀状态，厚度增大。水力剪切力和颗粒间的碰撞摩擦使滤砂表面老化的生物膜脱落并与空隙间的铁泥一起被反冲洗排水带出池外。从而防止了滤层中铁泥的积存和板结，同时也排出了锰氧化菌的代谢产物，增强了生物膜的活性。所以反冲洗是滤层持续工作的前提。然而，生物除铁除锰滤池与除浊滤池、传统除铁除锰滤池不同，反冲洗操作不可过于彻底。这是由于生物滤层中锰氧化菌多为化能自养菌，其生长繁殖速度缓慢，过度反冲洗将流失大量细菌，破坏生物滤层中生态系统的稳定性，使生物群系崩溃，最终导致出水水质的恶化。而适度的反冲洗虽然也减少了滤层中的生物量，但仍可以保证滤层中锰氧化菌的基本数量维持生态系统的稳定性，并使生物活性增加，因而从总体上并不影响滤层的处理能力。使滤层处于最优条件下的反冲洗，不仅可以节水节能，还能提高滤池的出水水质，增大滤层含污能力，增加产水量等，因而带来更大的经济效益。由此可见，适宜的反冲洗是保证滤层经济高效工作的必要条件。

反冲洗参数选择的原则需要考虑两方面因素：一是将滤料间隙中铁泥等悬浮状物质冲出滤层，恢复滤层的初始水头及产水能力；二是保证滤层中的微生物量不会损失太多，以继续维持生态系统的平衡，不至影响下一工作周期的正常运行。生物除铁除锰滤池的反冲洗强度与反冲洗时间均小于传统滤池。反冲洗强度以 12～14L/(s·m²)，反冲洗时间 4～10min 为宜。

4. 初滤水水质

生物除铁除锰技术是在滤砂表面发生的接触氧化除铁和生物氧化除锰反应，不是物理化学的截滤。所以对于已成熟的生物滤层，适度的反冲洗始终不会影响周期开始的滤后水水质。

图 9-18 和图 9-19 是某生物除铁除锰水厂生产滤池和模拟试验柱培养成熟后，不同时期的反冲后初滤水水质随过滤时间的变化情况。该滤池（柱）的过滤周期为 72h，反冲洗强度为 15L/(s·m²)，反冲洗时间为 5min。

从图 9-18 和图 9-19 可以看出，周期开始初滤水 Mn^{2+} 浓度随时间变化的曲线可以分为 3 个：一个是滤池（柱）成熟后运行 1 个月之内，反冲洗后初滤水 Mn^{2+} 浓度陡然增大，但在 5～10min 后，滤后水 Mn^{2+} 浓度即降至反冲洗前滤池出水水平（0.1～0.05mg/L 以下）；一个是成熟后已运行 2 个月的滤柱反冲洗后初滤水 Mn^{2+} 浓度稍有增加，但 3min 就恢复到冲洗前的出水水平（0.1mg/L）；一个是滤池成熟后已运行 3 个月之上的滤池（柱）滤后水 Mn^{2+} 浓度根本不受反冲洗影响，始终与反冲洗前滤池出水水平相当，滤后水 Mn^{2+} 浓度始终在 0.05 mg/L 以下。

　　上述试验结果是与滤池成熟程度密切相关的。在以往的试验中已发现，生物滤层内微生物数量与状态变化是一个动态过程。随着滤池的培养成熟与连续运行，滤层中微生物数量与成熟状态均显著增大和增强。以锰氧化菌为主的多种微生物群系所构成的生态系统会进一步成熟与稳定，并具有更强的抵抗各种冲击和变化的能力，滤池出水效果也是越来越好。图 9-18 与图 9-19 中反冲洗后初滤水中 Mn^{2+} 浓度陡然增大是由于生物滤层刚刚培养成熟，抗冲击能力还相对较小，由于反冲洗使滤层中蓄积的铁泥、沉积在滤料表面锰氧化菌的代谢产物以及老化的微生物被水流带出滤层的同时，滤料表面尚未附着牢固的锰氧化菌也被部分带出滤层，微生物量减少所致。而在短时间内滤层即能恢复处理能力，说明反冲洗同时也使滤料生物膜表面在很大程度上得到更新，促进了锰氧化菌的生物活性。相对充足的底物营养有利于锰氧化菌的快速繁殖，从而保证了处理效果。对于成熟的生物滤池，适度的反冲洗不会影响滤后水水质。

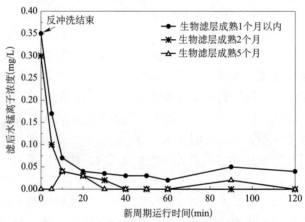

图 9-18　生产性滤池多次反冲洗后出水水质

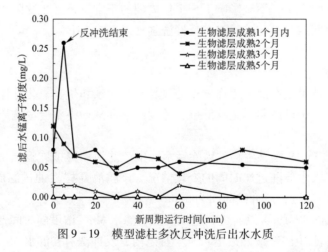

图 9-19　模型滤柱多次反冲洗后出水水质

　　总之，在试验反冲洗条件下，滤层没有受到明显的冲击，生物量的适度减少，并不影响处理效果。反冲洗后滤层除铁除锰活性主要来自滤料表面附着的锰氧化菌，因此在成熟的滤池系统中，滤料表面附着的相当数量的细菌对于整个滤层净化能力的稳定具有举足轻重的作用，而且这部分细菌维持着滤层中锰氧化菌的基本数量和种群优势，保证了细菌的繁殖和生态系统的稳定，并使生物滤池具有一定的抗冲击负荷的能力。

第10章 各种典型含铁含锰 地下水生物净化流程和工程示范

　　各地域各流域由于含水层和上覆盖层岩性以及水文地球化学环境的殊异，含铁锰地下水水质千差万别，应用同一净化流程是不经济的，同时也是不可行的。因此，针对各种类型地下水水质来研创技术可行、经济合理的工艺流程是工程实践的客观需求。

　　从20世纪90年代起，张杰院士领导的除铁除锰技术研究团队和中国市政工程东北设计研究总院携手研究和设计了不同含铁锰水质的各种净化流程。其中完成的主要生物除铁除锰水厂工程列于表10-1。从表中可以看到各地区含铁锰地下水水质差别很大。哈尔滨松北水厂属于伴生氨氮高铁锰地下水水质，吉林东丰、黑龙江兰西、佳木斯江北水厂均属高铁锰水质，沈阳开张士发区水厂和浑南水厂则为微铁高锰水质，而抚顺开发区水厂则属铁、锰含量适中水质。上述水厂应用生物固锰除锰工艺理论创建的不同流程、不同操作参数都实现了稳定高效的运行。各水厂出厂水 Mn^{2+} 都小于 $0.05mg/L$，总铁都在 $0.01mg/L$ 左右，优于国家生活饮用水卫生标准。本章就不同典型水质水厂的设计与运行状况或模拟试验成果作简单介绍。

中国市政工程东北设计研究院承担设计的生物除铁除锰水厂　　　　　　表10-1

序号	工程名称	规模（万 m^3/d）	建设地点	投产时间	成熟期（月）	原水水质（mg/L）			出厂水水质（mg/L）		
						TFe	Mn^{2+}	NH_4^+-N	TFe	Mn^{2+}	NH_4^+-N
1	抚顺开发区水厂	0.3	辽宁省抚顺市	1993年2月	3	7.0	0.8	—	0.1	0.05	—
2	沈阳开发区水厂	6	沈阳市张士开发区	2000年3月	3	0.3	2.0	—	0.1	0.05	—
3	吉林东丰水厂	0.8	吉林省东丰县	2002年10月	2	7.0	2.0	—	0.1	0.05	—
4	黑龙江兰西水厂	1	黑龙江兰西县	2003年10月	8	14.0	1.0	—	0.1	0.05	—
5	沈阳浑南水厂	2	沈阳市浑南	2004年8月	4	0.3	1.5	—	0.1	0.05	—
6	佳木斯江北水厂	20	佳木斯	2006年6月	6	14.0	2.5	—	0.1	0.05	—
7	哈尔滨松北水厂改扩建工程	4	哈尔滨松北区	2010年5月	2	15.0	2.0	1.20	0.1	0.05	0.22

10.1　含铁锰地下水典型生物净化流程

10.1　含铁锰地下水典型生物净化流程

含铁、锰地下水地区大部分 TFe < 10mg/L，Mn^{2+} < 1.5mg/L，还有些地区例如浑太流域的沈阳地区，含铁量很低甚至接近饮水标准，但含锰量高达 1 ~ 2mg/L。据水中的 Fe^{2+} 和 Mn^{2+} 浓度其需氧量不超过 2mg/L。这类水的净化只需跌水和过滤的简捷流程即可满足要求，如图 10 - 1 所示。

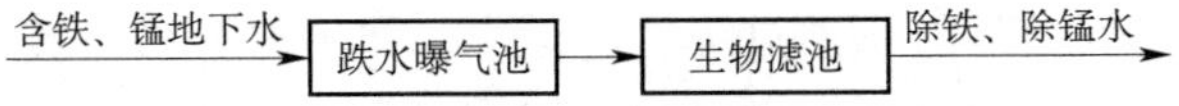

含铁、锰地下水 → 跌水曝气池 → 生物滤池 → 除铁、除锰水

图 10 - 1　含铁含锰地下水典型生物净化流程

图 10 - 1 中只有一个生物滤池和一个简单的跌水曝气池，但普适于广泛地区含铁含锰地下水的净化，堪称含铁含锰地下水经典生物净化流程。工程中也可以在滤池的进水槽或滤池上进行一定高度的跌水来代替跌水曝气池，从而使流程更为简化。

含铁含锰水典型净化流程的设计与运行参数见表 10 - 2。

含铁锰地下水典型生物净化流程设计与运行参数　　　　　　表 10 - 2

设计运行参数 水质	曝气单元			滤池			
	跌水高度（m）	单宽流量 [m^3/（h·m）]	水力停留时间（min）	流速（m/h）	工作周期（h）	反冲洗强度 [L/（s·m^2）]	反冲洗时间（min）
普通含铁含锰水	0.5	25	3	5	48	12	6
微铁高锰水	0.5	30	3	7	96	10	5

微铁高锰地下水的生物净化滤层培养较困难，滤层培养期相对要延长，这是因培养初期包埋在滤砂隙缝间铁泥中的微生物不易积聚，锰氧化菌栖息的生物膜骨架形成较慢之故。可以适当延长培养期的工作周期，减弱反冲洗来弥补，参见表 10 - 2。我们除铁除锰课题组 1999 年于沈阳张士开发区建立并调试运行的我国第一座的生物除铁锰水厂的原水就是微铁高锰地下水。

10.1.1　沈阳经济开发区生物除铁除锰水厂的设计

位于沈阳市西南部的张士开发区是沈阳市城市建设和经济发展的重要组成部分，也是沈阳市对外开放的窗口。自 1989 年建设以来，先后完成一、二期基础设施建设和招商引资，吸引了国内外一些大中型企业，包括食品生产、服装加工、石油、天然气以及精细化工、电子、仪表等高新产业。该区采用地下深井水为水源，经加氯消毒后直接供给生活和工业使用。由于地下水中含有过量的 Mn^{2+} 和少许的 Fe^{2+}，给用户带来诸多不便，其结果使某些工厂产品质量下降，甚至报废，于是用户纷纷提出抗议和索赔。许多意欲在开发区建厂的投资商也不得不望而却步，故供水水质的改善势在必行。

1. 供水水源与原水水质

开发区水厂水源为沈阳市西南部地区的地下水，有水源井 11 眼，井深均为 100m 左

183

右，水温常年 9℃，单井开采量约为 3000m³/d。除 10 号井外（有微污染），其余各井只有 Fe^{2+}、Mn^{2+} 两项超标，进入供水厂的混合水中 Fe^{2+} 含量在 0.1～0.5mg/L，Mn^{2+} 的含量为 1～3mg/L。

2. 生物除铁除锰水厂的工艺设计

沈阳开发区供水厂占地 7.8hm²，分为 3 个功能区：水处理区、铁泥处理区和辅助生产区。全厂设计处理能力为 12 万 m³/d，整个工程分 2 期实施，每期 6 万 m³/d。已经建成的一期水处理区主要包括：跌水曝气池 2 座（直径 10.5m），普通快滤池 2 列，每列 6 座生物除铁除锰滤池，清水池 2 座，吸水井 1 座，送水泵房 1 座，反冲洗系统，加氯系统。规划中的铁泥处理系统暂未实施建设。辅助生产区包括：综合楼、机修、车库、仓库等。水厂的工艺流程如图 10-2 所示，平面布置如图 10-3 所示。

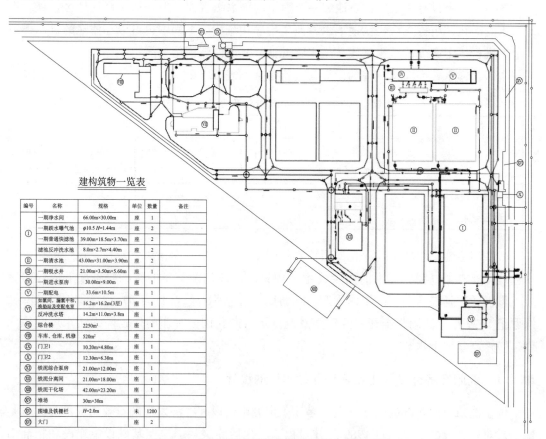

建构筑物一览表

编号	名称	规格	单位	数量	备注
①	一期净水间	66.00m×30.00m	座	1	
	一期跌水曝气池	φ10.5 H=1.44m	座	2	
	一期普通快滤池	39.00m×18.5m×3.70m	座	2	
	滤池反冲洗水池	8.0m×2.7m×4.40m	座	1	
②	一期清水池	43.00m×31.00m×3.90m	座	2	
③	一期吸水井	21.00m×3.50m×5.60m	座	1	
④	一期进水泵房	30.00m×9.00m	座	1	
⑤	一期配电	33.6m×10.5m	座	1	
⑥	加氯间、漏氯中和、换班站及变配电室	16.2m×16.2m(3层)	座	1	
	反冲洗水塔	14.2m×11.0m×3.8m	座	1	
⑦	综合楼	2250m²	座	1	
⑧	车库、仓库、机修	520m²	座	1	
⑨	门卫1	10.20m×4.80m	座	1	
⑩	门卫2	12.30m×6.30m	座	1	
⑪	铁泥综合泵房	21.00m×12.00m	座	1	
⑫	铁泥分离间	21.00m×18.00m	座	1	
⑬	铁泥干化场	42.00m×23.20m	座	1	
⑭	堆场	30m×30m	座	1	
⑮	围墙及铁栅栏	H=2.0m	米	1200	
⑯	大门		座	2	

图 10-3　沈阳开发区生物除铁除锰水厂平面图

净水间是水厂水质净化的核心，设计规模为 6 万 m³/d（图 10-4）。净水间围护结构的平面尺寸为 66.0m×30.0m（轴线），净水间前部为跌水曝气池，后部为大阻力普通快滤池（图 10-2）。为了防止跌水曝气池的噪声、有害气体等不利因素对净水间环境的影响，净水间内设轴流风机排风换气，在跌水曝气同滤池之间设有隔墙。反冲洗泵设在净化间的北端滤池出水渠的前端。

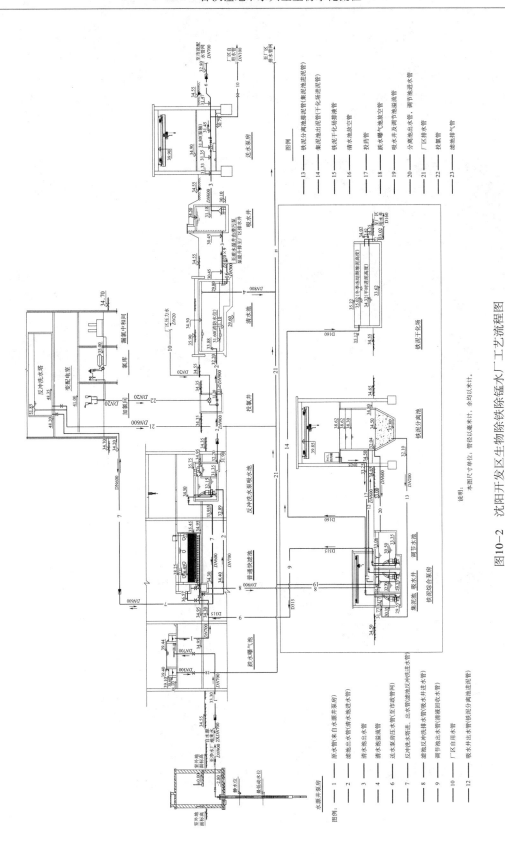

图10-2 沈阳开发区生物除铁除锰水厂工艺流程图

说明：

本图尺寸单位：管径以毫米计，余均以米计。

图例：

1 —— 原水管(来自水源井泵房)
2 —— 滤池出水管(清水池进水管)
3 —— 清水池出水管
4 —— 清水池溢流管
6 —— 送水泵房压水管(至厂区配水管网)
7 —— 反冲洗水塔进、出水管(滤池反冲洗进水管)
8 —— 滤池反冲洗排水管(吸水井进水管)
9 —— 调节池出水管(清液回收水管)
10 —— 厂区自用水管
12 —— 吸水井出水管(铁泥分离池进泥管)

13 —— 铁泥分离池排泥管(集泥池进泥管)
14 —— 集泥池出泥管(干化场排液管)
15 —— 铁泥干化场排液管
16 —— 清水池放空管
17 —— 投药管
18 —— 跌水池进水管放空管
19 —— 吸水曝气池及调节池溢流管
20 —— 分离池出水井、调节池进水管
21 —— 厂区排水管
22 —— 投氯管
23 —— 滤池排气管

水源井泵房

（1）跌水曝气池

跌水曝气池是净化系统的第一单元构筑物，它肩负着向原水曝气充氧的任务。由于我们采用的是生物除铁除锰技术，所以曝气过程采用的是跌水弱曝气。该曝气池具有结构简单、造价低、能耗小等优点，而且曝气效果稳定，曝气池的单宽流量为 $40.92m^3/$（$h \cdot m$），跌水高度仅为 0.84m，集水渠有效水深 0.6m。跌水曝气池外观如图 10-5 所示。

图 10-4　水厂净化间　　　　　　　图 10-5　水厂跌水曝气池

（2）生物除铁除锰滤池

滤池分为独立的 2 列，每列设计水量为 $32400m^3/d$，每列共有 6 个单元滤池。单池平面尺寸为 $7.5m \times 6.2m$，池深 3.7m。设计滤速 6.0m/h，强制滤速为 6.5m/h。滤料采用石英砂，滤层厚 1m（图 10-4 和图 10-6）。采用大阻力配水系统，反冲洗采用单独水洗，冲洗强度 15L/（$m^2 \cdot s$），反冲洗时间为 8min，滤池反冲洗周期为 24h，滤池所有控制阀门均采用电动阀门以便实现自控。在每列滤池出水总管上，各安装 1 台浊度仪，用以监控滤池的出水浊度，并带有 4~20mA 的信号输出，以便中心控制室监控。

（a）未成熟　　　　　　　　　　（b）已成熟

图 10-6　沈阳开发区生物除铁除锰水厂石英砂滤池

（3）反冲洗泵和吸水池

为了保证反冲洗水的优先供给，在反冲洗吸水池内加设溢流堰，保证只要滤池出水，反冲洗吸水池就应该是满的。在水泵设置上，选用了低扬程大流量的潜水泵（$Q = 540m^3/h$，$H = 20.6m$），保证在60min内将高位反冲洗水池充满水，同时反冲洗泵吸水池的有效容积（$45m^3$）也满足水泵5min的吸水量。

（4）高位反冲洗水池

反冲洗水池位于加氯间顶层，有效容积为$540m^3$。是单池反冲洗水量的2倍，池底距地面13.5m。

（5）清水池

清水池的总有效容积为$9000m^3$，分为2座，单座容积为$4500m^3$，调节能力为日供水量的15%。清水池为矩形钢筋混凝土结构，池深为3.9m，每座池顶设200mm和400mm高的通风管各3个，$1500mm \times 1500mm$的抢修孔4个，每座清水池内设液位计1台，并输出4~20mA信号，送至中心控制室。

（6）送水泵房

送水泵房为半地下式，内设5台水泵，水泵型号分别是350S44型4台，250S39A型1台，为了适应供水量变化范围大的特点，对350S44水泵加装了变频调速，以便使水泵保持最佳的工作状态。

在水泵工作方式上，不同的清水池水位采用了不同的启动方式并有相应设备及监控设备与之相配套。

（7）加氯系统

加氯系统包括：加氯间、氯库、漏氯中和，这些全部集中在反冲洗水池下面。加氯机选用V-10K，其最大加氯量为4.0kg/h，手动切换，控制方式为流量比控制。投氯点设在滤池至清水池的管道上，保证出厂的水同氯的作用时间大于30min，使消毒安全可靠。

氯库内设工作氯瓶2个，保证氯的蒸发量，备用氯瓶4个，储备量为30d。整个加氯系统采用的是负压真空加氯，加氯水射器入口压力为0.2MPa，水量为20L/min，入口流速为1.06m/s，运行安全可靠。氯中和采用的是LX-500型碱洗漏氯中和装置，容量与500kg氯瓶相匹配。

10.1.2 生物除铁除锰滤池的接种培养与成熟

2001年9月15日，1号滤池正式接种，单池接种种泥量为2400L。高浓度菌液的显微摄影见图10-7。接种后滤池采取低滤速，弱反冲洗强度运行。通过适当的参数控制，使大量铁锰氧化菌进入滤池内部，进行生物滤层的人工培养。

1号滤池培养期进出水水质的跟踪检测结果如图10-8和图10-9所示。由图中曲线可见，原水水质变化幅度较大，进水锰含量最低为0.575mg/L，最高为3.05mg/L。进水铁含量最低为0.01mg/L，最高为0.5mg/L。运行初期出水中锰含量严重超标，随着滤层中生物量的增加与生物活性的增强，出水水质渐有改善。9月25日，1号滤池除锰能力开始出现，两个月以后出水锰含量已降至0.12mg/L，此时滤池已经成熟但运行并不稳定，出水水质仍有小幅度的波动。三个月以后出水中锰的浓度小于0.05mg/L，完全达标且运行稳定。利用1号滤池所得到的工程经验，我们又对其余的5个滤池进行接种，并将2号滤池的级配滤料更换为均质滤料。经 2~3 个月的培养后，各滤池出水水质均达到目标水质，而且运行稳定。

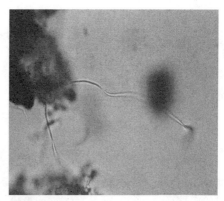

图 10-7　铁泥中的锰氧化细菌

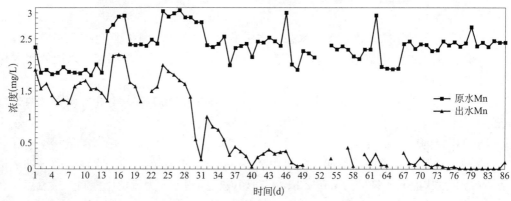

图 10-8　1 号滤池逐日进出水中锰含量变化

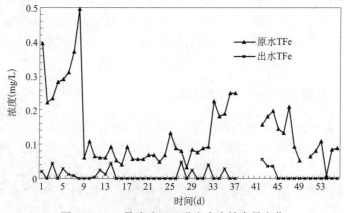

图 10-9　1 号滤池逐日进出水中铁含量变化

其中 2 号滤池进出水水质的跟踪检测结果如图 10-10 和图 10-11 所示。此时石英砂外表面已包覆了一层生物膜，其颜色也变为黑褐色。从外观看来与锰砂并无差别。石英砂滤料上锰的沉积见图 10-12。

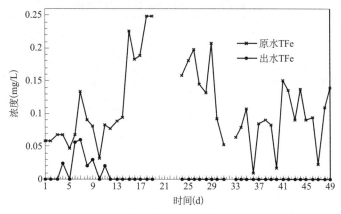

图 10 - 10　2 号滤池逐日进出水中铁含量变化

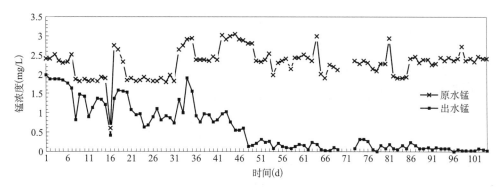

图 10 - 11　2 号滤池逐日进出水中铁含量变化

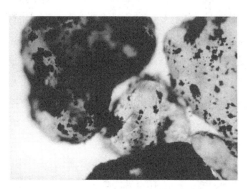

图 10 - 12　石英砂表面锰的沉积

10.1.3　生物除铁除锰滤池的正常运行

从 2001 年 9 月对 1 号滤池进行接种和培养，到 12 月末为止，一期工程 6 座滤池先后培养成熟并投入正常运转。表 10 - 3 为 2002 年 1 号和 2 号滤池各月出水水质平均值。从表中可知，出水总铁达到痕量，锰也达到 0.05mg/L 的水平，均优于国家生活饮用水标准。

2002 年生物除铁除锰滤池稳定运行数据　　　　表 10 - 3

月份	原水		1 号滤池		2 号滤池	
	TFe（mg/L）	Mn（mg/L）	TFe（mg/L）	Mn（mg/L）	TFe（mg/L）	Mn（mg/L）
1	0.515	1.402	0.055	0.074	痕量	0.010
2	0.082	1.532	痕量	0.046	痕量	0.010
3	0.110	1.214	痕量	0.070	痕量	0.010
4	0.064	1.631	痕量	0.081	痕量	0.007
5	0.093	0.849	痕量	0.021	痕量	0.042
6	0.167	2.375	痕量	0.079	痕量	0.022
7	0.198	1.721	痕量	0.060	痕量	0.040
8	0.082	1.683	痕量	0.055	痕量	0.028
9	0.071	1.192	痕量	0.050	痕量	0.010
10	0.058	1.337	痕量	0.050	痕量	0.021
11	0.067	1.363	痕量	0.045	痕量	0.021
12	0.074	1.123	痕量	0.046	痕量	0.014

注：表中数据为月平均值。

10.1.4　讨论

1. 菌种来源

所谓生物除铁除锰滤层的成熟，就是在滤层中逐渐培养出足够强盛的以锰氧化菌为核心的微生物群系的过程。所以菌种的选择对于生物除铁除锰工程的成败是至关重要的。本工程从当地地下水供水系统中采集土著菌，进行纯化和培养后接种于滤层。然后进行动态培养，使滤层臻于成熟。工程实践证明，这样的生物滤层运行稳定，出水水质长期良好。这是因为各地气象和地质条件不尽相同，从而导致地下水水质有着千差万别的微细变化。在开放的环境条件下，锰氧化菌和微生物群系最终总要和她们生活的微观环境相适应，土著自然菌的优势就在于此。

2. 滤层结构

在水厂试运行中我们将 2 号滤池原有的级配滤层换成粗粒均质滤层，以期比较与其他级配滤层的净化能力。在培养期，1 号和 2 号滤池的去除率随运行时间的增长曲线如图10-13 和图 10-14 所示。由图可知均质滤料滤池的成熟期略短于级配滤料，表 10-3 中的运行数据也表明 2 号滤池铁、锰的去除效果优于 1 号滤池。可见粗粒均质滤层更适应生物除铁除锰滤池。这主要是因为采用均质滤料加大了有效生物层厚度，提高了过滤空间的有效生物总量，使生物滤层的处理能力大大加强。从操作运行中可知，在保证出水水质合格的条件下，均质滤料在很大程度上克服了铁、锰在滤层表面集中去除的现象，从而缓解了水头损失的增加，延长了过滤周期，在一定程度上减轻了级配滤料表层铁泥的胶结现象，减轻了反冲洗的负担。

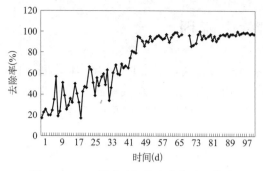

图 10-13　1号滤池锰的去除率增长曲线

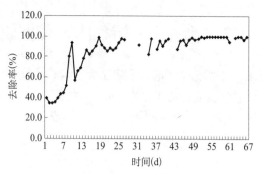

图 10-14　2号滤池锰的去除率增长曲线

3. 反冲洗

生物滤池培养成熟以后，稳定运行是运转的核心工作。滤速与过滤周期，反冲洗强度与反冲洗历时都是滤池稳定运行的重要技术经济参数。一个稳定的生态系统中某一种群数量的维持需要有一定的基本个体数量，否则在这一生态系统中该种类的种群优势就会丧失，从而导致生态系统性质的改变。生物滤层中细菌的分布不仅是附着在滤料的表面，而且大量细菌是存在于滤层空间的铁泥中，这部分细菌的生化能力占整个成熟滤层生化能力的很大一部分，因此，在培养期采用弱反冲洗强度，在滤层成熟以后，可以根据运行效果适当提高反冲洗强度。

4. 原水水质

对于某些微污染水源，地下水中含有一定量的有机物和氨氮，以往的经验表明生物滤层对此均有很好的去除效果。

生物滤层能适应的原水 Fe^{2+} 和 Mn^{2+} 的浓度极限是我们正在研究的课题之一。但现有的成果表明：在一般地下水水质 Fe^{2+} 为 5~10mg/L，Mn^{2+} 为 0.5~1.0mg/L 的条件下，经生物除铁除锰滤层都可以很好地去除。本工程原水水质非常特殊，Fe^{2+} 浓度很低为 0.1~0.5mg/L，而锰 Mn^{2+} 很高为 1~3mg/L，但经较长时期的培养，生物滤池仍发挥了很好的净化作用。

10.1.5　结论

1）沈阳市开发区水厂是我国乃至全世界首座在生物固锰除锰理论指导下建立的大型生物除铁除锰水厂。其良好的运行效果从根本上改善了该区的供水水质。驻区因水质问题而一度停产的企业也恢复了正常生产。2002年9月沈阳市政府决定将张士开发区建成大型工业区，铁西区的原有大中型企业将大部分迁入开发区。水质的改善无疑是促成这一举措的重要因素，也是推动沈阳市经济繁荣发展的根本保障。

2）该工程出水水质稳定，铁、锰都得到深度去除。生产实践证实了生物固锰除锰机理和生物除铁除锰工程技术的优异效果，从而解决了半个世纪以来地下水除锰的难题。

3）由于生物技术的应用，减缩了净化流程，本工程与传统的两级曝气两级过滤流程相比，其基建费用投资节省了3000万元，相当于总投资的30%，年运行费用节省20%，有着显著的经济效益和社会效益。

10.2 高浓度铁锰地下水生物净化流程

高浓度铁锰地下水定义为：含铁量在 $10 \sim 15 mg/L$，锰含量在 $1.5 \sim 2 mg/L$ 之间，据此水中铁、锰总需氧量在 $4 mg/L$ 之下。简单的跌水曝气就可以满足供氧需求。因此，采用"一级跌水曝气 + 两级生物过滤"或"一级曝气 + 一级生物过滤"都是可行的。

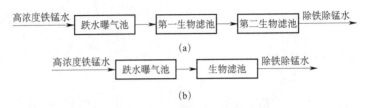

图 10 – 15 高浓度铁锰地下水生物净化流程

在工程设计中，经技术经济比较和模拟试验数据分析，在图 10 – 15 中选取（a）或（b）为设计流程。我们在东丰县进行了工程示范。

10.2.1 东丰县水资源概况

东丰县位于吉林省西部，坐落于辽原、梅河口两市之间。现有城区面积 $7.6 km^2$，规划区面积 $21.7 km^2$。地处东经 $125°30''$，北纬 $42°50''$。四周丘陵环绕，镇区地形平缓，地势西北略高，东南低，平均海拔高度在 $337 \sim 347 m$ 之间。山脉与河流的走向趋于平行，地面水与地下水有密切的排补关系，这种地形特点与地下水分布规律相吻合。

从地质上看，东丰县处在东西复杂构造带的隆起之上，东有清源—密山断裂带，西有伊通—舒兰断裂带，区内构造不甚发育，据物探资料推断仅大沙河河谷为一断裂带。

地下水类型有大沙河冲积层孔隙水、花岗岩风化带裂隙水及基岩构造裂隙水，其中具有供水意义的是大沙河冲积层孔隙水、花岗岩风化带孔隙裂隙水。该区历年最高气温为 $35.5℃$，最低气温为 $-41.4℃$，11 月中旬至 3 月平均气温在 $0℃$ 以下，多年平均降水量为 $663.67 mm$。

东丰县城现有供水水源 2 处，一水源为仁和水库，距县城 11 km，设计供水规模为 $6000 m^2/d$。第二水源为地下水，水源地现有生产深井 6 眼，向市区供水 $4000 m^3/d$，该水源为高含铁含锰地下水，并有轻微人工污染。供水管网主要为枝状分布，管径偏小，主干管管径 $DN300mm$，绝大多数管径为 $DN100 \sim DN200$ 之间。1996 年东丰县委托中国市政工程东北设计研究总院进行第二水厂扩建工程。

10.2.2 第二水厂扩建工程

1. 规模

根据需水量预测（表 10 – 4），2005 年需水量 $20430 m^3/d$，现供水量为 $10000 m^3/d$，2005 年缺水量为 $10430 m^3/d$。为满足发展需要，一水厂增加 $6000 m^3/d$ 的供水能力后，总规模达 $12200 m^3/d$。所以二水厂原有 $3000 m^3/d$ 的供水能力，再扩建 $6000 m^3/d$，使全城总供水量达到21000m³/d，满足近期供水需求。

东丰县需水量预测

表10-4

年度	生活用水		工业用水（m³/d）			公共建筑用水（m³/d）	其他用水（m³/d）	总需水量（m³/d）
	城市人口（万）	日用水（m³/d）	用水量	自备水	需要自来水公司供水量			
2000	8.5	5950	6349	1900	4450	800	800	12000
2005	9.5	9690	8769	1900	9059	1938	1928	20430
2010	11.0	13585	11842	1900	15018	2717	2717	28960

2. 地下水资源

（1）地下水的一般特性

该地区含水层沿山间河谷呈带状分布，由于受古地形及河床变迁等沉积环境的控制与影响，其厚度不一，粒度不等。总的趋势为垂直河谷方向，中间较厚，两边渐薄。含水层底板埋深在3~8m不等，地下水埋深为2~4m。含水层透水系数为26.18m/d，水位降深在2~5m时，单井水量一般为700~1000m³/d，影响半径为290~320m，水的矿化度<0.5g/L，为低矿化度淡水，pH为6.5~8，$CaCO_3$硬度为20~123mg/L，城区内地下水铁、锰含量超标，由于与地面水有密切的排补关系，因此，水质亦受到一定程度的人为污染。

（2）地下水的运移特征

该区地下水的补给来源为大气降水的垂直渗入、河流的渗漏、地下侧向补给及稻田灌溉的补给。以人工开采及地下径流的方式排泄，地下水总体流向是由西北向东南，与地形倾斜相吻合。天然状态下的水力坡度为2‰，地下水年变幅为2m左右，并随降水量大小而同步升降，表现出明显的降水渗入地下径流的动态特征。

地下水虽然储量不丰富，但根据地下水储量分布的具体情况，再开掘部分大口井，将已有第二水源的供水规模扩大到9000m³/d是可行的。不但投资省，而且见效快，故新水源建设采用扩建第二水源的方案以解决燃眉之急。

3. 生物除铁除锰水厂的工艺设计

（1）地下水水质

地下水中含铁7~10mg/L，含锰2~3mg/L，并有微量有机物，要求处理后出水达到国家饮用水标准，铁≤0.3mg/L，锰≤0.1mg/L。

（2）除铁除锰工艺流程

建设单位赞同中国市政工程东北设计研究总院提出的生物除铁除锰技术，但在流程上希望出水水质更安全可靠，因为铁、锰含量都偏高。为此，设计院制定了两个流程方案，如图10-16和图10-17所示。方案1、2的工程建设费用见表10-5。

193

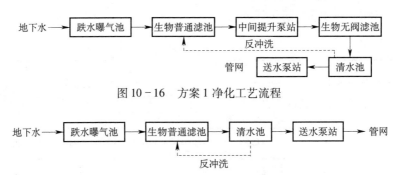

图 10 - 16　方案 1 净化工艺流程

图 10 - 17　方案 2 净化工艺流程

方案 1、2 的工程建设费用　　　　　　　　　　表 10 - 5

方案	跌水曝气池（万元）	生物快滤池（万元）	中间提升泵站（万元）	生物无阀滤（万元）	合计（万元）
1	50	280	30	250	610
2	50	280	—	—	330

方案 1 虽然出水水质安全，但建设成本成倍增加，而且经模拟验证，方案 2 的出水水质也是可靠的，滤池成熟后出厂水铁、锰含量都可以达到国家饮用水标准，显然应该选择方案 2。但为满足建设单位的强烈希望，决定分两步施工，第一步按方案 2 建设，一旦出水水质不达标，续建提升泵站和二级无阀滤池完成二次过滤，设计水量为 6000m³/d。这样处理不但能协调建设单位的要求，也能充分发挥生物除铁除锰技术的优势，最大限度地节省基建投资与运行费用。

（3）主要处理构筑物

1）跌水曝气池。

从深井取水后直送净水厂跌水曝气池。曝气池直径 3.0m，采用二级跌水曝气，一级跌水高度为 0.8m，单宽流量 29.19m³/（h·m），二级跌水高度为 0.8m，单宽流量 17.87m³/（h·m），跌水后水中溶解氧含量可达 4~5mg/L。

2）生物除铁除锰滤池。

跌水曝气后的曝气水进入生物滤池，该池为钢筋混凝土结构。单格尺寸 26m×26m，滤层后 1.2m，总高 5.1m，冲洗强度 15L/（s·m²），冲洗历时 5min。

3）清水池。

供水规模 9000m³/d。原有两座清水池，容积分别为 420m³、375m³，经核算调节能力可以达到 8.9%。不再新建清水池。

4）送水泵。

水厂现有 4 台送水泵，单台 $Q = 86$m³/h，$H = 50$m，$N = 22$kW。再增加两台同样型号的水泵共 6 台（其中一台备用），满足 9000m³/d 的供水要求。

水厂平面布置与工艺流程如图 10 - 18 和图 10 - 19 所示，生物除铁除锰滤池构造如图 10 - 20 所示。

4．运行效果

按方案 2 建设的生物除铁除锰水厂，2002 年末建成投入运行后，经 2 个月的培养，出水渐渐达到了饮水标准，总铁小于 0.1mg/L，锰小于 0.05mg/L。之后运行一直稳定，所以可以免去续建中间提升泵房和改造无阀滤池的任务。生物除铁除锰滤池培养期的成熟过程如图 10-21 所示。

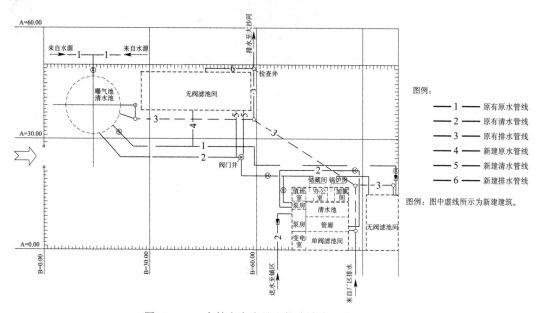

图 10-18　吉林省东丰县生物除铁除锰水厂平面图

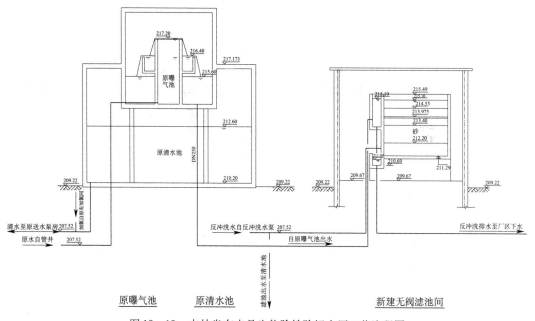

图 10-19　吉林省东丰县生物除铁除锰水厂工艺流程图

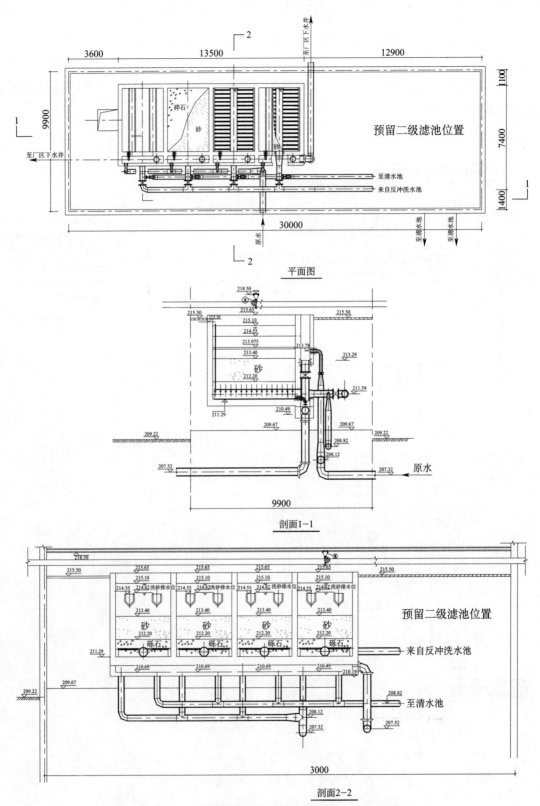

图 10-20　吉林省东丰县生物除铁除锰水厂滤池构造图

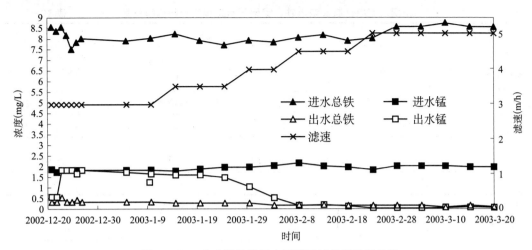

图 10－21　东丰除铁除锰水厂滤池培养期运行效果

10.3　超高浓度铁锰地下水二级生物净化流程

松花江流域下游三江平原地下水径流滞缓，上覆盖层为肥沃的黑土地，腐殖质含量丰富，形成了水文地球化学的强还原环境。地下水含有丰富的铁、锰离子且浓度甚高。以五大连池侧畔的德都市为例，其地下水水质见表 10－6。

德都市地下水水质　　　　　　　　　　　　　　表 10－6

项目	单位	浓度	项目	单位	浓度	项目	单位	浓度
K^+	mg/L	84.0	Cl^-	mg/L	14.5	游离 CO_2	mg/L	—
Na^+	mg/L	—	SO_4^{2-}	mg/L	10.0	总碱度	mg/L	
Ca^{2+}	mg/L	89.0	HCO_3^-	mg/L	1016.0	总酸度	mg/L	
Mg^{2+}	mg/L	95.7	NO_2^-	mg/L	—	pH	mg/L	6.1
NH_4^+	mg/L	—	NO_3^-	mg/L		耗氧量	mg/L	0.56
TFe	mg/L	28	可容 SiO_2	mg/L	62.5	溶解氧	mg/L	
Mn^{2+}	mg/L	7.4	总硬度	德国度	34.52	总固体	mg/L	899.6

从表 10－6 可见，地下水中 TFe 高达 28 mg/L，Mn^{2+} 高达 7.4 mg/L，实属罕见。课题组在调查当地水质和居民用水状况的基础上，进行了模拟滤柱试验，提出的净化流程如图 10－22 所示。

图 10－22　超高浓度铁锰地下水两级净化流程

图 10－22 是一组两级曝气充氧，两级生物过滤流程，其工艺设计与运行参数见表 10－7，模拟柱试验结果和各单元出水水质见表 10－8。

两级流程净化超高浓度铁、锰地下水工程设计与运行参数　　表 10-7

跌水曝气池		滤池							
跌水高度 (m)	单宽流量 [m³/(m·h)]	滤速 (m/h)		工作周期 (h)		反冲洗强度 [L/(s·m²)]		反冲洗时间 (min)	
		一级滤池	二级滤池	一级滤池	二级滤池	一级滤池	二级滤池	一级滤池	二级滤池
0.8	20	5	5	24	48	12	10	8	6

各单元出水水质(单位:mg/L)　　表 10-8

	第一曝气池	一级滤池	第二曝气池	二级滤池
DO	5.0	0	5	2
TFe	28	2	2	0.2
Mn^{2+}	7.5	6	6	0.05

从表 10-7 和表 10-8 可见，第一和第二曝气单元跌水高度均为 0.8m，单宽流量为 20m³/(m·h)，其出水 DO 可达 5mg/L。第一级滤池滤速 5m/h，工作周期 24h，反冲洗强度 12L/(s·m²)，反冲洗时间 8min。出水 DO 趋近于零，TFe 由 28mg/L 降至 2mg/L，锰稍有去除。第二级滤池滤速 5m/h，工作周期 48h，反冲洗强度 10L/(s·m²)，反冲洗时间 6min。出水 DO 为 2mg/L，TFe 为 0.2mg/L，$Mn^{2+}<0.05$mg/L。

研究表明：罕见超高浓度铁锰地下水应用两级弱曝气两级生物过滤流程实现了铁、锰的深度去除。但据地方条件（含技术管理水平）和原水水质，采用一级强曝气两级生物过滤流程，也可实现铁、锰的深度去除。这是因为 Fe^{2+}、Mn^{2+} 的耗氧量是有限的。在含 Fe^{2+} 不超过 30 mg/L，Mn^{2+} 不超过 5 mg/L 的条件下，其需氧总量理论值为：

$$[DO] = 0.143[Fe^{2+}] + 0.29[Mn^{2+}] = 0.143 \times 30 + 0.29 \times 5 = 7.77 \text{（mg/L）}$$

可见，如果强曝气 DO 可达饱和度 80% 之上，在地下水水温 10~15℃ 的条件下，可以满足水中 Fe^{2+} 和 Mn^{2+} 的氧化需求。因此，在工程设计上不同水质的净化工艺流程应据模拟试验和技术经济比较来确定。

10.4　伴生氨氮高铁锰地下水生物净化流程

在生物滤层中不但存在着锰氧化菌，同时还存在着硝化菌。在滤层生物群系的生命活动下，地下水中的 Mn^{2+} 通过生物氧化去除的同时，NH_4^+-N 也可以得到硝化，硝化的需氧当量为 4.6，是锰氧化当量的 18 倍，所以 NH_4^+-N 硝化将与 Fe^{2+}、Mn^{2+} 氧化争夺溶解氧。滤层中必须有充足的溶解氧。

高浓度 Fe^{2+} 可以和 Mn^{4+} 发生氧化还原反应，将干扰 Mn^{2+} 的生物化学氧化。因此，高浓度 Fe^{2+} 会妨害 Mn^{2+} 的去除。

基于以上 2 种因素，一般而言伴生氨氮高铁锰地下水的生物净化流程应采用两级曝气和两级生物过滤，其流程如图 10-23 所示。

图 10-23 伴生氨氮高铁锰地下水生物净化流程

笔者在松花江流域某水厂进行了含氨氮高浓度铁锰地下水的两级生物净化生产性试验。原水水质：$NH_4^+ - N$ 1 ~ 1.5mg/L，TFe 10 ~ 15mg/L，Mn^{2+} 1 ~ 2mg/L。生产装置运行参数见表 10-9。

某水厂二级生物净化流程设计与运行参数 表 10-9

跌水曝气池				滤池									
跌水高度（m）		单宽流量 $[m^3/(h·m)]$		滤速(m/h)		工作周期（h）		反冲洗强度 $[L/(s·m^2)]$		反冲洗时间（min）		滤层厚度（mm）	
一级	二级	一级	二级	一级	二级	一级	二级	一级	二级	一级	二级	一级	二级
1.0	1.0	15	15	5.0	5.0	48	72	15	10	8	6	1000	1000

稳定运行期间各净化单元水质见表 10-10

某水厂二级生物净化各单元出水水质（单位：mg/L） 表 10-10

水质指标	原水	第一曝气池	第一滤池	第二曝气池	第二滤池
DO	0.0	4.5	0	5.0	2.0
TFe	14.0	14.0	0.3	0.3	0.1
Mn^{2+}	1.2	1.2	1.2	1.2	0.08
$NH_4^+ - N$	1.0	1.0	0.6	0.6	0.2

从表 10-10 可见，第一滤池出水溶解氧为零，滤池进水中的溶解氧（4.5mg/L）都用于 Fe^{2+} 的氧化和部分 $NH_4^+ - N$ 的硝化，而 Mn^{2+} 几乎没有去除；第二滤池出水溶解氧 2.0mg/L，Fe^{2+}、Mn^{2+} 和 $NH_4^+ - N$ 都得到了深度去除，出水水质达到了供水水质标准。全流程消耗溶解氧 8.5mg/L，如果采用强曝气装置使曝气水 DO 达到 8.5mg/L 之上，那么采用"一级强曝气 + 二级过滤"也应该是可行的；笔者进一步研发了生物除铁锰双层滤料滤池，在滤层中能避免 Fe^{2+} 与 Mn^{4+} 的氧化还原反应，建立了"一级强曝气 + 双层滤池一级过滤"流程，成功用于伴生氨氮高铁锰地下水的深度净化，并在哈尔滨松北水厂进行了工程示范。

10.5 哈尔滨松北区前进水厂

松北区是哈尔滨北拓战略下的新兴开发区，发展迅速，建成区面积已达 $10km^2$，与哈尔滨主市区隔江相望。由于江面与河床宽阔，供水管网联络相当困难，而松花江高低漫滩赋存丰富地下水资源，故采取独立的以地下水为供水水源的供水系统。

10.5.1 水源与水质

1. 水源

水源区域位于松花江中游哈尔滨市区段北岸，太阳岛以北约 $60km^2$ 地区的松花江高、低漫滩上。松花江在其南侧，由西南向东北方向流过。河床宽 0.5 ~ 1.5km，水深 4.5 ~ 6.5m，河道迂回曲折，多支流浅滩，牛轭湖发育。江水多年最大径流量 755.5 亿 m^3/a，多年最小径流量 153 亿 m^3/a，松花江是本区地下水的重要补给来源和污水的受纳水体。

松花江高低漫滩区堆积了 45 ~ 60m 厚的第四纪堆积层，由下更新统和全新统的砂砾石、中粗砂和中细砂组成。构成了颗粒粗容量大顶部开放，底部以致密的白垩系泥岩封底的地下水赋存空间。地下水来自于大气降水的渗入，丰水期松花江侧向补给，洪水淹没期的垂向渗入和上游径流补给。平枯水期地下水流向松花江的径流和全年垂直蒸发是其地下水的排泄方式。区域内赋存第四系孔隙潜水和微承压水，埋深 2.0 ~ 4.5m，水位标高 113 ~ 114m，含水层厚度 30 ~ 40m，渗流系数 $K = 15 ~ 56m/d$。

黑龙江省水文地质工程地质勘测队现场勘测和计算结果，区内地下水天然动储量为 44000m^3/d 以上。允许开采量为 42000m^3/d 之上，单井出水量可达 3000 ~ 6000m^3/d，影响半径约 1000m。

2. 水质

本地区地下水上部开放，下部封底的第四纪砂砾层的赋存条件，以及以降水、洪水淹没垂直渗入补给和垂直蒸发的地下水循环条件，构成了本区地下水特定的水化学环境。地下水与介质间的溶滤作用形成了本地区地下水天然水质成分，溶滤作用使部分不稳定长石类矿物介质发生水解，形成的 Ca^{2+}、Na^+、K^+、HCO_3^- 等离子及 SiO_2 胶体溶于水中；黑云母等矿物介质和淤泥中的镁、铁、锰等还原使 Mg^{2+}、Fe^{2+}、Mn^{2+} 离子迁移于地下水中，促成本区地下水有很高的 Fe^{2+}、Mn^{2+} 浓度。另外，雨季雨水的淋滤作用又给浅层地下水带来人为污染物质，使水中 NH_4^+、Cl^- 离子含量增高。综上，本区地下水质属于 $HCO_3 - Ca$ 及 $HCO_3 - Ca$　Mg 型水，Fe^{2+}、Mn^{2+} 含量高，详见表 5 - 1。

3. 水源井群

水源井群布置在庙台子与虎园之间的绿化带，距前进水厂约 2km。多排交错垂直于地下水流向布置 14 眼开采井，井距 600m，排距 500m，井深 50 ~ 52m，井管和滤水管口径为 400mm，滤水管于含水层之中，长 30m，周围填粒径 0.4 ~ 0.8mm 的砾石填料，单井涌水量 3000 ~ 4000m^3/d。

10.5.2　净水厂设计

该厂原水不但铁、锰浓度高，而且伴生了氨氮及其他还原污染物，Fe^{2+}、Mn^{2+}、$NH_4^+ - N$ 的需氧量按下式计算为：

$$[DO] = 0.143[Fe^{2+}] + 0.29[Mn^{2+}] + 4.57[NH_4^+] \qquad (10-1)$$

按表 10 - 11，式中 $[Fe^{2+}] = 15.4mg/L$，$[Mn^{2+}] = 1.71mg/L$，$[NH_4^+] = 1.20mg/L$，带入式 10 - 1 得：

$$[DO] = 0.143 \times 15.4 + 0.29 \times 1.71 + 4.57 \times 1.2 = 8.234（mg/L）$$

据此生物滤池进水溶解氧应在 8.234mg/L 以上。地下水温 7℃ 时氧的溶解度为 12mg/L，饱和度达 69%。其次进水中的高浓度 Fe^{2+} 可以还原高价锰氧化物，使 Mn^{2+} 重新溶于水中势必增加滤池下部除锰段负荷。采用"跌水曝气 + 一级过滤"的简捷流程已经无法满足该水质净化的要求，因此需要设计多条可行的流程，再通过经技术经济比较来确定。

1. 工艺流程设计与比较

（1）"两级跌水曝气＋两级生物过滤"工艺方案

一级跌水溶解氧约 $4 \sim 5\text{mg/L}$ ，经生物滤池过滤，去除 Fe^{2+} 和部分 Mn^{2+} 及 NH_4^+ ，出水溶解氧为 0，经二级跌水曝气溶解氧提高为 $4 \sim 5\text{mg/L}$ ，出水 Fe^{2+} 、 Mn^{2+} 、 $NH_4^+ - N$ 分别达到饮用水标准。流程如图 10-24 所示。

原水 → 一级跌水曝气 → 一级生物滤池 → 二级跌水曝气 → 提升泵房 → 二级生物滤池 → 清水池 → 用户

图 10-24　两级跌水二次过滤方案

（2）喷淋曝气两级生物滤池方案

喷淋曝气溶解氧饱和度可达 $75\% \sim 80\%$ ，可以满足原水需氧量要求，两级过滤可先将 Fe^{2+} 去除，防止二级滤池中 Fe^{2+} 与 Mn^{4+} 发生氧化还原反应。其流程如图 10-25 所示。

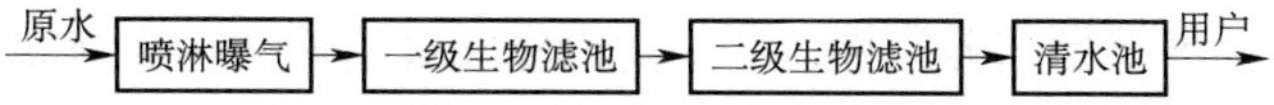

原水 → 喷淋曝气 → 一级生物滤池 → 二级生物滤池 → 清水池 → 用户

图 10-25　喷淋曝气二级过滤方案

一级滤池去除 Fe^{2+} 和部分 $NH_4^+ - N$ 及少部分 Mn^{2+} ，二级滤池去除其余 $NH_4^+ - N$ 和 Mn^{2+} ，使处理水达标。

（3）喷淋曝气双层滤料滤池方案

原水经喷淋曝气后进入双层滤料滤池。上层无烟煤滤料，料径 $3 \sim 5\text{mm}$ ，厚 300mm，下层为锰砂，粒径 $0.6 \sim 1.2\text{mm}$ ，厚 900mm。滤层总厚 1200mm。上层以 FeOOH 自催化氧化理论为基础设计为除铁带，下层的生物固锰为理论基础设计为除锰带。而全滤池对 $NH_4^+ - N$ 都有硝化作用，经一级过滤后滤后水就可达饮用水标准，其流程如图 10-26 所示。

原水 → 喷淋曝气 → 双层生物滤池 → 清水池 → 用户

图 10-26　喷淋曝气＋一级过滤工艺流程

上述 3 个方案都可以满足水质要求，第三方案省却了 1 座滤池和 1 座提升泵站，在经济上显然占有优势。经试验验证后选取了第三方案建设二期工程。

2. 工程设计

全厂总规模 4 万 m^3/d 。一期改扩建后增至 2 万 m^3/d ，二期新建工程规模为 2 万 m^3/d 。二期新建工程有净水间 1 座，清水池 2 座，并改换一期送水泵房水泵机组实现送水能力达到 4 万 m^3/d 。

（1）净化间

内设喷淋曝气池 1 座，双层滤料滤池 10 座。

1）喷淋曝气池。

平面尺寸 $7.6\text{m} \times 6.0\text{m}$ ，集水池水深 0.65m，有效容积 29.64m^3 ，水力停留时间 $2 \sim 3\text{min}$ ，穿孔管喷淋系统的喷淋高度 2.0m，喷淋密度 $18.20\text{m}^3/(\text{m}^2 \cdot \text{h})$ 。

2）生物除铁除锰滤池。

滤池分 2 组布置于喷淋曝气池两侧，每侧各有滤池 5 座。每座平面尺寸 $3.3\text{m} \times 6.0\text{m}$ ，过滤面积 19.8m^2 ，设计滤量 $83\text{m}^3/\text{h}$ ，设计滤速 4.2m/h。

滤层结构从下向上为承托垫层 550mm，锰砂粒径 $0.6 \sim 1.2\text{mm}$ ，厚 900mm，无烟煤

3.0～5.0mm，厚 300mm。

过滤工作周期 $T=48$h，反冲洗强度 10L/（s·m²），反冲洗时间 $t=8$min。

（2）清水池

新建清水池 2 座，每座容积 2000m³，有效水深 3.8m。

10.5.3　生产运行效果

2010 年 11 月 28 日二期工程正式投产，自投产以来，经土著锰氧化菌的接种，滤层培养运行状况良好，滤后水水质稳定（TFe≤0.1mg/L，Mn^{2+} ≤0.05mg/L 和 NH_4^+ - N≤0.2mg/L），满足国家饮用水卫生标准（TFe≤0.3mg/L，Mn^{2+} ≤0.1mg/L 和 NH_4^+ - N≤0.5mg/L）。2011 年 1 月至 12 月，进、出厂水水质参数的月平均值及最大值见表 10-11。从表中明显看出各滤池一投入运行，滤后水水质就达标，之后一直运行稳定。其原因主要是创造了良好的生物滤层的培养条件，滤层的生物除锰活性增长和新滤料的吸附容量相互衔接的结果，这就避免了投产运行之初由于生物活性较弱出厂水不达标而导致的各种问题，是供水公司最希望的得的效果。

哈尔滨市松北区前进水厂 2011 年逐月进出厂水质（单位：mg/L）　　表 10-11

月份	水质	进厂水			出厂水			月份	水质	进厂水			出厂水		
		平均	最高	最低	平均	最高	最低			平均	最高	最低	平均	最高	最低
1	TFe	11.04	12.9	10.21	0.11	0.18	0.05	7	TFe	11.34	16.90	0.98	0.13	0.17	0.05
	Mn	1.08	1.21	0.93	0.05	0.05	0.05		Mn	1.02	1.25	0.98	0.05	0.05	0.05
	NH_4^+ - N	1.29			0.27				NH_4^+ - N	1.54			0.19		
2	TFe	11.21	18.2	9.63	0.11	0.13	0.05	8	TFe	10.88	14.28	8.68	0.12	0.21	0.07
	Mn	1.08	1.26	0.97	0.05	0.05	0.05		Mn	1.08	1.42	1.02	0.05	0.05	0.05
	NH_4^+ - N	1.49			0.19				NH_4^+ - N	1.28	1.52	1.21	0.22	0.34	0.17
3	TFe	10.54	14.28	10.04	0.12	0.15	0.08	9	TFe	11.04	14.48	8.76	0.09	0.16	0.06
	Mn	1.04	1.26	0.97	0.05	0.05	0.05		Mn	1.02	1.12	0.98	0.05	0.05	0.05
	NH_4^+ - N	1.43			0.19				NH_4^+ - N	1.34	1.56	1.27	0.25	0.29	0.22
4	TFe	10.44	14.28	10.04	0.14	0.15	0.06	10	TFe	11.06	14.4	10.9	0.10	0.11	0.08
	Mn	1.08	1.13	0.88	0.05	0.05	0.05		Mn	1.02	1.45	0.98	0.05	0.06	0.04
	NH_4^+ - N	1.52			0.16				NH_4^+ - N	1.20	1.25	1.12	0.20	0.22	0.21
5	TFe	11.04	14.28	9.82	0.11	0.17	0.06	11	TFe	11.58	14.4	11.0	0.09	0.12	0.07
	Mn	1.04	1.08	0.96	0.05	0.05	0.05		Mn	1.10	1.50	0.95	0.05	0.05	0.05
	NH_4^+ - N	1.55			0.27				NH_4^+ - N	1.18	1.30	0.89	0.21	0.23	0.18
6	TFe	11.26	14.28	11.08	0.13	0.14	0.09	12	TFe	11.25	13.0	10.3	0.11	0.16	0.09
	Mn	1.08	1.23	1.02	0.05	0.05	0.05		Mn	1.06	1.21	0.95	0.05	0.05	0.05
	NH_4^+ - N	1.56			0.24				NH_4^+ - N	1.21	1.43	1.12	0.19	0.23	0.15

参考文献

［1］贺伟程．中国大百科全书．水利［M］．北京：中国大百科全书出版社，1992：1－5.

［2］中华人民共和国水利部．2009年中国水资源公报［R］.2009.

［3］国土资源部．中国地质环境公报（2004年度）［R］.20－21.

［4］高井雄．用水の除鉄・除マンガン処理（4）［J］．用水と廃水，1982，24（6）：619－623.

［5］中西弘．接触酸化によるマンガン除去の研究（Ⅰ）［J］．水道协会杂志，1967，388：55－58.

［6］中西弘．接触酸化によるマンガン除去の研究（Ⅱ）［J］．水道协会杂志，1967，389：43－49.

［7］李圭白，虞维元．用天然锰砂去除水中铁质的试验研究［J］．高等学校自然科学学报（土木，建筑，水利版），1965，1（4）：25－29.

［8］高井雄．接触酸化による新しい除鉄法（Ⅰ）［J］．水道协会杂志，1967，394：46－49.

［9］高井雄．接触酸化による新しい除鉄法（Ⅱ）［J］．水道协会杂志，1967，395：32－38.

［10］高井雄．接触酸化除鉄の機構に関する研究（Ⅰ）［J］．水道协会杂志，1973，465：55－59.

［11］高井雄．接触酸化除鉄の機構に関する研究（Ⅱ）［J］．水道协会杂志，1973，466：48－53.

［12］高井雄．接触酸化除鉄の機構に関する研究（Ⅲ）［J］．水道协会杂志，1973，467：33－38.

［13］李圭白．天然锰砂除铁的机理［J］．哈尔滨建筑工程学院学报，1974（1）：7－15.

［14］李圭白．人造"锈砂"除铁［J］．哈尔滨建筑工程学院学报，1978（1）：75－80.

［15］李圭白．地下水除铁技术的若干新发展［J］．给水排水，1983，12（3）：19－21.

［16］高井雄．接触除鉄沪材によるマンガン除去との機構［J］．水道协会杂志，1968，409：12－16.

［17］李圭白．关于用自然形成的锰砂除锰的研究［J］．哈尔滨建筑工程学院学报，1979（1）：60－65.

［18］李圭白．空气接触氧化法除锰［J］．给水排水，1980，9（1）：26－29.

［19］李圭白，刘超、范懋功．地下水除锰技术研究［J］．建筑工程情报资料，1982，12（8281）.

［20］张杰，戴镇生．地下水除铁除锰现代观［J］．给水排水，1996，22（10）：13－16.

［21］张杰，杨宏，徐爱军，等．生物固锰除锰技术的确立［J］．给水排水，1996，22（11）：5－10.

［22］张杰，杨宏，徐爱军，等．锰氧化细菌的微生物学研究［J］．给水排水，1997，23（1）：19－23.

［23］张杰，李冬，陈立学．生物固锰除锰机理及技术变革［J］．自然科学进展，2005，15（4）：107－112.

［24］李冬，张杰，陈立学．生物除铁除锰技术在高铁高锰地下水处理厂的应用［J］．中国给水排水，2004，20（12）：85－88.

［25］李冬，张杰，王洪涛. 生物除铁除锰滤池的快速启动研究［J］. 中国给水排水，2005，21（12）：35 - 385.

［26］李冬，杨宏，张杰. 生物滤层同时去除地下水中铁、锰离子研究［J］. 中国给水排水，2001，17（8）：1 - 5.

［27］张杰，杨宏，李冬，等. 生物滤层中 Fe^{2+} 的作用及对除锰的影响［J］. 中国给水排水，2001，17（9）：14 - 16.

［28］姜安玺，韩玉花，杨宏，等. 生物除铁除锰滤池的曝气溶氧研究［J］. 中国给水排水，2001，17（10）：16 - 19.

［29］杨宏，李冬，张杰. 生物固锰除锰机理与生物除铁除锰技术［J］. 中国给水排水，2003，19（6）：1 - 5.

［30］李冬，杨宏，张杰. 首座大型生物除铁除锰水厂的实践［J］. 中国工程科学，2003，5（7）：53 - 57.

［31］李冬，杨宏，陈立学，赵英丽，张杰. 空气氧化除 Fe^{2+} 理论与生物除 Fe^{2+} 除 Mn^{2+} 工艺技术研究（Ⅰ）［J］. 北京工业大学学报，2003，29（3）：328 - 333.

［32］李冬，杨宏，陈立学，张杰. 空气氧化除 Fe^{2+} 机理与生物除 Fe^{2+} 除 Mn^{2+} 工艺技术研究（Ⅱ）［J］. 北京工业大学学报. 2003，29（4）：442 - 446.

［33］YANG Hong, LI Dong, ZHANG Jie. Design of Biological Filter for Iron and Manganese Removal from Water［J］. Journal of Environmental Science and Health - Part A. 2004，39（6）：1447 - 1454.

［34］LI Dong, ZHANG Jie, WANG Hongtao, WANG Baozhen. Operational Performance of Biological Treatment Plant for Iron and Manganese Removal［J］. Journal of Water Supply：Research & Technology - AQUA. 2005，54（1）：15 - 24.

［35］LI Dong, ZHANG Jie, WANG Hongtao. Application of Biological Process to Treat the Groundwater with High Concentration of Iron and Manganese［J］. Journal of Water Supply：Research & Technology - AQUA. 2006，55（6）：313 - 320.

［36］李冬，张杰，王洪涛. 除铁除锰生物滤层内铁锰去除的相关关系［J］. 给水排水，2006，32（2）：41 - 43.

［37］高洁，李冬，张杰. 生物除铁除锰滤池构造及过滤方式研究［J］. 低温建筑技术，2006，113（5）：123 - 123.

［38］李冬，张杰，王洪涛，陈立学. 除铁除锰生物滤层中铁的去除机制探讨［J］. 哈尔滨工业大学学报，2007，39（8）：1323 - 1326.

［39］李冬，杨昊，张杰，曾辉平，等. 无烟煤滤料在生物除铁除锰水厂的应用研究［J］. 沈阳建筑大学学报，2007，23（5）：818 - 821.

［40］张杰，曾辉平，李冬. 维系生物除铁除锰滤池持续除锰能力的研究［J］. 中国给水排水，2007，23（3）：1 - 4.

［41］李冬，张杰，张艳萍，王洪涛. 除铁除锰生物滤层最优化厚度的探求［J］. 中国给水排水，2007，23（13）：94 - 97.

［42］赵焱，李冬，李相昆，吴小莉，张杰. 高效生物除铁除锰工程菌 MSB - 4 的特性研究［J］. 中国给水排水，2009，25（1）：40 - 44.

［43］曾辉平，李冬，李相昆，张杰. 高铁、高锰、高氨氮地下水的生物同层净化研究［J］. 中国给水排水，2009，25（17）：78 - 80.

［44］曾辉平，李冬，高源涛，赵炎，李灿波，张杰. 生物除铁除锰滤层的溶解氧需求及消耗规律研究［J］. 中国给水排水，2009，25（21）：37 - 40.

［45］赵焱，李冬，吴小莉，张杰. 典型锰氧化还原菌的生理生化特性研究［J］. 黑龙江大学自然

科学学报，2009，26（6）：799-803.

　　［46］曾辉平，李冬，高源涛，赵焱，李灿波，张杰．生物除铁、除锰滤层中铁、锰的氧化还原关系[J]．中国给水排水，2010，26（9）：86-89.

　　［47］曾辉平，李冬，高源涛，李相昆，李灿波，张杰．高铁高锰高氨氮地下水的两级净化研究[J]．中国给水排水，2010，26（11）：142-144.

　　［48］林齐，李冬，李灿波，曾辉平，陈秀荣，张杰．地下水同步除铁除锰生物滤层中漏锰现象研究[J]．北京工业大学学报，2011，37（7）：1033-1037.

　　［49］李冬．地下水生物除铁除锰理论与工程技术研究[D]．北京：北京工业大学，2005.

　　［50］赵焱．生物固锰除锰工艺中锰氧化菌群结构功能及锰代谢机制分析[D]．哈尔滨：哈尔滨工业大学，2009.

　　［51］李灿波．地下水中高浓度铁锰离子同步生物去除的研究[D]．北京：北京工业大学，2009.

　　［52］曾辉平．含高浓度铁锰及氨氮的地下水生物净化效能与工程应用研究[D]．哈尔滨：哈尔滨工业大学，2010.

　　［53］曾辉平．生物除铁除锰滤池长期运行后除锰能力下降原因的探究[D]．哈尔滨：哈尔滨工业大学，2007.

　　［54］杨晓峰．维系沈阳市生物除锰滤池除锰能力的实验研究[D]．哈尔滨：哈尔滨工业大学，2007.

　　［55］杨昊．无烟煤滤料在生物除铁除锰水厂的应用与研究[D]．哈尔滨：哈尔滨工业大学，2007.